U0382157

中/青/文/库　　本书得到中国青年政治学院出版基金资助

变迁与重构

新中国成立初期社会心态研究（1949—1956）

于　昆◎著

中国社会科学出版社

图书在版编目（CIP）数据

变迁与重构：新中国成立初期社会心态研究（1949—1956）/于昆著.
—北京：中国社会科学出版社，2014.9
ISBN 978 - 7 - 5161 - 4836 - 5

Ⅰ.①变…　Ⅱ.①于…　Ⅲ.①社会心态—研究—新中国成立初期
（1949—1956）　Ⅳ.①X6

中国版本图书馆 CIP 数据核字（2014）第 176295 号

出 版 人	赵剑英
责任编辑	李炳青
责任校对	王佳玉
责任印制	李寡寡

出　　版	中国社会科学出版社
社　　址	北京鼓楼西大街甲 158 号（邮编 100720）
网　　址	http：//www.csspw.cn
	中文域名：中国社科网　　010 - 64070619
发 行 部	010 - 84083685
门 市 部	010 - 84029450
经　　销	新华书店及其他书店

印　　刷	北京市大兴区新魏印刷厂
装　　订	廊坊市广阳区广增装订厂
版　　次	2014 年 9 月第 1 版
印　　次	2014 年 9 月第 1 次印刷

开　　本	710×1000　1/16
印　　张	18.25
插　　页	2
字　　数	313 千字
定　　价	56.00 元

《中青文库》编辑说明

中国青年政治学院是在中央团校基础上于 1985 年 12 月成立的，是共青团中央直属的唯一一所普通高等学校，由教育部和共青团中央共建。中国青年政治学院成立以来，坚持"质量立校、特色兴校"的办学思想，艰苦奋斗、开拓创新，教育质量和办学水平不断提高。学校是教育部批准的国家大学生文化素质教育基地，中华全国青年联合会和国际劳工组织命名的大学生 KAB 创业教育基地。学校与中央编译局共建青年政治人才培养研究基地，与北京市共建社会工作人才发展研究院和青少年生命教育基地。

目前，学校已建立起包括本科教育、研究生教育、留学生教育、继续教育和团干部培训等在内的多形式、多层次的教育格局。设有中国马克思主义学院、青少年工作系、社会工作学院、法律系、经济系、新闻与传播系、公共管理系、中国语言文学系、外国语言文学系等 9 个教学院系，文化基础部、外语教学研究中心、计算机教学与应用中心、体育教学中心等 4 个教学中心（部），轮训部、继续教育学院、国际教育交流学院等 3 个教学培训机构。

学校现有专业以人文社会科学为主，涵盖哲学、经济学、法学、文学、管理学 5 个学科门类。学校设有思想政治教育、法学、社会工作、劳动与社会保障、社会学、经济学、财务管理、国际经济与贸易、新闻学、广播电视学、政治学与行政学、汉语言文学和英语等 13 个学士学位专业，其中社会工作、思想政治教育、法学、政治学与行政学为教育部特色专业。目前，学校拥有哲学、马克思主义理论、法学、社会学、新闻传播学和应用经济学等 6 个一级学科硕士授权点和 1 个专业硕士学位点，同时设有青少年研究院、中国马克思主义研究中心、中国志愿服务信息资料研究中心、大学生发展研究中心、大学生素质拓展研究中心等科研机构。

在学校的跨越式发展中，科研工作一直作为体现学校质量和特色的重要内容而被予以高度重视。2002年，学校制定了教师学术著作出版基金资助条例，旨在鼓励教师的个性化研究与著述，更期之以兼具人文精神与思想智慧的精品的涌现。出版基金创设之初，有学术丛书和学术译丛两个系列，意在开掘本校资源与移译域外菁华。随着年轻教师的剧增和学校科研支持力度的加大，2007年又增设了博士论文文库系列，用以鼓励新人，成就学术。三个系列共同构成了对教师学术研究成果的多层次支持体系。

十几年来，学校共资助教师出版学术著作百余部，内容涉及哲学、政治学、法学、社会学、经济学、文学艺术、历史学、管理学、新闻与传播等学科。学校资助出版的初具规模，激励了教师的科研热情，活跃了校内的学术气氛，也获得了很好的社会影响。在特色化办学愈益成为当下各高校发展之路的共识中，2010年，校学术委员会将遴选出的一批学术著作，辑为《中青文库》，予以资助出版。《中青文库》第一批（15本）、第二批（6本）、第三批（6本）出版后，有效展示了学校的科研水平和实力，在学术界和社会上产生了很好的反响。本辑作为第四批共推出12本著作，并希冀通过这项工作的陆续展开而更加突出学校特色，形成自身的学术风格与学术品牌。

在《中青文库》的编辑、审校过程中，中国社会科学出版社的编辑人员认真负责，用力颇勤，在此一并予以感谢！

目　录

第一章　导论

第一节　研究概述

一　研究意义

新中国成立后的头七年，中国社会阶层结构发生了两次大的变迁。第一次是1949—1952年中国社会的局部整合和阶级变动。这一时期，工人阶级、农民阶级和城市小资产阶级翻身解放，成了国家的主人；而官僚资产阶级和地主阶级则被彻底推翻。随着中国共产党在城市没收官僚资本和在农村进行土地改革完成，除了港澳台和一部分少数民族地区外，官僚资产阶级和地主阶级作为阶级实体基本被消灭，中国内地主要有工人阶级、农民阶级、城市小资产阶级和民族资产阶级。第二次是1953—1956年社会主义改造时期的社会整合和阶层结构变迁。自1953年起，新中国开始对农业、手工业和资本主义工商业进行社会主义改造。至1956年底，三大改造基本完成，社会主义制度基本确立起来，中国社会实现了从新民主主义向社会主义的转变。社会经济结构的变化使社会阶层结构也发生了根本变化：民族资产阶级已被改造，其作为一个完整的社会实体不复存在；小资产阶级中的绝大多数走上了合作化道路；知识分子成为工人阶级内部的一个社会阶层。中国社会阶层结构演变为"两个阶级一个阶层"，即工人阶级、农民阶级和知识分子阶层。

社会阶层结构变迁，必然会伴随着社会心态的变化和重塑。社会心态是指人们在社会生活中由经济关系、政治制度以及整个社会环境的发展变化而引起的直接的、在社会群体中较为普遍地存在的、具有一定共同性的社会心理反应或心理态势。[①] 也就是说，社会心态作为社会心理

---

① "社会心态研究"课题组：《转型时期的上海市民社会心态调查和对策研究》，《社会学研究》1994年第3期。

的一种重要表现形式,既不是某一时代、某一社会的社会成员的个体心态,也不是个体心态的简单相加与总和,是独立于每个个体生活之外的,超越于每个个体心态之上的某种"精神实体",而是某一时代、某一社会在其特定的国际、国内的经济、政治、文化等现实因素的作用下,经由以有组织的或无组织的社会群体为主的社会成员之间的相互作用而形成并且不断发展、变化的,包括各种情绪、感受、认识、态度、观点等多方面内容的,带有一定社会普遍性的共同性的心理状态和发展态势。①

社会心态在某一特定的历史时期往往以一种整体的形态存在并影响着每一个社会成员,使人认同这种观念、态度和意志,或不自觉地受到这种观念、态度和意志的控制。同时,社会心态对中国共产党的政策也有重要影响。社会心态作为社会存在的反映,具有社会意识的一般性质,但又具有与社会意识形态不同的特点,能够表达出方向各异的社会心理要求,是党的指导思想、路线、方针、政策形成过程中需要考量的重要因素。从历史上看,党的政策的制定在一定程度上受到当时社会心态的影响和制约,而党的政策的贯彻,又反过来影响和制约着社会心态的发展变化。这种相互作用贯穿于党领导的革命和建设的全过程,并对其成败有不可低估的影响。正因如此,张静如先生在他的《唯物史观与中共党史学》一书中指出,社会心理是一个非常值得研究的领域。社会心理与中国共产党历史的发展有着密切的关系,对中国共产党的指导思想、路线、方针、政策的形成和发展,有很大的影响。它既为系统化的社会意识即思想理论提供了基础,也为中国共产党提供了群众基础。在党史研究中,既要纵向考察不同时期的各种社会心理,又要横向分析同一时期内不同阶级、阶层、职业、群体的社会心理。由于党史的研究不能不把人们的政治活动当作重要内容集中考察,所以,不同时期政治心理的分析就是十分必要的了。② 社会心态史的研究,可以使我们在研究中注意到"别人置之不顾的资料",即"史学研究分析中由于难以阐明其含义而置之不顾的资料",从而能够展示历史的全貌,把握到历史的"总体和本质",对历史做

---

① 胡红生:《社会心态论》,中国社会科学出版社 2011 年版,第 56 页。
② 张静如:《唯物史观与中共党史学》,湖南出版社 1995 年版,第 136—145 页。

出 "合理可信" 的解释。①

新中国成立后头七年的社会心态是民众对中国社会剧烈变革的群体心理反应。对这一时期主要阶级阶层的社会心态进行研究，其意义在于：

一方面，新中国成立之初的社会阶层变迁给社会成员的心理造成的影响是双重的，既有积极方面，也有消极方面。以往学术界的研究，更多从中共的政策演变入手，而社会成员在巨大社会阶层变迁中的复杂心态则大多被湮没了。本书则将视野转向普通大众，关注他们对社会变革的亲身经历与切实感受。对这一时期民众社会心态的完整呈现，必然有助于深化中共党史、共和国史的研究，具有重要的学术价值。

另一方面，新中国成立初期的社会心态是极其复杂的，然而在短短几年内，全国人民便齐心协力地投入到社会主义建设的洪流中，并取得了令人瞩目的成就。这充分体现了社会各阶层对中国共产党执政的服从与认同。新中国成立初期不同社会阶层的真实心态如何？是什么原因促使他们听从了党的召唤，纷纷走上社会主义道路？其中有哪些经验值得借鉴？对于这些问题的思考无疑对当代社会具有重要的启迪意义。因为改革开放后，随着经济体制和政治体制改革的不断深入，特别是社会主义市场经济体制的进一步发展，我国原有的社会阶层结构发生了分化与重组，原来的以工农两大阶级和知识分子阶层为主体的基本构架被冲破，从原有阶级、阶层内部结构中演化出许多新的社会力量，形成了多元化的社会阶层结构。当代中国社会阶层结构变迁，是我国社会经济发展特别是社会主义市场经济发展的产物。就现代化的发展进程和改革开放所取得的巨大成就而言，有其必然性和合理性。然而，由社会阶层结构变迁引起的利益格局变化则使得社会阶层间的一些深层次矛盾凸显。学者陈义平指出，一个社会，其社会成员之间只要存在着资源占有的不均等，就势必会形成各种不同的利益群体——这些利益群体往往有着各自不同的经济利益、社会地位、生活方式和价值观念等。② 社会各阶层中多样的价值观念，复杂的社会心态，对中国共产党执政以及构建社会主义和谐社会提出了严峻的挑战。通过对本课题的研究，理性地分析新

---

① 侯松涛：《中共党史研究：多学科研究方法的综合审视》，《党史研究与教学》2009 年第 1 期。

② 陈义平：《分化与组合——中国中产阶层研究》，广东人民出版社 2005 年版，第 1 页。

中国成立之初的社会心态变化,系统梳理党通过何种政策和措施来引导社会各阶级阶层进入良性演化的轨道?对这些问题的研究,对于新形势下做好党的群众工作以及建设社会主义和谐社会无疑具有深远的意义。

二　研究概况

自 20 世纪 80 年代以来,国内关于新中国成立初期社会各阶级阶层的研究较多,以资产阶级为例,著作有 1990 年初连续出版的中共党史历史资料《中国资本主义工商业的社会主义改造》系列丛书 37 册,这是研究新中国成立后工商业资本家的较权威的著作。其后,研究新中国对资产阶级政策的论著相继出现,如王炳林主编的《中国共产党与私人资本主义》(1995 年),李定主编的《中国资本主义工商业的社会主义改造》(1997 年),吴序光主编的《风雨历程——中国共产党认识与处理资本主义和资产阶级问题的历史经验》(2002 年),李青主编的《中国共产党对资本主义和非公有制经济的认识与政策》(2004 年),沙健孙主编的《中国共产党和资本主义、资产阶级》(2007 年),等等。学术论文方面,内容涉及资本主义工商业的社会主义改造、党对私人资本主义的政策、民族资产阶级的爱国主义思想、民族资产阶级社会心理等方面有 200 余篇。此外,学术界也对新中国成立初期的其他社会阶级阶层如工人、农民和知识分子进行了广泛研究。这些研究成果,构成了本研究赖以展开的基础。

然而,如果我们仔细研究上述成果时会发现,学术界的研究大多限于"政策—效果"模式,而以民众社会心态变化的角度来研究的成果却并不多。目前学术界可见的,研究农民心态的主要有:李立志的《土地改革与农民社会心理变迁》(《中共党史研究》2002 年第 4 期),师吉金的《1949—1956 年中国农民的心理变迁》(《江西社会科学》2003 年第 9 期),莫宏伟的《新区土地改革时期农村各阶层思想动态述析》(《广西社会科学》2005 年第 1 期),莫宏伟的《苏南土地改革后农村各阶层思想动态述析(1950—1952)》(《党史研究与教学》2006 年第 2 期),王瑞芳的《土地改革与农民政治意识的觉醒》(《北京科技大学学报》2006 年第 3 期),何军新的《阶级划分与建国初期湖南农村社会心态分析》(《求索》2009 年第 6 期),张晓玲的《新中农在农业合作化运动中的心态探析(1952—1956)》(《历史教学》2010 年第 8 期)。研究知识分子心态的主要有：姚礼明的《建国初期"左"的苗头及其对知识分子心态的影响》（《江苏行政学院学报》2001年第3期），汪秀枝的《新中国成立初党外上层知识分子检讨行为的心理基础》（《河南社会科学》2002年第4期），崔晓麟的《建国初期知识分子的社会心态及原因分析》（《广西社会科学》2003年第11期），屠文淑的《建国初期归国知识分子政治心理管窥》（《宁波大学学报》2006年第2期），赵子林的《建国初期知识分子思想状况与党的知识分子政策的回顾与思考》（《兰州学刊》2007年第1期），崔晓麟、谭文邦的《20世纪50年代知识分子的社会心理变迁》（《广西民族大学学报》2009年第6期），刘明明的《中国知识分子在建国初期思想改造运动前后之主动转变及原因》（《社会科学论坛》2010年第6期）。研究资产阶级心态的主要有：师吉金的《1949—1956年中国民族资产阶级心理之变迁》（《安徽师范大学学报》2004年第1期），王炳林、马荣久的《从社会心理看私人资本主义在新中国头七年的历史命运》（《中共党史研究》2006年第2期），朱翔的《从民族资本家的心态转变看党的社会主义改造政策——以南京市为考察中心》（《党的文献》2010年第6期），蒋永的《建国初期上海民族资产阶级社会心理变化》（华东师范大学2009年硕士学位论文），陆和健的《社会主义改造中上海资本家阶级的思想动态》（《华中师范大学学报》2007年第2期）。另外，也有一些著作对某一社会阶层民众的社会心态有所涉猎，如李立志的《变迁与重建：1949—1956年的中国社会》、师吉金的《构建与嬗变——中国共产党与当代中国社会之变迁》、莫宏伟的《苏南土地改革研究》等。从上述成果来看，虽然近些年学术界在新中国成立初期民众社会心态方面的研究有了一定的突破，但研究的力度、广度和深度还远远不够。如就农民而言，研究土地改革时期农民社会心态的较多，而对于社会主义改造时期农民社会心态的研究则较为薄弱。这也是今后需要进一步深入研究的。

三 研究方法

学者林尚立指出，"研究方法的选择与研究的对象以及研究者本身的学术目的直接相关"。[①] 本书以新中国成立初期的工人阶级、农民阶

---

① 林尚立：《当代中国政治形态研究》，天津人民出版社2000年版，第54页。

级、民族资产阶级和知识分子阶层为主要研究对象，全面分析新中国成立头七年社会阶层结构变迁对中国社会的影响，透视社会各主要阶级阶层在社会变迁过程中的多重复杂心态及其心理转变，分析和总结这一时期党的方针政策制定的出发点和实施效果。因此，从本书的研究对象和学术目的来看，主要采用如下方法：

第一，辩证唯物主义和历史唯物主义研究法。即运用辩证唯物主义和历史唯物主义相关原理，实事求是地分析新中国成立初期中国的社会变革及主要社会阶级阶层的社会心态变迁。

第二，资料和文献研究法。本书在吸收前人研究成果的基础上，通过搜集和整理相关文献并对文献材料进行系统的梳理和分析，以探究新中国成立初期不同阶级阶层的社会心态。

第三，综合分析法。本书内容涉及政治学、社会学、心理学等诸多领域，需要运用政治学、社会学、心理学等学科方法分析和研究社会各阶级阶层民众的社会心态变迁。

第二节　新中国成立初期的社会阶层结构变迁

任何社会在运行过程中，都不可避免地会发生一系列变迁。1949—1956 年是中国社会发展进程中的一个重要转型期。以新中国的成立为标志，中国社会进入快速而深刻的大变革时期，其变动的深度和广度为有史以来之仅见。在此期间，中国共产党通过恢复国民经济和社会主义改造等一系列连续而有力的社会运动，推动着中国社会变迁的进程，同时也引发了中国社会阶层结构嬗变。

一　新中国成立之初的中国社会变迁

在社会学中，"社会变迁"是一个表示一切社会现象，特别是社会结构发生变化的动态过程及其结果的范畴。[①] 它与环境、制度、经济、科技、人口以及社会价值观念、生活方式的变化密切相关。

新中国成立之初的中国是一个社会剧烈变迁的时代。中华人民共和国的成立，结束了少数剥削者统治广大劳动人民和帝国主义奴役中国各

---

① 郑杭生：《社会学概论新修》（修订本），中国人民大学出版社 1998 年版，第 391 页。

族人民的历史，中国人民从此当家做主成为国家的主人，中华民族的发展从此开启了新的历史纪元。在新中国成立的最初三年里，旧中国的基本社会结构逐步解构，新的社会秩序的基本形态初步形成。中国社会经历了最伟大的历史演进和社会变革。

首先，政治制度的变迁。制度变迁是指新制度产生，并否定、扬弃或改变旧制度的过程。近代的中国命运多舛，饱受帝国主义的欺凌和封建主义的压迫。为了救亡图存，许多志士仁人怀着强烈的危机感和民族意识，围绕中国要建立什么样的政治制度和政权组织形式提出了种种主张。地主阶级改革派为了抵御外侮，提出了"师夷长技以制夷"的思想；资产阶级维新派为了挽救民族危亡，进行了维新变法运动，希望效仿西方在中国实行君主立宪；孙中山领导的辛亥革命，推翻了清王朝的统治，结束了中国两千多年的君主专制制度，开启了中国民主共和的先河。然而，这些探索无一例外地失败了。辛亥革命后，旧中国的政治制度，无论采取何种形式，也都丝毫没有改变其代表帝国主义、封建主义、官僚资本主义利益的本质，中国人民仍然处于被压迫、被奴役、被剥削的悲惨地位。新中国的成立，改变了中国历史的发展方向，中国由大地主大资产阶级的半殖民地半封建社会进入了人民当家做主的新民主主义时代。1949 年 9 月中国人民政治协商会议第一届全体会议通过的《共同纲领》明确规定，在国体上，"中华人民共和国为新民主主义即人民民主主义的国家，实行工人阶级领导的、以工农联盟为基础的、团结各民主阶级和国内各民族的人民民主专政"。"中国人民民主专政是中国工人阶级、农民阶级、小资产阶级、民族资产阶级及其他爱国民主分子的人民民主统一战线的政权。"在政体上，"中华人民共和国的国家政权属于人民，人民行使国家政权的机关为各级人民代表大会和各级人民政府"[①]。这表明，新生的共和国在社会的政治结构上不仅完成了由大地主大资产阶级专政向人民民主专政的过渡，而且摒弃了独裁专制政体，真正开始了政治民主化的进程。

其次，经济结构的变迁。经济结构是指国民经济的组成和架构，主要包括所有制结构、产业结构和需求结构等。新中国成立前的旧中国是

---

① 中共中央文献研究室：《建国以来重要文献选编》第 1 册，中央文献出版社 1992 年版，第 2—3 页。

一个以传统农业为主、发展极不平衡的经济落后大国。就产业结构来说,落后的农业和手工业在经济中居主要地位,而现代工业产值仅占国民生产总值的 10% 左右。就所有制结构来看,国家的经济命脉掌握在外国财团、官僚资本和买办资本手里。民族资本主义由于受官僚资本、外国资本和本国封建势力的挤压,总体上比较落后。在农村,地主阶级对农民的剥削不但存在,而且在中国经济生活中占据着明显的优势。由于受战争的破坏,中国的国民经济几乎陷于瘫痪,广大人民群众处于水深火热之中,生活得异常艰难。在此形势下,对于新生政权而言,新中国成立后的首要任务就是解决旧的生产关系与生产力之间的矛盾,其中最主要的,就是动员全国人民努力医治战争创伤,恢复破败不堪的国民经济,变革生产资料所有制。为此,党和国家采取了一系列方针政策,推动了中国社会经济结构的变革。在所有制方面,通过没收官僚资本,发展国营经济,合理调整资本主义工商业,形成了以国营经济为主导,私人资本主义经济、个体经济、国家资本主义经济和合作社经济多种经济成分并存的格局;在产业结构方面,虽然尚未完全改变农业和手工业在整个产业构成中占主导地位的局面,但工业在整个工农业总产值中的比重不断上升,由 1949 年的 30% 上升到 1952 年的 41.5%,其中现代工业总产值的比重由 17% 上升为 26.6%;在农村社会变革方面,通过土地改革,极大地调动了广大农民的积极性,解放了农村生产力。这些变化表明,我国的经济结构不仅在质量上有所提高,而且在性质上也有了很大变化。

再次,社会阶层结构的变迁。社会阶层结构是指社会系统中不同社会成员之间的构成方式和比例关系,它是依据某些特定的原则、标准和方法,对社会成员阶层归属的划分,从而确定各社会成员在社会结构中的位置。新中国成立前,我国的社会阶层结构表现为阶级体系。毛泽东曾在《中国社会各阶级的分析》(1925 年 12 月)和《怎样分析农村阶级》(1933 年 10 月)中,运用马克思主义的阶级分析方法,将中国社会各阶级划分为:地主阶级和买办阶级、中产阶级(主要指民族资产阶级)、小资产阶级(如自耕农、手工业主、小知识阶层)、半无产阶级(包括绝大部分半自耕农、贫农、小手工业者、店员、小贩等)、无产阶级(指产业工人和雇农)以及游民无产者。毛泽东以"谁是革命的敌人?谁是革命的朋友?"为视角来分析旧中国的社会阶级阶层,构建了典型的阶级阶层模式。新中国成立之初，为了在新解放区农村实行土地改革，政务院于1950年8月通过《关于划分农村阶级成分的决定》，将中国的社会阶级阶层划分为13种：（1）地主；（2）资本家；（3）开明士绅；（4）富农；（5）中农；（6）知识分子；（7）自由职业者；（8）宗教职业者；（9）小手工业者；（10）小商小贩；（11）贫农；（12）工人；（13）贫民。① 在这13种成分中，既有对农村社会阶级阶层结构的划分，也有对城镇阶级阶层结构的划分，基本上比较全面地反映了当时整个社会的阶级阶层状况。其中，地主、资本家和富农是少数人，有较高的经济地位，但社会政治地位低下；贫农、工人和贫民，经济地位虽然低下，但政治地位较高，是中国共产党的依靠力量；中农、知识分子、自由职业者、宗教职业者、小手工业者以及小商小贩等，在经济上处于中间地位，政治上趋于保守，是可以团结和教育的对象。可见，新中国成立之初，除了官僚资产阶级被剥夺消灭外，其他的阶级阶层仍然是相当复杂的。

最后，社会风气的变迁。社会风气表现了一个国家和民族的价值观念、风俗习惯和精神面貌，它是社会价值取向的集中体现，是社会经济、政治、文化和道德等状况的综合反应，也是社会文明程度的重要标志。新中国成立之初，中国共产党面临着消除旧社会遗留下来的诸如卖淫嫖娼、烟毒泛滥、赌博成风、买卖婚姻等种种不良社会风气，以及倡导新的社会风尚的任务。经过不懈努力，一方面党和政府通过关闭妓院，打击黄、赌、毒，禁止重婚、纳妾、童养媳，破除封建迷信，移风易俗等，积极开展扫除旧社会丑恶现象的斗争，净化了社会风气；另一方面，结合抗美援朝、土地改革、"镇反"、"三反"、"五反"及知识分子思想改造等运动，在党内外通过开展广泛深入的舆论宣传，使团结互助、一心为公、积极进取、努力拼搏、爱国爱家等社会新风尚日益成为社会风气的主流。

综上可见，新中国成立之初，中国的社会变迁是巨大而复杂的。从纵向看，它经历了一个由半殖民地半封建社会向新民主主义社会转变的历程。与此相适应，社会的其他方面，诸如经济结构、政治结构、社会阶层结构、社会风气等也必然随之变化。

---

① 中共中央文献研究室：《建国以来重要文献选编》第1册，中央文献出版社1992年版，第382—407页。

二 国民经济恢复时期的社会阶层结构

从 1949 年 10 月中华人民共和国成立到 1952 年底,是中国进行国民经济恢复工作的时期。此前,由于帝国主义、封建主义、官僚资本主义的残酷统治和长期战争,中国的社会经济十分落后而且破坏严重。1949 年与历史最高年份相比,农业总产值下降 20% 以上,其中粮食产量下降 24.5%,棉花产量下降 47.6%,1949 年粮食平均亩产仅 68.5 公斤,棉花平均亩产 10.5 公斤。工业总产值下降 50%,其中重工业下降 70%,轻工业下降 30%。1949 年在工农业总产值中,农业总产值占 70%,工业总产值占 30%,其中现代工业产值只占 17%。旧中国的工业不但比重小,而且基础薄弱,门类残缺不全,技术落后,生产水平低,没有形成独立的比较完整的工业体系。农业生产仍是手工操作,同古代没有多大区别。商品经济极不发达,全国大部分地区处于封闭或半封闭状态。由于国民政府滥发货币,通货恶性膨胀,市场物价猛涨。1949 年城市中失业人数约有 400 万人,农村灾民约 4000 万人,人民生活极端困难。[①] 新中国成立后,中国共产党领导全国人民就是在这样一个千疮百孔的烂摊子上,仅用三年多的时间,不仅肃清了国民党反动派在大陆的残余势力,建立和巩固了强大的人民民主专政的国家政权,而且通过没收官僚资本等措施改变了原来的经济体制和经济结构,同时也改造了旧中国的社会阶层结构,形成了新的社会阶层结构。

第一,官僚买办资产阶级的覆灭。

官僚买办资产阶级是在半殖民地半封建社会条件下,西方资本主义列强势力扩张与中国封建官僚政治相结合的产物。19 世纪末,随着外国资本主义侵略及中国社会半殖民地化的日益加深,以及洋务派企业的陆续兴办,中国出现了早期的官僚资产阶级。早期官僚资产阶级主要由创办、经营和控制官办和某些官督商办或官商合办企业的洋务派大官僚及大买办所组成。他们既是封建大地主、大官僚、大军阀或大买办,又是经营具有浓厚封建性和买办性的资本主义企业的大资本家。

北洋军阀统治时期,大地主、大买办阶级和西方列强势力进一步勾结起来,官僚买办资本得到了进一步发展。1928 年,以蒋介石为首的

---

① 何沁:《中华人民共和国史》,高等教育出版社 1997 年版,第 45 页。

买办阶级和大地主阶级联合建立了反动政权，近代官僚买办阶级开始与国家政权结合在一起，依靠西方列强的支持，逐步垄断了中国的金融、商业、工业、农业和交通运输业。据 1947 年国民政府公布的统计数字，仅国民政府资源委员会控制的工业企业，其产量（包括控制的产量）占全国总产量的比重为：电力 66%，煤炭 33%，钢铁 90%，钨锑 100%，锡 70%，水泥 45%，糖 90%；1947 年全国私营行庄放款 1 万亿元，而仅中央政府控制的行局即达 17 万亿元，还不包括省市政府银行；至于现代交通运输和国际贸易，则基本上为官僚资本所独占。① 官僚买办资产阶级掌握着雄厚的官僚资本，具有明显的买办性、封建性和垄断性，对近代中国的社会发展产生了巨大阻碍作用。"大地主、大银行家、大买办的资本，垄断中国的主要经济命脉，而残酷地压迫农民，压迫工人，压迫小资产阶级和自由资产阶级。"②

官僚资本作为国民党反动政权的经济基础，它的存在严重阻碍着中国社会政治经济的发展。因此，没收官僚资本，便成为新民主主义革命的基本内容之一。早在 1947 年 10 月中共中央颁布的《中国人民解放军宣言》中，就正式宣布"没收官僚资本"③。1949 年 4 月，中共中央发出《中国人民解放军布告》，规定"没收官僚资本。凡属国民党反动政府和大官僚分子所经营的工厂、商店、银行、仓库、船舶、码头、铁路、邮政、电报、电灯、电话、自来水和农场、牧场等，均由人民政府接管"④。据此，人民解放军所到之处，立即将上述官僚资本收归人民政府所有。

在接收官僚资本过程中，中共中央认为官僚资本企业有别于反动政权，有适应生产发展的一面，因此采取了完全不同于打碎旧的政权机构的办法，规定不打乱企业原来的组织机构，"保持原职原薪原制度"，同时规定要把接收工作和恢复生产工作并举，"保障生产能照旧进行"⑤，从而避免了生产力的破坏。据统计，截至 1949 年底，全国被没收接管的"官僚买办资本企业"共计 2858 个，其中包括控制全国资源

---

① 武力：《中华人民共和国经济史 1949—1999》上册，中国经济出版社 1999 年版，第 98 页。

② 《毛泽东选集》第 3 卷，人民出版社 1991 年版，第 1046 页。

③ 《毛泽东选集》第 4 卷，人民出版社 1991 年版，第 1238 页。

④ 同上书，第 1457 页。

⑤ 中国社会科学院、中央档案馆：《中华人民共和国经济档案资料选编·工商体制卷（1949—1952）》，中国社会科学出版社 1993 年版，第 116—117 页。

和重工业生产的"国民政府资源委员会",垄断全国纺织业的"中国纺织建设公司",兵工系统和军事后勤系统所办企业,陈立夫、陈果夫"CC"系统的党营企业,以及各省市地方官僚系统的企业等;接收了国民政府的经济核心"四行二局一库"(即中央银行、中国银行、交通银行、中国农民银行、中央信托局、邮政汇业局、合作金库)系统,国民党统治区的省市地方银行系统2400多家;接收了国民党政府交通部、招商局所属全部运输企业,计有铁路2.18万公里,机车4000多台,客车约4000辆,货车4.6万辆,铁路车辆和船舶修造厂约30个;还没收了复兴、富华、中国茶叶、中国石油、中国盐业、中国植物油、孚中、中国进出口、金山贸易、利泰、扬子建业、长江中美实业等十多家垄断性的贸易公司。

1951年1、2月间,政务院先后发布《企业中公股公产清理办法》和《关于没收战犯、汉奸、官僚资本家及反革命分子的财产的指示》,要求清理、没收隐匿在私营企业中的官僚资本部分。各地根据中央指示,将原国民政府及其国家经济机关、金融机关、前敌国政府及其侨民在企业中的股份及财产和依法没收归公的战犯、汉奸、官僚资本家等在企业中的股份及财产,均收归人民政府所有,彻底清查处理隐藏在民族资本企业中的官僚资本,圆满地完成了没收官僚资本的任务。根据1953年全国清产核资委员会统计的数字,截至1952年,全国国营企业固定资产原值为240.6亿元人民币,其中大部分为没收官僚资本企业的资产(不包括其土地价值在内),除去已用年限基本折旧后净值为167.1亿元人民币。[①] 这一巨大的社会财富收归人民的国家所有,构成了新中国成立初期国营经济物质技术基础的最主要部分。由于旧中国官僚资本在整个国民经济中的地位被社会主义国营经济所代替,官僚资产阶级随之覆灭了。

第二,地主阶级的消亡。

旧中国的封建土地制度极不合理,占乡村人口不到10%的地主和富农,占有70%—80%的土地,他们借此残酷地剥削农民。而占乡村

___

① 1955年2月21日,国务院发布《关于发行新的人民币和收回现行的人民币的命令》。自3月1日起,中国人民银行发行新人民币,以新币1元等于旧币1万元的折合比率收回旧人民币。本书所用人民币单位一律为新币。

人口90%的贫农、雇农和中农，却只占有20%—30%的土地。① 地主阶级虽然占有大量土地，但一般都不直接经营，而是把土地零散地租给农民耕种，向他们收取高额地租。据西南军政委员会土地改革委员会主任张际春1950年7月27日在《关于西南减租问题的报告》中提供的调查数字：川东新解放区的农民上交地主的地租一般占农民收获的50%，甚至70%—80%，许多地方的地主还强迫农民交纳附加租、预交租、押租等。此外，农民还要负担沉重的赋税和无休止的差役，受高利贷的盘剥。②

旧中国的农民遭受如此残酷的剥削和压迫，其主要原因，就是因为存在着封建剥削关系，存在着封建土地制度。因此，"土地制度的改革，是中国新民主主义革命的主要内容"③。只有完成了土地制度的改革，国家才能实现真正的独立和统一，劳动人民才能获得解放，社会生产力才能摆脱腐朽生产关系的束缚而得到发展，并由此"造成由农业国变为工业国的先决条件，造成由人剥削人的社会向着社会主义社会发展的可能性"④。

为废除封建土地制度，早在1947年，中共中央就召开全国土地会议，制定了《中国土地法大纲》，并形成了一条完整的土改总路线，即"依靠贫农，团结中农，有步骤地、有分别地消灭封建剥削制度，发展农业生产"⑤。在这条路线的指引下，各解放区普遍开展了土地改革运动，约有1.2亿农民分得了土地。

新中国成立时，不仅未解放地区存在着封建剥削制度，而且在已经解放但尚未实行土地改革的地区也还存在着封建剥削。为了废除地主阶级封建剥削的土地所有制，实行农民的土地所有制，1950年6月，中国共产党召开七届三中全会。会上通过了在全国范围内开展土地改革的决议。随后，中央人民政府正式批准实施《中华人民共和国土地改革法》，决定从1950年冬季开始，在新解放区陆续开展土地改革。

① 何沁：《中华人民共和国史》，高等教育出版社1997年版，第40页。
② 孙瑞鸢：《建国初期土地改革的动因、政策和成就》，《中共党史研究》1994年第5期。
③ 《毛泽东选集》第4卷，人民出版社1991年版，第1313—1314页。
④ 同上书，第1375页。
⑤ 同上书，第1314页。

《中华人民共和国土地改革法》共6章40条,对于土改的目的、土地的没收和征收、土地的分配、特殊土地问题的处理、土地改革的执行机关和执行方法等都作了明文规定,它是全国人民进行土地改革的根本大法,集中概括了中国共产党20多年领导土地改革斗争的丰富经验,其基本精神与1947年颁布的《中国土地法大纲》是一致的。土地改革的基本内容,是没收地主的土地、耕畜、农具、多余的粮食以及在农村中多余的房屋,分配给无地、少地及缺乏其他生产资料的贫苦农民。对于地主也同样分配一份土地,而对地主的其他财产,包括地主所兼营的工商业在内,则不予没收,进而把封建剥削的土地所有制改变为农民的土地所有制。

对于地主阶级的界定,政务院则在《关于划分农村阶级成分的决定》中进行了说明。(一)占有土地,自己不劳动,或只有附带的劳动,而靠剥削为生的,叫作地主。地主剥削的方式,主要是以地租方式剥削农民,此外或兼放债或兼雇工或兼营工商业,但对农民剥削地租是地主剥削的主要方式。管公堂及收学租也是地租剥削一类。(二)有些地主虽已破产了,但破产之后有劳动力仍不劳动,而其生活状况超过普通中农者,仍然算是地主。(三)军阀、官僚、土豪、劣绅是地主阶级的政治代表,是地主中特别凶恶者。(四)帮助地主收租管家,依靠地主剥削农民为主要生活来源,其生活状况超过普通中农的一些人,应与地主一例看待。(五)向地主租入大量土地,自己不劳动,转租于他人,收取地租,其生活状况超过普通中农的人,称为二地主。二地主应与地主一例看待。其自己劳动耕种一部分土地者,应与富农一例看待。[①]

此后,全国开展了轰轰烈烈的土地改革运动。到1953年春,除一部分少数民族地区外,土地改革已全部完成。全国3亿多无地、少地的农民(包括老解放区的在内),无偿分得约4660多万公顷土地和大量生产资料,[②]实现了耕者有其田的理想。土改完成之后,农村的土地占有状况发生了根本改变。土地改革中获得经济利益的农民,约占农业人口的60%—70%。土地改革"使全国3亿多无地、少地的农民无偿地

[①] 中共中央文献研究室:《建国以来重要文献选编》第1册,中央文献出版社1992年版,第383页。

[②] 何沁:《中华人民共和国史》,高等教育出版社1997年版,第42页。

获得了 7 亿亩的土地和其他生产资料，免除了过去每年向地主缴纳的 700 亿斤粮食的苛重的地租"，"贫农、中农占有的耕地占全部耕地的 90% 以上，原来的地主和富农占有全部耕地的 8% 左右"①。通过土地改革，新中国彻底摧毁了两千多年的封建土地制度，地主阶级也随之消灭。

第三，劳动者阶级社会地位的提高。

劳动者阶级的共同特征是以自己的劳动为生。在旧中国，劳动者阶级主要由工人阶级、农民阶级和城市小资产阶级组成。他们一不占有经济资源；二没有政治权力，处于社会底层，受帝国主义、封建主义和官僚资本主义的剥削和压迫。新中国成立后，"中国人民由被压迫的地位变成为新社会新国家的主人"②，劳动者阶级的社会地位有了极大提高，具体表现在：

1. 工人阶级领导地位的确立。新中国成立前，工人阶级在经济上受到的剥削是双重的：既受帝国主义的剥削，又受封建主义的剥削。工人工作时间之长、生活待遇之差，劳动条件之恶劣，是世界各国所没有的。"他们失了生产手段，剩下两手，绝了发财的望，又受着帝国主义、军阀、资产阶级的极残酷的待遇。"③ 政治上，工人阶级被剥夺了一切权利，行为受到严重限制，自由被取消，稍有反抗即会遭逮捕乃至杀戮。新中国成立后，工人阶级在政治上翻了身，由旧社会的被统治阶级，成为国家和企业的主人。对于工人阶级的政治地位，早在 1948 年 8 月召开的第六次全国劳动大会所作的决议中，中共中央就特别强调在推翻旧中国反动政权、创建新中国革命政权的伟大斗争中，中国工人阶级应该而且必须站在最前列，并使自己成为各民主阶级人民革命的领导者。1949 年春，毛泽东在中共七届二中全会上指出：从现在起，开始了由城市到乡村并由城市领导乡村的时期，党的工作重心由乡村移到了城市。在城市斗争中，我们必须全心全意地依靠工人阶级。同年 9 月，中国人民政治协商会议第一届全体会议通过的《共同纲领》明确

---

① 国家统计局：《伟大的十年——中华人民共和国经济和文化建设成就的统计》，人民出版社 1959 年版，第 29 页。

② 中共中央文献研究室：《建国以来重要文献选编》第 1 册，中央文献出版社 1992 年版，第 1 页。

③ 《毛泽东选集》第 1 卷，人民出版社 1991 年版，第 8 页。

规定：中华人民共和国为新民主主义即人民民主主义的国家，实行工人阶级领导的、以工农联盟为基础的、团结各民主阶级和国内各民族的人民民主专政。可见，新中国成立后，工人阶级在政治体系中已处于领导地位。

2. 农民阶级地位的提高。新中国成立前的农村，一方面，占人口总数一半以上的无地、少地农民租种地主的土地，承受着地主的盘剥；另一方面，地主、高利贷者、商人、官吏数位一体的农村社会体制，以及代表地主阶级利益的国家政权，加剧了农民的生存危机。据20世纪30年代的统计分析，农民租种地主土地交纳的地租大概占租地收入的58%，出售农产品过程所受的剥削约占出售部分的40%—50%，借贷所付的利息约占所借债务的30%以上，总计农民受地租、商业、高利贷剥削占其全年总收入的40%以上。再加上苛捐杂税以及天灾人祸，农民的生活很难维持。如据20世纪30年代对江苏、安徽、浙江、河北四省九县6000余户农民的调查，56%的农民全年收入在100元以下，扣除以上剥削以及种子、饲料、农具等生产费用，每个农户每年用作家庭生活的费用还不到30元，远远低于起码的生活标准。① 近代中国农村流行的一首歌谣形象地概括了当时农民的生活状况："农民背上两把刀：租米重，利钱高！农民面前路三条：投河、上吊、坐监牢！"正是在这样的残酷剥削和压榨下，"中国的广大人民，尤其是农民，日益贫困化以至大批地破产，他们过着饥寒交迫的和毫无政治权利的生活"。② 而新中国成立后的土地改革运动彻底摧毁了中国的封建剥削制度，使农民从封建制度下依附于地主阶级的劳动者转变为以个体私有制为基础的劳动者。农民不仅在经济上翻了身，而且其政治地位也发生了翻天覆地的变化。"昔日生活在农村社会最低层、在政治上毫无地位可言的贫、雇农，一夜之间成了农村中的主人。而以往把持着乡村社会政治生活的地主、富农却落到了在乡村社会政治生活中毫无地位可言的最低层。"③

3. 城市小资产阶级地位的改变。小资产阶级是指占有一定的生产资料或少量财产，一般不受别人剥削，也不剥削别人（或仅有轻微剥

① 邓力群等：《中国的土地改革》，当代中国出版社1996年版，第33—34页。

② 《毛泽东选集》第2卷，人民出版社1991年版，第631页。

③ 陈吉元、陈家骥、杨勋：《中国农村社会经济变迁（1949—1989）》，山西经济出版社1993年版，第86页。

削），主要依靠自己劳动为生的阶级。毛泽东在《中国社会各阶级的分析》一文中，认为小资产阶级主要由"自耕农，手工业主，小知识阶层——学生界、中小学教员、小员司、小事务员、小律师、小商人等"① 构成。1939 年 12 月，毛泽东在《中国革命和中国共产党》一文中，更是明确地将农民以外的小资产阶级划分为：知识分子、小商人、手工业者和自由职业者。② 从上述可以看到，毛泽东将小资产阶级划分为城市小资产阶级和农村小资产阶级两类。城市小资产阶级即知识分子、小商人、手工业者和自由职业者。知识分子群和青年学生群，"除去一部分接近帝国主义和大资产阶级并为其服务而反对民众的知识分子外，一般地是受帝国主义、封建主义和大资产阶级的压迫，遭受着失业和失学的威胁"。小商人"一般不雇店员，或者只雇少数店员，开设小规模的商店。帝国主义、大资产阶级和高利贷者的剥削，使他们处在破产的威胁中"。手工业者"自有生产手段，不雇工，或者只雇一二个学徒或助手。他们的地位类似中农"。如医生等自由职业者，"他们不剥削别人，或对别人只有轻微的剥削。他们的地位类似手工业者"③。上述各项小资产阶级成分，"都受帝国主义、封建主义和大资产阶级的压迫，日益走向破产和没落的境地"④。新中国的成立，改变了城市小资产阶级的地位，使他们和其他劳动者阶级一样翻身做了新社会的主人。以江苏常州的手工业者为例，新中国成立前的常州手工业者，承受着官僚资本和高利贷资本的操纵、剥削和压榨，过着朝不保夕、饥寒交迫的悲惨生活。很多从业者辛辛苦苦劳作一天，连稀饭都喝不上，肚皮都填不饱。手工业中曾流传着很多谚语，如"竹子节节空，不够吃和用"；"西北寒风起，做藤佬吊死在茅坑里"；"旺季忙死，淡节饿死，债主逼死"，等等，这都是他们当年真实的生活写照。新中国成立后，在中国共产党领导下，压在他们头上的帝国主义、官僚资本主义和封建势力三座大山被推翻了，新成立的常州专署生产建设处合作科（后改常州市合作总社）为帮助手工业者恢复和发展生产，想方设法帮他们解决资金短缺等问题，同时还为他们组织物资生产原料，扩大加工订货和销售渠

---

① 《毛泽东选集》第 1 卷，人民出版社 1991 年版，第 5 页。
② 《毛泽东选集》第 2 卷，人民出版社 1991 年版，第 640 页。
③ 同上书，第 642 页。
④ 同上书，第 641 页。

道,改变了他们新中国成立前那种朝不保夕、奄奄一息的现状,使手工业步入了正常发展的轨道。1951 年,常州手工业户数由新中国成立前的 4540 户增加到 5794 户,从业人员由 6826 人增加到 9032 人,产值由 200 多万元增加到 700 多万元。①

第四,民族资产阶级受到保护。

19 世纪六七十年代,在洋务派举办近代民用企业的同时,商办的近代工业也开始出现。中国的部分地主和商人引入大机器生产方式,以契约工人为劳动力,投资兴办近代企业。这样的企业基本具备资本主义的生产特征,分散于上海、广东、天津等沿海地区,这便是早期的民族资产阶级。

民族资本主义在中国产生具有历史进步性。但由于它诞生于半殖民地半封建的社会环境中,因而具有一些特殊的特征:其一,它不是本国社会经济发展的产物,而是外国资本主义对中国进行商品倾销与原料掠夺的结果。其二,民族资本主义力量十分微弱。据专家估算,中国民族资本在它积累的最高峰的时候,不过 70 多亿元(1936 年币值),合 20 多亿美元,而当时帝国主义在中国的资本估计达 42.8 亿美元,比民族资本大一倍以上。稍后,官僚资产阶级所积累的财产达 100 亿—200 亿美元,比民族资本大四倍至九倍。② 其三,资本主义企业分布很不均匀。它们大都集中在通商口岸或靠近通商口岸的地方,其中上海最多,广州次之,武汉居第三。因为这些地区交通便利,便于进行通商贸易,且距离市场较近,另外这些地区也是外国资本主义势力相对集中的地方,便于寻求外国人的保护。

民族资产阶级在自身经济实力的发展上因其资金少、规模小、技术力量薄弱,决定了它同外国资本主义、本国封建势力有着千丝万缕的联系,具有软弱性和妥协性的一面。但同时,民族资产阶级因其一开始就受外国资本主义和本国封建势力的压迫和束缚,同外国资本主义和本国封建势力存在矛盾,这就决定了它具有革命性的一面。基于民族资产阶级这种两面性特点,中国共产党在新民主主义革命时期对民族资产阶级

① 《对手工业的社会主义改造》,来源于《常州日报》,http://news.sina.com.cn/o/2009—07—07/111815912705s.shtml。

② 沙健孙:《中国共产党和资本主义、资产阶级》上册,山东人民出版社 2005 年版,第31 页。

采取的是既又联合又斗争的统一战线政策，在经济上对其采取保护的政策。在城市解放后的接收工作中，毛泽东就曾指示全党：城市接收工作主要是接收官僚资本；对民族工商业要好好保护，接收工作要"原封原样，原封不动"，让他们开工，恢复生产，以后再慢慢来。做好城市工作要依靠工人阶级，还要团结好民族资产阶级，跟他们保持长期的统一战线。

新中国成立后，由于没收了官僚资本，社会主义国营经济已经建立起来。但由于我国社会经济十分落后，民族资本主义经济仍然是一支不可忽视的经济力量。毛泽东和党中央冷静分析了国内的形势，提出了不要"四面出击"的策略方针和要照顾"四面八方"（即公私兼顾、劳资两利、城乡互助、内外交流）的十六字方针等，围绕恢复国民经济，发展生产力这个中心，对民族资产阶级采取了保护的政策。在中共的保护政策之下，民族资产阶级作为一个完整的阶级形态保存下来，但是其阶级状态同旧社会相比却有很大区别，主要表现为在私营企业中，资本家的剥削程度受到限制，工人阶级的利益受到保护，生产积极性普遍提高，同时带动了民族资本主义企业效率的提高。

由上可见，新中国成立后的三年间，中国社会发生了巨大变革，社会阶层结构也随之重构，即官僚资产阶级和地主阶级被彻底推翻；工人阶级、农民阶级和城市小资产阶级翻身解放，成为国家的主人。尤其是工人阶级、农民阶级的经济社会地位有了极大提高，成为国家的领导力量和社会基础。中国形成了由工人阶级、农民阶级、城市小资产阶级、民族资产阶级四个基本阶级构成的社会阶层结构。

三　社会主义改造时期的社会阶层重构

随着国民经济的恢复和土地改革的完成，全国工农业生产已经恢复和达到中国有史以来的最高水平（1936 年）。1952 年同 1949 年相比，1952 年的工农业生产总值为 810 亿元，比 1949 年增长 77.5%，比新中国成立前最高水平的 1936 年增长 20%。其中工业总产值为 349 亿元，比 1949 年增长 145.1%；农业总产值为 461 亿元，比 1949 年增长 53.5%，主要工农业产品的产量已超过新中国成立前最高水平。钢产量 135 万吨，比新中国成立前的最高水平增长 46.3%；发电量 73 亿度，增长 21.7%；原煤 6600 万吨，增长 6.5%；粮食 1639 亿公斤，增长 9.3%；棉花

1303.7万公担,增长53.6%。[①] 全国职工的平均工资提高70%左右,[②]农民收入增长30%以上,人民生活普遍得到改善。即便如此,此时的中国仍然只是一个百废待兴的落后农业国。为实现国家繁荣富强和人民共同富裕,中共中央按照毛泽东的建议于1952年提出了过渡时期的总路线,即:要在一个相当长的时期内,逐步实现国家的社会主义工业化,并逐步实现国家对农业、手工业和资本主义工商业的社会主义改造。

社会主义改造是中国历史上最伟大最深刻的社会变革。三大改造的基本完成,不仅确立了社会主义基本经济制度,实现了从新民主主义向社会主义的转变,同时也促动了中国社会阶层重构:民族资产阶级被改造,其作为一个完整的社会实体不复存在;小资产阶级中的绝大多数走上了合作化道路;知识分子成为工人阶级内部的一个社会阶层。中国社会阶层结构演变为"两个阶级一个阶层",即工人阶级、农民阶级和知识分子阶层。

从根本上讲,社会阶层结构的变化主要由两个原因引起,一是产业结构的变化使职业结构发生变迁,而职业结构的变迁又使人们的社会位置发生变动,由此而出现社会阶层的分化。二是社会制度、社会政策的变化带来了社会资源的重新分配,由于对社会资源占有的不同,造成了人们之间的社会差别。[③] 社会主义改造是生产关系方面由私有制到公有制的一场伟大变革。在这场伟大变革中,党通过具体的政策将路线和大政方针付诸实施,从而顺利实现了由新民主主义向社会主义的转变。其结果,不仅带来了社会经济制度的根本变化,也推动了社会阶层结构发生新的变化。

第一,工人阶级由现代雇佣无产阶级转变为占有生产资料并处于整个社会中心地位的阶级。

资本主义工商业社会主义改造基本完成后,私营企业已通过公私合营转变为社会主义性质的全民所有制和集体所有制企业,标志着工人阶级已经不是旧社会那种失去生产资料和被迫向资本家出卖自己劳动力的阶级,而是和全体劳动人民共同占有生产资料。1956年底,全民所有

---

① 何沁:《中华人民共和国史》,高等教育出版社1997年版,第54页。

② 国家统计局:《伟大的十年——中华人民共和国经济和文化建设成就的统计》,人民出版社1959年版,第192页。

③ 王尚银:《社会阶层结构变动对政治变化的影响》,《东岳论丛》2006年第6期。

制和集体所有制单位的职工①数量有了较大增加。据统计，1953年全民所有制单位职工为1431万人，集体所有制单位职工为30万人，公私合营单位职工为28万人，私营企业职工为367万人；到1956年，全民所有制单位职工为2068万人，集体所有制单位职工为554万人，公私合营单位职工为352万人，私营企业职工为3万人，②完成了从现代雇佣无产阶级向现代中国工人阶级的历史性转变。这一转变的意义在于：一是由被统治阶级转变为社会主义国家的领导，确立了工人阶级在国家政治生活中的领导地位；二是由于工人阶级与生产资料实现了完全的结合，工人阶级的劳动权利和福利待遇得到了保证③。工人阶级处于整个社会结构的中心地位，享有一系列不同于其他阶级阶层在政治、经济、社会福利等方面的特殊权利。

第二，农民阶级由个体农民转变为社会主义集体农民。

在旧中国的农村人口中，有60%—70%的贫农和雇农，他们是农村的无产阶级和半无产阶级。土地改革后，广大农民特别是贫农、雇农分得了土地，成了土地的小私有者。农民由原来的被剥削者转变为个体劳动者，这在经济上是一次大解放。但是，个体经济是以个体劳动者私有制为基础的。这种经济既分散和落后，又同传统的农业生产相联系，因而具有很大的局限性。因此，对个体农业进行社会主义改造的目的，就是将分散的、落后的小农个体经济组织起来，引导农民走合作化的道路。经过农业合作化运动，全国绝大多数农民参加了合作社，走上了集体化的道路。1956年底，参加合作社的农户达1.17亿户，占全国总农户的96.3%，其中参加高级农业合作社的农户占87.8%。④贫农、中农成为合作社的骨干力量。农业合作化的实现，意味着农民的阶级地位发生了深刻变化，即由个体劳动者转变为同社会主义集体所有制相联系的新型农民。

---

① 当时我国劳动统计对职工的定义是"职员和工人"，工人阶级主要指产业工人，如制造、建筑、运输等行业的劳动者。政务院对职员的界定是：凡受雇于国家的、合作社的或私人的机关、企业、学校等，为其中办事人员，取得工资以为生活之全部或主要来源的人。社会主义改造完成后，"职员"的身份消失，职员与工人之间的界限被打破，成为工人阶级的组成部分。

② 《1984年中国统计年鉴》，中国统计出版社1984年版，第111页。

③ 于昆：《和谐社会视野下的党群关系研究》，人民出版社2008年版，第113—114页。

④ 何沁：《中华人民共和国史》，高等教育出版社1997年版，第89页。

富农是农民中比较富裕的阶层。新中国成立之初,党在土地改革中制定了保存富农经济、中立富农的政策。这一政策既使农民各阶层的利益得到均衡,也使农村混乱的局面得到控制,为我国农村的农业生产创造了很好的条件。在农业合作化运动中,党实行了由逐步限制富农到消灭富农的阶级路线。1954 年到 1955 年上半年,通过农业生产合作、供销合作、信贷合作、粮棉油统购统销、合理征收农业税等方法,限制了富农经济的发展和新富农的产生。1955 年冬到 1956 年底,党又通过采取区别对待、分批吸收入社、在社实行同工同酬的方法,逐步消灭了富农经济,并使富农分子逐步改造成为自食其力的劳动者。

第三,手工业者由个体手工业者转变为各种形式的手工业合作社社员。

个体手工业者是城市小资产阶级的典型代表。新中国成立前,由于受帝国主义、封建主义和官僚资本主义的重重盘剥和压榨,手工业经济发展规模小,生产分散、资金短缺、技术落后、设备简陋、行业观念封建保守,扩大再生产难度大,同时也受生产季节性的限制和帝国主义的侵略和封建势力的统治,使许多手工业经济纷纷破产,大批手工业劳动者流落街头。新中国成立后,党和政府根据发展生产、繁荣经济的方针,采取多种形式,帮助他们克服人力、物力、财力和生产经营上的各种困难。据统计,1952 年国民经济恢复时期结束时,手工业生产总值为 73.1 亿元,占工农业总产值的 8.8%。全国手工业从业人数为 7364000 人。到 1954 年,个体手工业的从业人数约 2000 万人(产值为 93 亿元,约占全部工业总产值的 20%),其中独立的个体手工业者约 800 万人(产值为 68 亿元),农业兼营商品性的手工业生产者约 1200 万人(产值为 25 亿元)。

然而,个体手工业是分散落后、规模狭小的个体经济,这在一定程度上限制了手工业生产的发展。同时,由于不能克服生产和销售上的一些困难,也就免不了要受到商业资本和高利贷的控制和盘剥。手工业的这种发展状况与新中国经济建设对手工业的发展要求不相适应。据 1954 年调查,全国个体手工业者每人平均年产值是 920 元,只及同时期大工业工人每人平均年产值的 1/10 弱。[1] 因此,党对个体手工业进行

---

[1] 邓洁:《中国手工业社会主义改造的初步总结》,人民出版社 1958 年版,第 14 页。

了社会主义改造，把手工业劳动者的个体所有制改变为集体所有制，把手工业者逐渐组织到各种形式的手工业合作社中来。到 1956 年底，全国手工业生产合作社（组）发展到 10 万多个，入社的手工业者占全体手工业人员的 91.7%。[①]

第四，小商小贩由个体劳动者转变为国营商业或合作社商业的工作人员。

在我国城市和乡村中存在着大量的小商小贩。这些小商小贩一般都是一些小本营生，规模小，资金少。他们或摆摊售货，或肩挑叫卖，一般都不雇佣店员，由自己和自己的家属一起劳动；或者只雇佣极少数辅助人员。所以小商小贩按其经济性质应该属于个体劳动者。但由于其在商品流通中与资本主义的自由商品市场有着极密切的关系，因而具有较大的自发资本主义倾向。另外，由于社会经济改组的深化，各种没落阶层不断渗入，其出身成分和政治情况极为复杂。以新中国成立初期的上海为例，在固定摊贩中，职业摊贩占 44.99%，失业工人、店员占 17.3%，农民占 7.18%，家庭妇女占 6.81%，小厨、店业主及捎客占 4.42%，手工业者占 3.09%，学生、自由职业、复员军人占 2.55%，敌伪军政人员、地主占 2.63%，其他占 11.03%。在流动摊贩中，职业摊贩占 24.77%，失业工人、店员占 24.7%，农民占 17.92%，小厂、店业主及捎客占 6.9%，手工业者占 4.67%，家庭妇女占 4.56%，学生、自由职业、复员军人占 3.74%，敌伪军政人员占 3.22%，其他占 9.90%。[②] 因此，党和国家对小商小贩也进行了社会主义改造。具体做法是：对小商小贩中的一部分人，根据国家的需要，直接吸收他们为国营商业或合作社商业的工作人员；对一般小商小贩则根据自愿原则，在国营商业和供销合作社的领导下，通过各种合作形式把他们组织起来，使其成为社会主义商业的一个组成部分，成为国营商业和供销合作社商业的补充和助手。到 1956 年底，中共对小商小贩的改造工作取得很大成果。在全国 332 万私营商业人员（绝大部分为小商小贩）中，已经改造的有 282.4 万人，占 85.1%。[③]

---

①　何沁：《中华人民共和国史》，高等教育出版社 1997 年版，第 90 页。
②　《上海小商小贩社会主义改造史料》，《档案与史学》2004 年第 6 期。
③　中央工商行政管理局、中国科学院经济研究所、资本主义经济改造研究室：《私营商业的社会主义改造》，生活·读书·新知三联书店 1963 年版，第 291—292 页。

第五,知识分子成为工人阶级的一部分。

知识分子是掌握一定科学文化知识、具有各类专门技术并以脑力劳动为主的劳动者。新中国成立前,知识分子是依附于社会各阶级而存在的。新中国成立后,经过对知识分子进行思想改造运动,绝大多数知识分子的思想发生了转化,基本上清除了帝国主义、封建主义、官僚资本主义的思想政治影响,确立了社会主义和为人民服务的思想,成了社会主义建设的重要力量。社会主义改造基本完成前,知识分子阶层也完成了历史性的转变,成了工人阶级的一部分。1956 年 1 月党中央召开知识分子问题会议,周恩来明确提出了新中国成立以来"知识界的面貌已经发生根本的变化",知识分子的绝大部分"已经成为国家工作人员,已经为社会主义服务,已经是工人阶级的一部分"① 的重要论断。与此同时,知识分子队伍不断扩大,从事科学研究、文教卫生和社会福利事业的人数,由 1952 年的 361 万人,增加到 1956 年的 447 万,增长了 23.8%。②

第六,民族资产阶级转变为自食其力的劳动者。

新中国成立之初,民族资产阶级中有私营工业资本家、私营商业资本家和私营金融资本家,此外还有少数专门从事投机活动的资本家。当时的中国百废待兴,为了利用民族资产阶级有利于国计民生的一面,限制它消极破坏的一面,党对民族资本主义经济采取了利用、限制、改造的政策。这一时期,民族资本主义经济有了一定程度的增长。据统计,1949 年全国私营工业有 12.3 万户,1952 年达到 14.96 万户。全国私营商业 1950 年有 402 万户,1952 年达到 430 万户。③ 从 1953 年起,党和国家采取和平赎买政策,通过多种形式的国家资本主义,在全国范围内对资本主义工商业进行大规模的社会主义改造。到 1956 年底全国普遍实行了全行业的公私合营。在公私合营的企业里,由国家投资或者国家派遣干部进入企业代表公股负责企业的领导和管理,原来资本主义工商业者的资产作价入股。此时的企业生产关系发生了根本变化,生产资料

---

① 《周恩来选集》下卷,人民出版社 1984 年版,第 161 页。

② 国家统计局社会统计司:《中国劳动工资统计资料 1949—1985》,中国统计出版社 1987 年版,第 6 页。

③ 中国社会科学院经济研究所:《中国资本主义工商业的社会主义改造》,人民出版社 1978 年版,第 144 页。

由资本家私有改变为公私共有，企业的领导权基本上属于国家，生产经营纳入国家计划。公私合营企业转变为社会主义全民所有制。对于私营企业的所有在职人员，国家采取"包下来"的政策，根据"量才录用，适当照顾"的原则，进行了全面的人事安排，同时在政治上也进行了适当安排。据 1957 年统计，全国拿定息的 71 万在职私方人员和 10 万左右资本家代理人，全部安排了工作，发挥了他们的经营管理经验和生产技术专长。这样，民族资产阶级走上由剥削者向劳动者转变的道路。民族资产阶级作为一个阶级消失了。

此外，自由职业者阶层（一般是指那些依靠个人的知识技能独立从事一定职业为生的医生、教师、律师、新闻记者、著作家、艺术家等）在 1956 年后，也都按各自的工作归入相应的阶层，不再有自由职业者的划分。

第二章　新中国成立初期工人阶级的社会心态

新中国的成立，标志着中国工人阶级的先锋队——中国共产党作为执政党登上了政治舞台，工人阶级也由此成为新社会的领导阶级。工人阶级在经济上由不占有生产资料的雇佣劳动者，成了生产资料的主人；在政治上由被剥削、被压迫阶级成了社会主义国家的领导阶级。工人阶级地位的变化使得其社会心态发生了新的变化。

第一节　新中国的成立与工人阶级的社会心理

一　新中国成立前工人阶级概况

中国工人阶级是伴随着外国资本主义的入侵而产生的。外国资本主义的侵入，破坏了中国封建社会自给自足的自然经济，使大批农民和手工业者纷纷破产，成为现代的产业工人。从19世纪50年代起，第一代产业工人产生在外国人在华开设的一批企业里。60年代，在洋务派创办的企业中，又聚集了一批产业工人。70年代以后，一部分商人、地主和官僚开始投资于新式工业，又产生了一批产业工人。据估计，1894年中日甲午战争爆发前，全国大约已有近代产业工人10万余人。19世纪末到20世纪初，随着帝国主义对华资本输出的增加和中国民族资本主义的初步发展，中国工人阶级的数量也随之增加。到第一次世界大战爆发前夕，全国产业工人约有60万人。第一次世界大战期间，由于帝国主义国家忙于战争，暂时放松了对中国的侵略，中国的工人阶级和民族资产阶级的力量进一步壮大起来，产业工人的人数迅速增长，到1919年五四运动前夕，已发展到200万人左右。应当说，中国工人阶级是随着近代中国社会化大生产的发展而产生和发展起来的，并日益成为一支重要的社会力量。

近代中国工人阶级和世界其他国家的工人阶级一样，都是社会化大生产的产物，与最先进的经济形式相联系，因而是社会先进生产力的代表；他们不占有任何生产资料，决定了他们是最富于革命彻底性和组织性、纪律性的阶级，是最有前途的阶级。除了具有世界一般工人阶级的基本特点外，中国工人阶级还有一些特殊优点：中国工人阶级从它诞生之日起就受帝国主义、封建势力和官僚资本主义的残酷压迫，没有产生工人贵族阶层的经济条件，因而具有最强的革命性；工人阶级大都由破产的农民而来，同农民有着天然的联系，便于结成巩固的工农联盟；工人阶级的分布比较集中。从部门来说，大都集中在纺织、采矿、造船和铁路运输等行业；从地区来说，大都集中在上海、天津、广州、香港、武汉等沿海、沿江地区。这一优点弥补了中国工人人数少的不足，便于组织和集中，易于形成强大的政治力量。这些特点决定了工人阶级必将成为中国革命的基本动力，必然会成为中国革命的领导阶级。随着马克思主义在中国的传播及其同中国工人运动的结合，中国工人阶级成立了自己的政党——中国共产党。从此，中国工人阶级作为一支独立的力量登上了中国革命的历史舞台。在党的领导和影响下，中国工人阶级迅速组织起来，以前所未有的声势和规模，投入了革命的洪流。

以解放战争时期为例，工人阶级在党的领导下，为打败蒋介石，解放全中国进行了英勇的斗争。

在解放区，工人阶级在党的领导下，踊跃参军参战。如山东华丰煤矿的矿工们在党的领导下，成立了"工人大队"，在 1946 年秋，一举歼灭了一股国民党特务。11 月改编为"泰宁独立团"，在 1947 年 2 月消灭国民党一个搜索营。[①] 又如 1948 年 1 月 25 日，国民党第八军搜索营和还乡团共千余人，到孙家滩一带抢粮时，工人武装配合地方武装予以狙击，激战 4 小时，毙伤敌官兵 120 人，俘 184 人。在工人阶级和人民解放军共同作战下，1948 年 10 月 15 日，烟台重获解放；[②] 与此同时，工人阶级还积极响应党中央号召，深入开展增产立功运动，积极生产前线急需的各种物质，支援解放战争。在山东解放区，广大工人群众

① 王永玺：《中国工人阶级通史简编》，中国工人出版社 1992 年版，第 171 页。
② 荀方杰等：《中国工人运动简史》，山东大学出版社 1988 年版，第 157 页。

在"一切为了前线胜利"的口号下,努力生产,增加产量。为了争时间,抢进度,工人们忘我劳动。他们经常进行突击竞赛,使一个月的任务,11 天就完成了。[①] 冀南军区胜利被服所 100 天的任务,仅 64 天就完成了。太行山军工部的甄荣典,生产八二型炮弹,他不但创造了日产量 135 发的新纪录,而且解决了过去技术上存在的质量问题,保证无臭弹、无空炸。[②]

在国统区,工人阶级在党的领导下,把经济斗争和政治斗争结合起来,同各阶层人民一道,掀起了大规模的反饥饿、反内战、反迫害、反对美军暴行的斗争,形成了和解放区军民的斗争相互呼应、配合的第二条战线,使国民党的独裁统治陷入了全民的包围之中。就工人运动来说,仅内战全面爆发后的前三个月,上海就发生工潮 561 起。1946 年 6 月,上海 100 多个工会的会员,130 多所学校的师生和各界人士共 10 万多人举行了要求和平、反对内战的大会和游行示威。这一斗争很快扩展到全国各地,参加的工人达 50 多万人。1947 年,上海、天津、广州、武汉等工业中心城市参加反内战斗争的达 320 多万人。这些斗争有力地揭露和打击了国民党反动派,配合了人民解放军作战。

1948 年下半年,人民解放军不仅在质量上早已占有优势,而且在数量上也占优势,战略决战即将进行。国民党当局在溃退前夕,决定将国内一些主要工厂的机器设备运到台湾,试图对厂房设施进行破坏。为配合解放军胜利进军,国统区工人在各级党组织的领导下,团结各阶层人民广泛开展了反搬迁、反破坏的护厂斗争。如郑州解放时,郑州车站四千余工人不顾国民党军的威胁,自动组织起来保护车站、火车、机器及一切交通器材,并热烈欢迎解放军的到来。当解放军进入车站时,四千余工人纷纷出来欢迎,高喊着:"拥护解放军,共产党!""火车是人民的!""咱们要好好地保护财富"等口号。工人们马上开始工作,照常上班、洗车、修车、烧火,每夜有五六十名值班工人和解放军一起在车站上往返巡逻、看守器材,以防少数不法之徒的破坏。他们热情地向解放军说:"知道你们来了,大家把机器都保护得好好的,车头上连火都没有熄,就等着给咱们军队开车哩!解放军什么时候需要,一声命

---

① 王永玺:《中国工人阶级通史简编》,中国工人出版社 1992 年版,第 169 页。
② 同上书,第 171 页。

令，我们马上就开车。"① 上海、北京、太原、武汉、重庆等城市的工人也组织了护厂队、纠察队、巡逻队、消防队维护设备不被破坏，迎接解放军解放城市，并参加接管城市和厂矿的工作，为迅速恢复和发展生产，巩固人民政权作出了重大贡献。

新中国成立之初，工人阶级队伍的比重仍然很小。据统计，1949 年底全国有职工约 809 万人（不包括党政机关的公务人员和文教、科卫系统的知识分子及分散在小城镇中相当数量的手工业工人、店员、搬运工人），只占全国人口的 1.49%，占城市人口的 14% 左右，产业工人约 300 万人，占职工总数的 37%，大都集中在东北地区、华东沿海城市和少数几个产业。在这 809 万职工中有 129 万人是来自新中国成立后接管的官僚资本企业，这些企业是当时掌握国民经济命脉的一些产业部门；有 164 万人是受雇于 12.3 万家民族资本经营的工厂企业的职工；另有 500 多万人分布在全国几百万户私营商业或其他社会服务性行业。在 809 万职工中有女职工 61 万人，她们大都在纺织行业和轻工生产部门。② 尽管人数不多，但工人阶级地位的变化，使他们以强烈的主人翁意识投入到了新中国的建设当中。从 1949 年到 1978 年改革开放前的这一段时期，是"中国工人阶级实现自己的意志和理想，建设美好的新生活的历史时期，也是中国工人阶级创造历史的主动性、积极性得以充分发展的时期"③。

二　新中国成立后工人阶级的社会心理

随着工人阶级在国家政治经济社会生活中地位的根本性转变，他们的心态也发生了重大变化。

（一）翻身感显著增强

所谓翻身，就是对不同阶级、阶层在纵向的社会分层体系中以及横向的社会分工系统中，社会位置和存在方式骤变过程的一种形象化表述。④ 新中国成立后，工人阶级的地位发生了质的变化。新中国成立前

① 新华社：《郑州铁路工人自动组织起来　保护车站器材迎接解放军》，《人民日报》1948 年 11 月 8 日。
② 邓力群等：《当代中国工人阶级和工会运动》上册，当代中国出版社 1997 年版，第 46 页。
③ 刘卓红等：《现代化建设的主体——当代中国工人阶级地位研究》，广东人民出版社 2000 年版，第 16 页。
④ 杨丽萍：《试论建国初期上海市民的翻身感》，《华东师范大学学报》2006 年第 2 期。

后自身状况的强烈反差,使工人阶级获得了一种广泛意义上的翻身感。

新中国成立前,中国的工业资本具有帝国主义、封建主义、民族资本主义三重控制的多样性。外来资本掌控下的工矿企业,在资金、技术力量的优势和特权优势下,占据了中国工业发展的主要部分。而中国的民族工业规模小,资金技术力量薄弱,无法与之抗衡。帝国主义对中国工人采用了一定程度上的殖民管理,而民族资本下的工矿企业对待工人则沿用了封建式管制。在这三重剥削和压迫之下,工人阶级的劳动和生活极为困苦,社会地位低下。如在抗日战争时期,日本财阀为了榨取超额利润,在他们统治下的东北各煤矿实施野蛮的"把头"包工制和警、特、劳务(系外勤人员)的监工制。在阴森的煤坑里,许多矿工只能穿着一个装米用的麻袋,吃着棒子面或豆饼,光身睡在冰冷的土炕上。他们被电网封锁起来,被迫进行劳动。在那里,工人的死亡率非常高,矿工死了便往万人坑里扔,有些日本统治者与坏的"把头",还把死去的工人烧了炼出油来卖给矿工吃。① 武汉沦陷后,武汉的码头工人在敌人的刺刀下被迫劳动。"去不见太阳,回不见青天",除了吃饭的点滴时间外,他们一天至少要干十几个小时的活。除了繁重的劳动外,工人们还经常被拉差拉夫,除帮日寇运送军用物资外,还被逼着上战场抬日军伤兵及尸体,稍有反抗,轻则挨打,重则枪毙,其中绝大多数被打死、饿死或炸死。山东新汶矿区沦陷初期,日本侵略者将新招来的矿工头发剃得只留一撮,让其顶着"阴阳头"上下井。在纱厂、丝厂,工人上下班都接受搜身检查,日本人借机侮辱中国妇女。青岛一家日本纱厂放工搜身时,日本人故意让缠脚女工赤脚行走取乐。

抗日战争结束后,国民党在其统治区内,依然对工人实行残酷的剥削和压迫。如上海江南造船厂制定了严厉的考勤制度,30 余个考勤员日夜在全厂四处巡视,监督工人,一发现工人有所谓"偷懒"行为,立即抄去工号,扣罚工资,甚至开除出厂。油漆工陆金文由于怕被考勤员抄工号,每天都闷在油漆味呛人心肺、闷热的舱里连续操作,没过久,就得了严重的咯血病,不到半年便病死了。② 抗战胜利后,武汉码头多为各帮会所控制,工人被迫入会才能工作。帮会有一套帮规,头佬

① 柏生:《新中国的煤矿工人》,《工人日报》1949 年 11 月 21 日。
② 经江:《解放前江南造船厂工人的痛苦生活》,《历史教学》1965 年第 12 期。

利用这些帮规残酷地剥削工人。汉阳工人杨炳煌被杨泗会的头佬伍云山、伍光卿逼着要交四石米的钱才准入会，杨炳煌忍饥受冻，打了一年多零工，才凑足入会钱。此外，一年一度的土地会、药王会、木兰会等，工人们都要交会费。1946 年，益阳帮大头佬温秋云控制的一次会上，就勒索 120 多名工人 2800 多银圆，当时有这样一首歌谣，"工人河下做牛马，头佬台上把脚翘，每年做过杨泗会，熬出工人血和肉"，揭露了封建帮会对工人的残酷压榨。①

这一时期，由于国民政府的恶性通货膨胀政策，工人的生活日益艰苦，1948 年 8 月，国民党改发金圆券后，上海一个三口之家的最低生活费用需要 34000—37000 金圆券，但所得工资与之相比，差距仍旧惊人。上海永安公司职员的最低工资只有 10600 金圆券，养活一家人还差 3/4；纱厂一般工人的工资则只够自己吃饭，根本不可能养活妻儿。工人不仅薪水远在最低水准之下，而且所得工资仍旧远远赶不上当时物价上涨的水平。如上海章华毛绒厂的纺织工人周大新的月收入，1946 年平均每月可购买大米 5.22 石，1947 年可购买 4.28 石，到 1949 年 2 月只可购买大米 1.3 石。②

新中国成立前，工人阶级没有丝毫的政治权利。1938 年 10 月，国民政府公布的《非常时期农矿工商管理条例》规定："各企业之员工不得罢市、罢工或怠工"，违者"处 7 年以下有期徒刑并处 1000 元以下之罚金"。1943 年公布的《工会法》，更是蛮横地宣布："非常时期不得以任何理由宣言罢工。"③ 为了镇压工人运动，国民政府在一些较大的厂矿，都派驻了武装警察队。工人稍有不满，即被加罪而挨打，有的被开除或判刑。

新中国成立后，工人阶级在政治上彻底翻了身。1950 年 2 月 28 日，政务院财政经济委员会颁布了《关于国营、公营工厂建立工厂管理委员会的指示》，规定工人可以选举与企业行政同等数量的代表，组成工厂管理委员会，参加工厂管理。同年 6 月 29 日，中央人民政府又颁布了《工会法》，明确规定了工会在新民主主义国家政权下的法律地位与职

---

① 武汉大学历史系：《武汉码头工人革命斗争史（讨论稿）》，1972 年调查码头工人汇编资料未刊本，第 55—56 页。

② 周仲海：《建国前后上海工人工薪与生活状况之考察》，《社会科学》2006 年第 5 期。

③ 朱汉国：《中国社会通史·民国卷》，山西教育出版社 1996 年版，第 240—241 页。

责,以国家法令来保障工人阶级的根本利益。在《工会法》的推动下,全国各级工会迅速组织起来。据统计,1950 年底,全国主要产业部门和主要城市的工人已基本上组织起来,工会会员发展到 517 万人,占职工总数的 43%。全国建立了 16 个全国性的产业工会领导机构(包括 6 个筹备委员会和 3 个工作委员会)。同时,建立了东北、西北、中南三个大行政区总工会;全国总工会华南、西南两大行政区的办事处;47 个直属大行政区的省(市)总工会;176 个省属市总工会,以及 168 个县工会和 173 个专区工会办事处。① 广大工人阶级为能依法参加工会,拿到被称为"红派司"的会员证,感到无上光荣和自豪。他们把工会组织视为能够代表自己意愿,保护自己权益,可以深为信赖的组织。

为了从根本上提高工人阶级的政治地位,党和政府发起了工厂管理民主化运动。1950 年 2 月,政务院财政经济委员会在《关于国营、公营工厂建立工厂管理委员会的指示》中指出:在国营、公营工厂企业中,必须把原来官僚资本统治时代遗留下来的各种不合理的制度,有计划、有步骤地进行一系列的改革。3 月,政务院接受了中国纺织工会的建议,在全国纺织企业先后废除了侮辱工人人格的搜身制度和封建把头制。与此同时,政务院正式通过《关于废除各地搬运事业中封建把持制度暂行处理办法》,废除搬运事业中的包工头、把头、帮头、脚行头等封建把持制度。据当时对 179 个城市的统计,共处理了封建把头 16823 人,其中被判处死刑的有 683 人,被判处各种徒刑的有 2664 人,被斗争的有 9229 人,被管制的有 1664 人,被劳动改造的有 2583 人。另据对 118 个城市的统计,在 625506 名搬运工人中,被审查出的封建把头就有 15447 人。工人们说:"现在是千年古树开了花,工人真正当家了。"② 11 月,中共中央又发出《关于清理工矿、交通等企业中的反革命分子和在这些企业中开展民主改革的指示》,对各工矿、交通等企业中的反革命分子进行清理。

在企业民主改革中,各地有领导地放手发动和依靠工人群众,揭露和控诉存在于旧企业中、接收后还没有来得及改革的封建把头制等各种

---

① 辽宁大学出版社编委会:《当代中国工人阶级和工人运动纪事》,辽宁大学出版社 1990 年版,第 27—28 页。

② 邓力群等:《当代中国工人阶级和工会运动》上册,当代中国出版社 1997 年版,第 57—58 页。

压迫工人的制度，清除隐藏在企业内部的反革命分子和封建残余势力，把一批在群众中有威信的工人和职员提拔到行政和生产管理的领导岗位，建立工厂管理委员会和职工代表会议，吸收工人参加工厂管理，实现企业管理民主化，使工人真正成为企业名副其实的主人。如在煤矿工业中，实行废除把头制度之后，提拔了许多优秀工人参加生产管理工作。据阳泉、大同、井陉、峰峰、门头沟、贾汪、淮南、洪山、新博等9个煤矿的统计，共撤销了 1611 个把头、提拔了 3234 名优秀职工担任了井长、股长、段长、技术员、队长等职务。[1] 在一些私营企业中，各地也通过劳资协商会议的办法，废除不合理的规章制度，建立了一些有利于发展生产和改善职工生活的制度。通过一系列民主改革，封建等级制度存在的社会基础被根除，社会环境得到一次彻底的净化，一些工人高兴地说："解放是第一次翻身，民主改革是第二次翻身。"[2]

与此同时，工人阶级的政治权利也得到了广泛行使。以上海工人为例，1949 年 8 月，上海第一届各界人民代表大会召开，120 名工人代表参加了会议，此后的历届代表会议中，工人代表的人数不断增加（见表2-1）。

表 2-1　　　　上海历届各界人民代表会议工人代表名额[3]

届次	代表总数（人）	工人代表名额（人）	百分比（%）	开会日期
一届一次会议	650	120	18.46	1949.8.13
一届二次会议	667	130	19.49	1949.12.5
一届三次会议	710	156	21.97	1950.4.15
二届一次会议	823	165	20.09	1950.10.16
二届二次会议	839	176	19.67	1951.4.11
二届三次会议	863	170	19.70	1951.12.11
二届四次会议	859	170	19.79	1952.9.25

---

① 苏星、杨秋宝：《新中国经济史资料选编》，中共中央党校出版社 2000 年版，第 98 页。

② 王申：《工人阶级的第二次翻身——解放初期上海民主改革运动纪实》，《党史文汇》1998 年第 4 期。

③ 《上海工运志》编委会：《上海工运志》，上海社会科学院出版社 1997 年版，第 405 页。

表 2-1 显示, 工人代表名额在历届会议中始终保持在 1/5 左右, 而当时全市职工人数在总人口中一直不足 1/5, 工人人数占总人口的比重更低 (1949 年产业工人占全市职工总数的 65.3%), 可见, 工人代表的比例是相当高的。①

为落实全心全意依靠工人阶级的方针, 党和政府还积极改善工人的生活和工作条件。

新中国成立之初, 经济萧条, 存在大量的失业人员。根据各地不完全统计, 截至 1950 年 9 月, 全国失业工人有 122 万多人; 失业知识分子 18.8 万多人; 半失业者 25.5 万多人。② 对此, 党中央和毛泽东高度重视。毛泽东告诫全党:"失业的知识分子和失业的工人不满意我们","我们要合理地调整工商业, 使工厂开工, 解决失业问题"③,"必须认真地进行对于失业工人和失业知识分子的救济工作, 有步骤地帮助失业者就业"④。经政务院批准, 1950 年 6 月, 劳动部公布了《救济失业工人暂行办法》, 规定从当年 7 月 1 日起, 按暂行办法对失业工人进行救济。在失业严重的城市里, 还建立了失业工人救济委员会等专门的救济机构, 对失业工人进行紧急的救济工作。1952 年 8 月 27 日, 政务院又批准了《关于处理失业工人办法》, 对《救济失业工人暂行办法》加以修改和补充, 规定: 救济办法以工代赈为主, 以生产自救、转业训练、还乡生产、发给救济金等为辅助, 以求达到救济金的使用能减轻失业工人的生活困难。与此同时, 党和政府不断疏通就业渠道, 安置失业工人。据统计, 截至 1951 年 12 月, 通过社会招收失业人员就业者达 120 余万人, 其中国营工矿企业新吸收的职工约 60 万人, 失业知识分子经过各种训练应招以及个别安置而参加工作者, 约有 100 万人。实施救济以后, 初步解决了失业工人生活上的暂时困难, 逐渐消除了失业工人的不满, 使他们转而相信党和人民政府, 认识到"只有人民政府才能办这样的好事, 过去反动派只顾自己贪污、享受, 哪里会管工人死活"(重

---

① 杨丽萍:《试论建国初期上海市民的翻身感》,《华东师范大学学报》(哲学社会科学版) 2006 年第 2 期。

② 中国社会科学院、中央档案馆:《中华人民共和国经济档案资料选编·劳动工资和职工福利卷 (1949—1952)》, 中国社会科学出版社 1994 年版, 第 2 页。

③ 《毛泽东文集》第 6 卷, 人民出版社 1999 年版, 第 74 页。

④ 同上书, 第 71 页。

庆），"今天人民政府真正爱护工人"（上海）。①

为了改善职工的劳动条件，降低劳动强度，党和政府拨出巨款加强了厂矿的安全卫生设备。对于公、私企业中不合理的工资制度，党和政府及早予以改革，通过实行合理的工资制度，推行超额计件工资，以及劳资协商，订立劳资合同的办法，提高了工人的生活待遇。为了保护雇佣劳动者的健康，减轻其生活中的特殊困难，1951 年 2 月，政务院颁布了《中华人民共和国劳动保险条例》，对企业职工在生育、疾病、负伤、致残、死亡、退休等方面的保险作了详细的规定。此外，党和政府还大力发展职工集体福利事业，建设了包括住宅、疗养院等在内的大量集体福利设施和工人俱乐部、文化宫等文化设施。到 1952 年，全国在劳动保险设施方面共有医院 120 所，医疗室 1793 处，疗养院 51 所，修养所 35 处，养老残废院 14 所，业余疗养所 374 处。

为了保证职工能享受业余教育，党和政府规定各企业应按工资总额另拨 1.5% 交给工会作为职工文化教育经费，并在进行教育时给予各种便利。在各企业普遍地开展职工业余学习，采用广播、夜校、讲演、座谈会、研究会、图书馆、识字班、黑板报以及举行各种文娱活动等方式来进行工人群众性的教育。新中国成立后的工人阶级，已享受着原来被统治阶级完全剥夺了的文化生活。

与旧社会相比，中国工人阶级和劳动人民在新中国得到了有如天壤之别的崇高社会地位和空前未有的幸福权利。工人阶级破天荒地第一次有了成为社会主人的真切感受，翻身的愉悦感油然而生。"解放感谢共产党，翻身不忘毛主席"，正是这种感性体验高度意识形态化的产物。

（二）主人翁意识明显提升

主人翁意识是指以当家做主的态度参加生产劳动、管理国家和集体事业的意识。由于长期受反动阶级的压迫、愚弄和欺骗，工人阶级中不同程度地存在着封建迷信思想及雇佣思想的残余，多数工人把自己与资本家的关系界定为一种正常的"雇佣"关系，"老板依靠工人力，工人依靠老板食"是新中国成立初期工人阶级心理的真实写照。

为了加强工人阶级的主人翁意识，中国共产党通过各种途径强化工

①　中共中央文献研究室、中央档案馆《党的文献》编辑部：《共和国走过的路——建国以来重要文献专题选集（1949—1952）》，中央文献出版社 1991 年版，第 159 页。

人阶级先进性的宣传,用多种方式教育党员干部和工人群众认清工人阶级的领导地位及其历史使命。除了注意加强党员干部的理论学习外,还引导农民出身的工人党员干部参观近代化的大工厂和由领导机关举办的工业产品展览会,使他们对工人阶级的先进性有了直观的感受。当广大工人群众意识到自己的地位和作用以后,他们迸发出来的主人翁精神成了建设新中国的无坚不摧的力量。

一是劳动生产积极性的提高。劳动生产积极性的提高是工人阶级主人翁意识的最直接表现。工人阶级作为国家的主人,自然愿意为新中国的建设而努力搞好生产。新中国成立后,徐州贾汪煤矿全体职工积极进行恢复建设工作,使生产条件日益改善,生产量亦随之提高,每人每天出煤量由新中国成立前0.476吨增至0.65吨,全矿日产煤量达3096吨。北京石景山钢铁厂工人为了修复华北最大炼铁炉和琉璃河水泥厂以按时完成万吨水泥计划,缩短了预计工时的1/3;自来水厂工人用14天便完成了一个月的工程。北京被服厂工人突击冬装任务时,开始平均每人每日4.5套。在工人的努力下,平均每人每日达到7.17套。私营新华橡胶厂胶鞋与球胆的生产,因工人积极生产,产量增加了一倍,废品减少到0.43%(原2.5%)。① 为了进一步增加生产,全国各工会纷纷发起劳动竞赛运动。劳动竞赛主要是在国营工厂企业中开展,抗美援朝运动开始后,逐步扩展到私营工厂企业。除第一线生产工人外,把科室人员和工程技术人员也都吸引进来并使劳动竞赛同改进企业管理、改善职工劳动条件结合起来,同建立包括奖惩制度在内的各种制度结合起来。工矿企业中的党、政、工、团把这项工作当成共同任务。② 劳动竞赛激发了工人的劳动热情。特别是抗美援朝战争爆发后,齐齐哈尔第二机床厂工人马恒昌将邻近车间组成三个小组,向全国工人发出了开展爱国主义劳动竞赛的挑战,在很短的时间内,得到了全国1.8万个班组的积极响应。据不完全统计,在工业战线上,1951年第一季度全国有2800多个厂矿、企业开展了劳动竞赛,参加竞赛的职工达200多万人。许多人都说:订了爱国公约后,每做一件事就得想到合不合爱国公约;

---

① 《萧明关于北京市总工会筹委会过去一年来的工作总结报告摘要》,《人民日报》1950年2月4日。

② 邓力群等:《当代中国工人阶级和工会运动》上册,当代中国出版社1997年版,第148页。

一听到国家号召，就想到自己所担当的责任。①

　　二是"爱厂如家"观念的增强。当工人意识到自己在新中国的主人翁地位后，对工厂的热爱则成为他们发自内心的真挚情感。正如石家庄大兴纱厂一个小女工在谈到新中国成立前后自身境遇的转变时说："想想咱们从前是个什么样子。我当养成工时，一天干十二、三个钟头，还常被掴耳光，揪头发，人家一说话三瞪眼，吓得咱连气都不敢出。""现在，我们再不受气了，每天干完八小时工作，就学习、唱歌，对厂里有什么意见也可以提，生产闹好了，咱们就能过更好的日子，工厂就是咱们的家"。北京被服总厂的女工王淑贞也说："以前国民党他们愈是检查，我们愈是想法把碎布、棉花往家里带，可是这会子没人检查了，我们工人全变了，就是剩下一点布头线头，我们都想着赶紧交上去。一想起现在这是我们自己的工厂来，我们真高兴极了。"② 国民党轰炸上海后，上海电力公司的工人们不去抢救被炸了的自己的家，而先去抢救机器。炸弹落在上海电力公司后，附近地区的中纺第七、十二、三十七厂，永安纱厂、上海钢铁第二厂、中国农业机械公司等处工人，都立即奋不顾身地赶去抢救。可见，新中国成立前后自身处境的变化，使许多工人真正感受到了自己是工厂的主人，于是"爱厂如家"便成为他们的实际行动。

　　三是帮助国家渡过难关的热情高涨。新中国成立后，国家财政赤字巨大，国民党统治时期留下的通货膨胀没有缓解，造成了中央财政极端困难。为了帮助国家克服困难，工人们纷纷响应号召，购买人民胜利折实公债，有的自愿认购一分或二分，家里有困难的工人也积极购买。在上海轰炸中被炸惨死的劳动英雄张来发在临死时，要求把所有存款购买公债。为支援革命战争的最后胜利，帮助政府从事生产建设与恢复因战争破坏的各种事业，长沙电信局及沅陵、湘潭等十六局全体电信职工一致签请放弃年终奖金或双薪，以减轻人民负担，帮助政府解决财政困难。③ 上海工人也一致表示，将年奖金全部或一部分认购公债。济南和青岛公营企业职工也放弃了全部年终奖或双薪。工人们说："年终双薪

---

　　① 王永华：《建国初期的爱国公约运动》，《党史博览》2007 年第 4 期。

　　② 柏生：《缝纫女工王淑贞——北京工代大会代表访问之二》，《人民日报》1950 年 2 月 4 日。

　　③ 《响应中华全国总工会号召　工人们争先预购胜利公债》，《工人日报》1949 年 12 月 22 日。

和奖金是工人过去和压迫者斗争得来的果实,那是得自敌人手里的东西,可是现在工人自己作了主人,应该拿它贴补国家。"[①]

(三)阶级意识不断提高

阶级意识是同一阶级的成员正确认识自己阶级的历史地位,明确自己阶级的历史使命,进而联合起来追求其共同利益的意识。工人阶级是先进生产力的代表,是人类社会最进步、最有远见和最具发展前途的阶级,肩负着解放全人类和最终实现共产主义的历史使命。然而,反动阶级的压迫和雇佣思想的存在,使得一般工人不能认清他们所遭受苦难的根源,认为自己之所以受剥削和压迫,是因为自己命苦,是命中注定的。

马克思曾根据无产阶级的政治成熟程度和觉悟程度不同,提出了"自在阶级"和"自为阶级"的概念,认为自在阶级只是经济地位决定的自发进行斗争的阶级,自为阶级则是具有阶级的自我意识和觉悟能够进行自觉斗争的阶级。为了把无产阶级团结起来,使工人阶级由自在阶级变为自为阶级,就需要由先进分子组成政党。列宁则进一步丰富了马克思的这一思想,认为无产阶级要从一个自在阶级变成一个自为阶级,其阶级意识和共产主义觉悟不可能自发地产生,只能由少数先进分子从外面加以"灌输"。面对工人阶级意识淡漠的状况,中共中央决定在工人阶级中间进行比较系统的政治启蒙教育,以唤起他们的阶级意识,进而形成统一的思想、统一的信仰和统一的行动。

政治启蒙教育普遍采取组织职工讲大课、小组讨论、座谈会和思想总结等方式,学习的内容主要包括:唯物史观、社会主义发展史、中国革命基本问题、时事和政策教育等。上海市总工会在庆祝中国共产党成立三十周年之际,举办党史讲座,讲述"中国共产党的诞生"、"中国共产党的30年"、"共产党与上海工人"三堂课,使工人从历史事实中认识到:中国共产党是工人阶级自己的政党,是领导中国人民革命和建设的核心力量;30年来党领导革命斗争的胜利来之不易,是几百万烈士用鲜血换来的。[②] 工人们在学习了唯物史观以后,普遍从理论上、思想上接受了"劳动创造世界"的观点,并联系到自己,克服了过去"看不起自

---

① 《帮助政府解决困难 不要年终奖金双薪》,《工人日报》1949年12月26日。

② 《上海工运志》编纂委员会:《上海工运志》,上海社会科学院出版社1997年版,第577页。

己，认为做工下贱"的思想，同时也不相信宗教鬼神等把戏了。工人过去不知道社会上有阶级，更不知道有阶级斗争，只知道军队里有连长、排长等"阶级"，"社会上只有穷富贫贱之分"，学习唯物主义史观以后，才开始了解阶级和阶级斗争等问题，初步建立了无产阶级的立场和观点。天津被服三厂东机房的工友，学习了社会主义发展史以后，都认识到世界是由劳动创造的，工人阶级是社会的主人。工友们在讨论这些问题时，都能联系自己。有些工友在学习以前对主人翁的感觉不够，还有的私自把厂里的线、布拿回家中，这些人在学习会上都做了检讨。① 起初，工人对共产党有两种态度，一种是拥护的，因为"共产党的干部吃苦耐劳，作风好；解放军的纪律严明，和国民党宣传的完全不同"；"共产党实行民主，许我们工人说话"。另一种是怀疑的，"实行民主，工人当家做主，我总有些不相信"；"共产党说我们是主人，是为了捧着我们多干活"；"工人当家了，但却做不了主"。学习了中国革命基本问题后，工人们对于工人阶级自己的政党开始有了认识，对于共产党与中国革命的关系有了正确的看法，明白了中国的社会性质和阶级力量；明白了为什么中国的革命没有工人阶级的领导是不可能成功的；明白了中国共产党是工人阶级的先进的有组织的队伍，它领导中国工人阶级及中国人民争取解放。抗美援朝、保家卫国运动开展后，各地党、政、工会、青年团结合抗美援朝、镇压反革命和工矿企业的民主改革在广大职工中开展起规模空前的群众性的时事政策、阶级斗争教育运动。各工矿企业也组织形势报告会，举办阶级教育展览，并通过订立爱国公约、保卫世界和平签名运动等形式把提高个人觉悟同完成恢复发展生产任务联系起来，形成了一个声势浩大的、家喻户晓的全民政治教育运动。

1951 年 1 月，中共中央发出《关于在城市中限期展开大规模的坚决彻底的"五反"斗争的指示》，要求"在全国一切城市，首先在大城市和中等城市，依靠工人阶级，团结守法的资产阶级和其他市民，向着违法的资产阶级开展一个大规模的坚决的彻底的反对行贿、反对偷税漏税、反对盗骗国家财产、反对偷工减料和反对盗窃经济情报的斗争"。"五反"运动开始后，各地抽调了一批工会干部、工人、店员积极分子组成工作队，开进私营工商业，发动职工进行"谁养活谁"的讨论，

---

① 《学了社会发展史　知道了自己是主人》，《工人日报》1949 年 11 月 16 日。

启发和教育职工的阶级觉悟。通过讨论，工人阶级了解了资本家剥削工人的秘密，认清了"谁养活谁"的问题，从而认识到劳动光荣、只有共产党才能救中国、只有社会主义才能发展中国的道理。

为配合"五反"运动，加强职工阶级教育，《工人日报》开辟了"谁养活谁"的群众性讨论专栏，在五个多月的时间里，讨论了"是工人养活资本家，还是资本家养活工人？""没有资本家开厂办店，工人就没有饭吃吗？""没有工人劳动，资本家能发家吗？"等一些根本问题，引起很大的社会反响。期间，报纸还相继发表了《怎样对待资本家》、《什么是工人阶级前途》等社论，使广大工人群众普遍受到一次阶级启蒙教育，对帮助广大工人树立无产阶级世界观，提高阶级觉悟，掌握政策，自觉投入斗争起了积极作用。

总之，新中国成立后三年多的时间，工人阶级的精神面貌发生了巨大的变化，政治素质和阶级觉悟都有了明显提高。工人阶级在改造客观世界的同时，自己的主观世界也得到了深刻的改造。

第二节　社会主义改造与工人阶级的心态变化

随着民主革命任务特别是土地改革的基本完成，以及国民经济的全面恢复和大规模经济建设的展开，从 1952 年秋到 1953 年 9 月，中共中央和毛泽东经过近一年的酝酿，逐步提出了党在过渡时期的总路线，即要在一个相当长的时期内，逐步实现国家的社会主义工业化，并逐步实现国家对农业、对手工业和对资本主义工商业的社会主义改造。社会主义改造是将生产资料私有制变成公有制，它的前途是社会主义，这和工人阶级的伟大使命相契合。在社会主义改造过程中，工人阶级的心态发生了新的变化。

一　总路线颁布后工人阶级的心态变化

总路线的公布，在工人阶级中引起了强烈反响。由于经过"五反"运动的洗礼，工人阶级的阶级意识已经有了很大提高，因此，当总路线公布后，多数工人是欢欣鼓舞的，认为社会主义工业化和社会主义改造符合工人阶级的根本利益，因而感觉到"心里豁亮了"，"信心加强了"，"工作劲头更足了"。如北京人民印刷厂一个四十多岁的老工人说："我一定要努力生产，多给国家积累财富，我要亲眼看到我们工人最理想的社会。"① 但同时，也有部分工人对把资本主义企业改造成为社会主义企业的艰巨性认识不足，认为政权既然在我们手里，资产阶级不敢造反，改造资本主义工商业并不困难。还有些工人对社会主义改造中自身肩负的责任认识不清，觉得"社会主义社会反正要来的，咱就跟着走吧"。② 私营企业的职工，则表现出了对总路线的担忧与不满，他们担心公私合营后自己的经济利益受损，如怕降低工资、减少福利、怕劳动纪律、怕失业等，认为："私营企业中的店员大概没有什么出路。到了社会主义社会，私人资本主义经济不存在了，我们到哪里去呢？"③甚至有个别厂店的职工提出要"护厂"、"护店"。

为了使工人认清社会主义前途，调动其生产积极性，1953 年 11 月，中华全国总工会根据党中央的精神，向全国工人及各地工会组织发出了《关于学习、宣传与贯彻过渡时期总路线的指示》，要求务必使每一个职工和家属懂得，只有实现国家社会主义工业化和对农业、手工业和资本主义工商业的社会主义改造，才能使中国由落后的农业国变成一个社会主义工业国，才能满足工人阶级和全体劳动人民日益增长的物质文化需要。紧接着，《工人日报》也发表了《必须大张旗鼓地向全国职工宣传国家过渡时期的总路线》的社论，明确提出了学习与宣传总路线的方向和要求。随即，全国各地工厂、矿山和建筑企业职工，掀起了学习总路线的热潮。如陕西省在各厂矿、基本建设单位以及行业工人中，反复地作报告，最多的作了 29 次报告，并广泛地组织工人群众进行讨论。④

各级工会组织在总路线的宣传教育中，着重进行工人阶级在实现国家工业化和对资本主义工商业改造中应负的重大责任的教育和加强工农联盟的教育，主要包括"什么是党在过渡时期的总路线及中国革命的两个阶段"，"什么是社会主义和国家社会主义工业化"，以及"社会主义工业化与国家前途的关系、与工人自己的关系、与农业社会主义改造的

---

① 《北京市大规模宣传国家总路线　干部职工近廿万人已听了报告极为振奋》，《人民日报》1953 年 11 月 15 日。
② 王同照等：《总路线鼓舞了工人群众的生产热情》，《人民日报》1953 年 12 月 22 日。
③ 同上。
④ 苏星、杨秋宝：《新中国经济史资料选编》，中共中央党校出版社 2000 年版，第 121 页。

关系、与巩固工农联盟的关系及与巩固工人阶级领导的关系"。针对私营企业工人思想上存在的问题,如部分生活较富裕的职工觉得他们的生活已经是"社会主义"的了,总路线学不学无所谓;"学习总路线是领导干部、党员、团员的事,我们学不学都行"的错误观念,各级工会则向他们宣传党对于私营工商业的社会主义改造的方针政策,使他们认识到自己当前的责任和将来的远景。

通过学习和教育,工人阶级的社会主义觉悟普遍提高。公营企业的工人进一步了解了国家建设社会主义的具体奋斗目标和道路,认识到自己辛勤劳动、艰苦奋斗同实现这一宏伟目标的关系,许多工人都欢欣鼓舞地说:"眼睛亮堂了!""有了奔头了!""我们要用自己的双手,盖起社会主义的大楼!"① 青岛实业印刷厂干部隋振都说:"过去认为在地方工业中工作没啥出息,听了报告以后认识到我们地方工业既要保证人民的需要,又要为国家工业化积累资金,责任是很重大的,今后我一定安心做好自己的工作。"② 汉口湖北农具厂的六级技术工人张逊安,以往脑子里首先想到的不是怎样搞好生产,而是自己的工资、等级和待遇。学习总路线后,知道了要实现国家的社会主义工业化,主要是靠工人阶级增产节约,发扬艰苦奋斗的精神。许多职工经过学习,进一步提高了阶级觉悟,划清了社会主义与资本主义的思想界限。潮州市建筑工程队副大队长康辂,过去积蓄了些钱,想自己经营一个灰窑,开一个机锯厂来赚钱。经过学习,他认识到这种思想是危险的,立刻打消了这个念头。保定发电厂六十多岁的老工人李长思,在学习前积蓄了 100 来万元准备捎回家囤粮,现在知道这样做"对社会主义没好处",决定把钱存到银行去。天津电车公司工人傅振华以前总认为自己的工资低,干活不起劲。学习了总路线后,他的思想发生了变化:"我们生产出来的财富,要是都用来改善生活了,国家就不能积累资金进行建设了。国家建设好了,个人的生活才能好。所以要为整个国家着想才对。"③

---

① 新华社:《全国国营和地方国营厂矿职工 初步受到总路线的教育 加劲生产争取早日实现社会主义工业化》,《人民日报》1954 年 1 月 7 日。

② 《各地工厂矿山和建筑企业职工掀起学习总路线的热潮 正为超额完成全年计划而奋斗》,《人民日报》1953 年 12 月 8 日。

③ 《学习国家过渡时期总路线后 各地职工社会主义觉悟大大提高》,《人民日报》1954 年 1 月 31 日。

经过学习，私营企业的工人也提高了思想觉悟，划清了工人阶级与资产阶级的思想界限。武汉市江汉区 200 多家承接国家订货的私营工厂中，过去有不少工人单纯地认为："在私营企业中工作不光荣，生产不起劲。"现在，工人认识到自己应担负起帮助国家对私营企业进行社会主义改造的重大责任，生产愈来愈起劲，有 12 家私营企业的工人代表带头制订了完成国家加工订货任务的具体保证，并向全区承接国家加工订货的私营企业提出挑战。上海榆林区有些私营五金工厂的工会干部说："从前虽然晓得加工订货重要，但不知道加工订货就是国家资本主义的一种形式，就是对资本主义工业进行社会主义改造的一条路子，现在可明白了。"湖北孝感城关镇米厂工人黄祖平说："今后我们要努力完成国家交给我们的加工任务，并且要保证质量，不许资方掺杂掺假。"一些手工业工人，经过学习，也认识到了自己的前途。湖北咸宁县竹器加工厂工人余和尚在讨论中说："我以前总认为手工业没前途。我想我还不如早点回家种点田，将来到社会主义还可用拖拉机耕田，有前途。经过学习，我才认识到手工业也要走合作化的道路，对人民生活和建设社会主义都是必要的。"① 天津私营伟迪氏制药厂女工刘玉珍说："过去总觉得在私营企业做工没前途，现在才知道在私营厂子干活不但要搞好生产，还要督促资本家进行社会主义改造，责任非常重大。"② 汉口私营新生机器厂工人唐必春高兴得见人就说："这回我思想上的疙瘩解开啦！以前我总认为在私营企业工作只是为资本家干活，生产上搞得不起劲。现在我明白了，我们完成国家加工订货任务，就是支援国家社会主义建设，就是为自己的美好前途工作。"③ 吴景福是高淳县沧溪镇一私营商店的店员，以前他认为私营企业中的店员大概没有什么出路。到了社会主义社会，私人资本主义经济不存在了，我们到哪里去呢？同时我们对国家建设也起不了什么作用，成天忙着为资方服务，因此觉得自己是在睁着眼睛摸黑路。学习总路线之后，他明白了"现在我们的任务是要保证社会主义

---

① 《学习国家过渡时期总路线后　各地职工社会主义觉悟大大提高》，《人民日报》1954年 1 月 31 日。

② 《各地工厂矿山和建筑企业职工掀起学习总路线的热潮　正为超额完成全年计划而奋斗》，《人民日报》1953 年 12 月 8 日。

③ 《解开了唐必春的思想疙瘩》，《人民日报》1954 年 1 月 16 日。

经济成分的不断增长，我们应该监督资方积极经营对国计民生有利的事业，不再重犯五毒，很快完成应缴税款，不偷不漏，并督促与帮助私营工商业实行社会主义改造"①。

社会主义觉悟的提高推动了工人建设国家工业化的热情。北京石景山钢铁厂的劳动模范高寿恒说："过渡时期的总路线是我们的指路灯塔，我一定要多找窍门、挖潜力，培养技术工人，使我们的工业迅速地走向自动化、机械化。"② 南京化工厂硝化车间工人从开始学习总路线后，生产量逐步提高。营城煤矿选运翻车小组工人听了报告后，修订了生产计划，提高了工作效率，过去翻一趟踏车得一小时，现在只用40分钟。保定发电厂基本建设车间的史常东小组，长期不能完成生产计划。工人们学习了总路线后，增加了战胜困难的力量。他们开动脑筋，反复琢磨，最后用电钻、废砂轮，代替了手工和钢锉，工作效率提高18倍多。大连机床厂第一机械车间工人学习了总路线后掀起了改革技术的热潮，有14名党员向支部提出找窍门的保证书。该车间工人孙振观，过去刨定位轴座，用钳子卡，一次只卡一个，现在他做出两个胎，一次能卡九个活了。私营企业工人学习了过渡时期总路线后，生产积极性也大大提高了。

在过渡时期总路线的鼓舞下，工人纷纷加入热火朝天的劳动竞赛运动当中。1954年4月，鞍钢技术革新能手王崇伦等七名全国工业劳动模范向全国总工会提出了开展技术革新运动的建议书，工人的竞赛热情进一步提高，发展成为全国范围的技术革新运动。抚顺重型机器厂工人积极学习王崇伦的生产革新精神，改造生产工具，改进操作方法，提高劳动生产率。车工方宝武、孙凤林和阎家训学习王崇伦的先进经验后，制订出用5个月零23天的时间完成全年工作量的生产计划。他们在自己使用的卧式车床上推行了高速切削法，创造出新刀具，并运用"电门猝行法"使生产效率提高了一倍以上。③ 为了推动竞赛和使竞赛的目标更加明确，沈阳冶炼厂的领导向全厂工人提出了全厂生产上的十大关键问题。竞赛开始不到几天，锌电解车间修理队机械员王自安和钳工组长

---

① 王同照等:《总路线鼓舞了工人群众的生产热情》,《人民日报》1953年12月22日。

② 《认真地学习和宣传党在过渡时期的总路线》,《人民日报》1953年12月4日。

③ 《现有工厂争取提高劳动生产效率　积极开展生产革新运动》,《人民日报》1954年4月8日。

冯俊山就解决了回转窑工段自动进料的关键问题,大大减轻了工人体力劳动强度,节省了一名进料工人;铜电解车间丹矾工段增加中和槽,解决了提高丹矾产量的关键问题,使丹矾产量提高将近一倍。① 此后,各种劳动竞赛更是此起彼伏,一浪高过一浪。广大工人、技术人员和职员积极参加到竞赛中来,及时交流先进经验,相互学习,取长补短,对于促进生产的发展起了极大的推动作用。如化工系统的企业90%以上职工都被吸引到厂际竞赛中来。1956年化工总产值比上年增长了43%,劳动生产率大幅度提高。在冶金系统,从1955年到1956年冶金工业部和中国重工业工会在全国钢铁企业中组织开展了43个专业的厂际竞赛,参加单位317个,职工达50多万人。机械工业系统组织了机床、机车、电机、重型机械、动力机等20种同类产品的厂际竞赛,收到了显著的效果。②

私营企业的工人也纷纷投入到增产节约竞赛运动和技术革新的热潮中来。石家庄私营工业企业开展增产节约竞赛运动,有3200多职工参加。据不完全统计,竞赛后的三个月共增产总值达50.7亿多元。一般产量提高3%—50%。如大兴纺织厂提前10天零20个小时完成了国家棉布加工任务,正布率由92.45%提高到96.97%。友联织布工厂解决了历来被认为不能解决的标准用纱(每寸布45根纱)问题,保证了质量,并节省纱线49捆13码。③

工人阶级建设国家工业化的热情,极大地推动了中国工业化的发展。"一五"期间,工业总产值年平均增长率为18%。1957年,工业及手工业总产值在工农业总产值中所占比例为56.7%。就连苏联专家也感叹:中国工人了不起!④

二　公私合营前后工人阶级的不同心态

党的过渡时期总路线公布以后,随着国家社会主义建设的积极开展

---

① 《为加速实现国家社会主义工业化　进一步开展劳动竞赛》,《人民日报》1954年4月13日。

② 邓力群等:《当代中国工人阶级和工会运动》上册,当代中国出版社1997年版,第85页。

③ 龙伟升:《石家庄市私营工业重点开展增产节约竞赛》,《人民日报》1954年3月23日。

④ 廖盖隆:《中国共产党的光辉七十年》,新华出版社1991年版,第267页。

和国民经济计划化的日益加强,国家对资本主义工业的改造,就不能停留在初级的国家资本主义阶段,而必须根据可能的条件有计划地在它们当中发展高级形式的国家资本主义,即公私合营,以适应社会生产力发展的要求。

1954 年 1 月,中央财经委员会召开了扩展公私合营工作计划会议,确定了"巩固阵地,重点扩展,作出榜样,加强准备"的方针,拟先将 10 人以上的私营企业予以合营,并按由小到大,由主要行业到一般行业,由大城市到中小城市的步骤逐步推广。同年 9 月,政务院公布《公私合营工业企业暂行条例》,规定"由国家或公私合营企业投资并由国家干部同资本家实行合营的工业企业,是公私合营企业",它不是普通的合股企业,而是在社会主义经济直接领导下的半社会主义企业。公方居于领导地位,私方接受公方的领导。此后,公私合营企业在全国有计划地发展起来。

公私合营是新中国成立初期国家对私营工商业进行社会主义改造的必经步骤。在此前后,公营企业和私营企业中的工人呈现出不同的心态。

经过过渡时期总路线的学习和教育,公营企业中的工人对社会主义的前途充满信心,希望早日实施改造,早日实现社会主义。

与公营企业工人相比,由于私营企业生产不景气,工人工资无法保障,私营企业的工人有一种低人一等的感觉。加之他们原来总觉得工人阶级已经成为国家领导阶级,而自己仍在资本家手下做工,因而感到不光彩。于是,要求公私合营的呼声也很强,"在私营企业不安心,一到国营企业就安心了"[1]。有些工人店员一看到经理就问:"咱们什么时候公私合营?"有些工人店员则一心想到国营,不安心当前工作。[2] 他们盼合营就像"盼解放"、"盼娘家人"似的。大多数工厂的职工听到将要合营的消息后,就主动展开劳动竞赛迎接合营。但也有部分私营企业的职工还存在一定思想顾虑。如据江苏常州嘉兴纺织厂公私合营工作总结中提供的资料显示,虽然学习了过渡时期总路线,

---

[1] 毛泽东:《在中共中央政治局会议上的讲话》(1953 年 6 月 15 日),《党的文献》2003年第 4 期。

[2] 李青、陈文斌等:《中国资本主义工商业的社会主义改造·河南卷》,中共党史出版社1992 年版,第 197 页。

但仍有部分职员、工人对合营的意义、政策不够了解，顾虑很多，主要是怕工资少、福利少，年奖、白布、升工要取消，而且生活、工作紧，制度严。职员、技术工人有三怕：一怕降职降薪；二怕调动工作；三怕任务重，技术跟不上。技术工人怕工资改革评级，怕取消礼拜工，怕领工具物料麻烦。布织间女工既怕降低工资，又怕织了坏布要赔。常州市大成纺织公司也有部分职工认为公私合营不好，公私合营后工资少、福利少，生活紧，制度严。如织布组刘太华每天十一点钟后睡不着觉，家里靠他一个人维持生活，工资少怎么办呢？还有职员考虑着自己的名誉职位，工作是否会加重，如老年职员张仲刚对一位生病的职员讲："公私合营了，不要去了，今后事情吃不消了，我我你还是退休吧，拿百分之六十的劳保费算了吧。"① 还有工人对资本家的安排想不通，对和平改造资本家没有信心，说"从全国来说资本家可以改造，但我们厂的资本家不能改造"，对资本家当了厂长、课长不甘心，认为"过去是统治工人的，现在又是领导工人的"。② 有的工人甚至认为"合营后干脆把资本家赶出去"③。

中共江苏省委国家资本主义办公室更是记录了私营淮海制革厂职工对公私合营的复杂心态：（一）职员。3名高级职员中有人拥护，有人有顾虑。如厂务股长张和庆说："合营后工厂就好管理了，再不会像现在这样对工人稍提出点意见，即反映俺是'资本家的狗腿子'。"营业股长周正平说："将来合营后，营业这一套工作我倒不怕，顾虑合营后是否能保持原职位。"（二）普通职员13人。对合营表示积极拥护的有4人（团员3人，积极分子1人），占30.8%。会计王作孚反映："合营后工作就好干啦！不合理的制度也能得到改革，这个私营帽子也可摘去。省得出门去看见国营的职工好似自己比人家矮一头。"顾虑个人工资待遇、怕下车间的有7人，占53.8%。营业员邵树民反映："合营后工资虽不能降，每年廿天的假期，双

---

① 中共江苏省委国家资本主义办公室：《各地市新公私合营厂合营工作总结（三）》，江苏省档案馆藏档，3021—1—15。

② 济南市档案馆：《济南市资本主义工商业的社会主义改造文献资料选编》，济南出版社1993年版，第282页。

③ 《中国资本主义工商业的社会主义改造·北京卷》编辑组：《中国资本主义工商业的社会主义改造·北京卷》，中共党史出版社1991年版，第165页。

薪,每月十六分煤贴可能没有了。"营业员李以晋反映:"将来合营后用不了这些人,下车间身体吃不消,最好转到其他部门去。"对合营表示不感兴趣的有2人,占15.4%。出纳员李学仁在学习国家对资本主义工商业社会主义改造时,对其中关于在公私合营企业中对资本家的职权问题说:"别说那些了,反正是公股代表说了算!"平时对合营态度表示冷淡。(三)工人和勤杂人员。1.工人和勤杂人员共31人。对合营表示积极拥护的有12人,占38.7%。这些人大部分是党、工、团的积极分子,他们反映:"合营后,原料和不合理的制度能得到妥善的解决,并在党团的领导下个人进步更快。"个个表示要以积极行动来迎接合营。2.认为合营后保住了饭碗(不会再失业),不合理的工资也可得到调整的有15人,占48.4%。这些人多数是有技术的或家庭生活负担较重的。从保住了饭碗这方面来说他们是高兴合营的,另外又顾虑合营后制度严格,不如现在自由。其中还有4人抱着"合也行,不合也行"的态度,如尹凯反映:"合咱也得干活,不合咱也得干活。"3.对合营不感兴趣的有4人,占12.9%。这些人是资方的亲戚或亲信。司炉工人程文敬是资方的本家,他听说要合营,情绪不高,在讨论小组计划时说:"弄这些干熊,反正我是干活吃饭。"传达员孟昭兴跟随经理多年,经理对他很信任,听到合营的消息后情绪不高,要请假回家一趟,又说自己年龄大了要告退不干。总之,全体职工47人,对合营表示拥护的16人,占总职工数的34%,认为合营后保住了饭碗以及顾虑个人地位待遇的有25人,占职工总数的53.2%,对合营表示不感兴趣的有6人,占职工总数的12.8%。[1]

据对桂林市新兴等三个织布厂的调查,公私合营前,职工的思想大体分为三类:一是拥护公私合营的有49人,占职工总数的30%,这类人多是党员、团员、工会干部、劳动模范和积极分子;二是对公私合营不关心,认为是做工拿钱、吃饭,合营是工作组、工会和党、团员的事,有96人,占职工总数的59%;三是认识模糊,怀有抵触情绪的有18人,占职工总数的11%,这类人多数是老技工和与资本家关系密切

---

① 中共江苏省委国家资本主义办公室:《各地市扩展公私合营厂的工作计划及工作情况报告》,江苏省档案馆藏档,3021—3—3。

的人。此外，还有一些职工不了解党的政策，对合营存在不少思想顾虑。① 另据中共浙江省委财委会关于七市私营批发商改造总结报告称，改造前由于国营企业前进，私营企业受排挤，在资本家叫嚣的影响下，职工中也存在部分不满情绪。在改造过程中，职工的思想规律是：（1）一般均留恋资本主义企业工资高、工作轻便、生活自由散漫，怕到国营公司后待遇低、劳动强度高、纪律严格和调动地区。（2）青年职工积极拥护，一般职工犹豫不决、进退两难，老年职工怕进国营公司或顾虑不予吸收而失业。（3）想多拿解雇费、退休金，不少人都认为资本是资方的，多拿一点无所谓。② 可见，私营企业职工的心态是极其复杂的。

针对职工的思想问题，各地区通过开大会作报告，办学习班，组织学习讨论参观和个别谈心及广播、板报、墙报、快报、演唱等宣传形式，反复对职工进行总路线和党的方针政策教育，特别是耐心细致地做高级职员、老技工和与资本家关系密切的人的思想工作。

首先，加强对职工的政策教育、前途教育以及社会主义企业与资本主义企业的对比教育，使职工了解公私合营的必要性和优越性，并指明职工在合营工作中的重大责任。

其次，针对职工中存在的各种思想顾虑进行适当解释或批判，并结合工作要求向职工进行具体政策教育，使职工具体掌握"实事求是、公平合理"的原则，防止职工中"左"的情绪。同时，解决职工的实际困难，如浙江嘉兴、绍兴等市启发职工互助，对老年职工妥善安排，解除其思想顾虑。通过宣传教育，提高了工人的觉悟，工人要求公私合营的热情大大提高。"现在要向社会主义过渡了，更要团结一致，大家都要上船过渡，别给留在岸上"③，这句在工人中广泛流行的话生动地反映了他们当时的真实心态。

针对工人关心的福利、工资等问题，党在公私合营过程中充分照顾

① 中共广西壮族自治区委员会统战部、中共广西壮族自治区委员会党史资料征集委员会办公室：《中国资本主义工商业的社会主义改造·广西卷》，中共党史出版社1992年版，第224页。

② 中共浙江省委党史研究室、中共浙江省委统战部：《中国资本主义工商业的社会主义改造·浙江卷》（下），中共党史出版社1992年版，第251页。

③ 邓力群等：《当代中国工人阶级和工会运动》上册，当代中国出版社1997年版，第139页。

到了工人的切身利益。如对工人关心的福利等问题,各地要求在合营过程中,对于职工的原有福利制度,要维持原状,不要草率进行变动;在人事安排上,原来企业中的工人积极分子,应给以适当职务,如经理、主任、柜长等;合营后一般不能任意增加工作时间,最长不能超过合营前的工作时间;在劳动条件较差的较小厂店中,为了照顾工资较低的工人,从盈余中提出一部分给工人。这些举措,给职员、工人吃了定心丸。"工资不动放心了,毛主席真处处为了工人着想的。""放心了,政府还照顾我们,不想退休了。"① 职工纷纷表示,"今后一定好好生产,来报答党和上级对自己的关怀"②。

通过宣传教育,广大工人看到了社会主义的前景,加之利益得到保障,工人的生产积极性大为提高。如同仁堂国药店全体职工在公私合营的筹备阶段,十多个工人在一天半内把 24 个仓库全部清理完毕,给即将开始的清理资产工作准备了有利条件。职工们一致表示,在清理资产工作中,一定做到生产、清点两不误,并保证清理资产时做到公平合理,不扩大、不缩小、不重复、不漏报。③ 公私合营后,由于生产关系发生了根本的变化,工人已经由原来的被雇佣身份变成了企业的主人,劳动态度开始改变,空前地关心生产,积极地挖掘生产潜力,提合理化建议,改进生产,使企业盈余普遍增加。如私营华南线辊厂公私合营以后,工人出勤率比公私合营前提高了 12%,不合规格的产品也从 46.3% 降到 5%。④ 还有不少企业工人的劳动热情高涨,纷纷开展社会主义劳动竞赛以发展生产。如武汉市武昌区在实行全行业公私合营后,1956 年元月在工业中有九个行业,在商业中有六个行业开展了竞赛,生产效率大大提高,服务态度有了进一步改善,一般都提前超额完成了元月份国家计划。⑤ 据统计,1956 年全国公私合营工业总产值达 191.1

① 中共江苏省委国家资本主义办公室:《各地市新公私合营厂合营工作总结(三)》,江苏省档案馆藏档,3021—1—15。
② 济南市档案馆:《济南市资本主义工商业的社会主义改造文献资料选编》,济南出版社1993 年版,第 279 页。
③ 新华社:《北京市同仁堂国药店改为公私合营》,《人民日报》1954 年 8 月 29 日。
④ 《上海、重庆、广州、杭州等城市 大批私营工厂实行公私合营》,《人民日报》1955年 11 月 24 日。
⑤ 中共湖北省委党史研究室、中共湖北省委统战部:《中国资本主义工商业的社会主义改造·湖北卷》,中共党史出版社 1993 年版,第 274 页。

亿元，比 1955 年这些企业的总产值增长 32%，比 1949 年私营企业总产值约 70 亿元增长了 1 倍半，1956 年全国公私合营商店、合作商店和合作小组的零售总额比 1955 年增长 15% 以上。① 这些数据，也从另一个侧面反映了由于工人劳动积极性高涨给企业带来的可喜变化。

　　可见，由于自身地位的变化，加之党的教育引导，工人阶级的组织程度和觉悟程度空前提高，并以积极的心态投入到了祖国建设的洪流中，为社会主义建设贡献着自己的力量。

---

① 吴序光：《中国民族资产阶级历史命运》，天津人民出版社 1993 年版，第 379 页。

第三章　新中国成立初期农民
阶级的社会心态

新中国成立初期，随着中国社会的剧烈变革，农村的社会阶层结构发生了快速而深刻的变化。土地改革消灭了农村的剥削阶级，而农业社会主义改造，则将亿万农民个体私有制改造成社会主义集体所有制。这些都引发了农民阶级复杂而深刻的心理嬗变。

第一节　土地改革与农民的心态变迁

一　土地改革的发动

在中国长期的封建社会中，土地制度一直极不合理。皇室、官僚贵族和地主占有大量的土地，而广大贫苦农民却没有土地，或者只有很少的土地。20 世纪 30 年代，钱俊瑞和薛暮桥曾根据当时各方面的调查资料，估算过地主所有土地的总量在全国耕地中所占的比重。钱俊瑞以陶直夫为笔名发表的《中国现阶段的土地问题》一文认为，地主约占农村总户数的 2.4%，占有全国耕地的约 50%。薛暮桥在《中国农村经济常识》一书中推算，地主约占农村总户数的 3.5%，占全部耕地的约 45.8%。[1]

据杜润生考证，新中国成立前，在封建土地制度下，土地占有关系尽管千差万别和千变万化，但是有一点是共同的，即耕地的占有极不公平。即使在土地占有比较分散的地区，地主所占有的土地也高于贫雇农十余倍，大地主则高出几十倍以上；在土地占有相对集中的地区，少数

---

① 成汉昌：《中国土地制度与土地改革——20 世纪前半期》，中国档案出版社 1994 年版，第 21 页。

地主和多数贫农所占有的土地数量悬殊达百倍甚至千倍以上。而且地主所占有的多为水田、川田、肥田，亩产量高，贫农所占有的多为比较贫瘠的田地，亩产量低；将土地的质量因素一并考虑，地主和贫农之间土地占有的悬殊更加明显。①

苏南②是新中国成立初期华东区土改的重点区域。据中共苏南区党委农委 1950 年 5 月《苏南农村土地制度初步调查》显示：在土地改革以前，苏南地区的土地大量集中在地主手中，而广大农民只有少量土地或没有土地。根据 25 个县 973 个乡的初步调查统计，农村各阶层占有土地情况如表 3－1 所示：

表 3－1　　　　苏南 25 个县 973 个乡各阶层土地占有情况③

成分	户口		人		占有土地面积		
	户数	占比（%）	人数	占比（%）	亩数	占比（%）	人均（亩）
地主	20417	2.33	112034	3.02	2304226.95	30.87	20.57
公地	10835	1.24	2122	0.06	397322.31	5.32	187.24
工商业者	6291	0.72	31439	0.85	99141.3	1.33	3.15
富农	18138	2.07	107551	2.89	487884.12	6.54	4.54
中农	268116	30.62	1296349	34.91	2356002.3	31.56	1.82
贫农	939013	50.15	1773010	47.75	1414883.48	18.95	0.8
雇农	38067	4.35	105351	2.84	36579.64	0.49	0.35
小土地出租者	41171	4.7	148541	4	288091.37	3.86	1.94
其他	33412	3.82	136654	3.68	80974.37	1.08	0.59
总计	875460	100	3713051	100	7465105.84	100	2.01

1952 年 8 月国家统计局成立后，根据各地区的调查统计资料，对全国土地改革前各阶级占有耕地的情况进行了统计，具体情况见表3－2：

① 杜润生：《中国的土地改革》，当代中国出版社 1996 年版，第 11 页。
② 苏南指江苏省南部，全区辖镇江、常州、苏州、松江四个专区和无锡一个直辖市，共有 27 个县，1 个太湖办事处，203 个区，2707 个乡（镇），约有 12089270 人，其中农业人口 10298059 人。
③ 资料来源：中共苏南区党委农委会：《苏南农村土地制度初步调查》，见华东军政委员会土地改革委员会编《江苏省农村调查》（内部），1952 年，第 5—6 页。

表3－2　　　　　　土地改革前农村各阶级土地占有状况①

成分	占总户数的比例（%）	占总人口的比例（%）	占总耕地的比例（%）	每户平均占有耕地数（亩）	每人平均占有耕地数（亩）
地主	3.79	4.75	38.26	144.11	26.32
富农	3.08	4.66	13.66	63.24	9.59
中农	29.2	33.13	30.94	15.12	3.05
贫雇农	57.44	52.37	14.28	3.55	0.89
其他	6.49	5.09	2.86	6.27	1.83

由上表可见，土地改革前，虽然中国共产党已在老解放区进行了土地改革，但从全国情况看，农村不同阶层耕地占有状况仍然是极不合理的：占人口总数不到10%的地主、富农约占有52%的土地，而占人口57.44%的贫雇农却只占有总耕地的14.28%；地主户均耕地规模是贫雇农的36倍，人均耕地面积是贫雇农的26倍。

地主虽然垄断了大量土地，但却并不亲自经营，而是将土地分散出租给无地和少地的农民耕种，以获取高额地租。土地改革前，我国部分省县农村地租租额占产量的比重如表3－3所示：

表3－3　　土地改革前部分省县农村地租租额占产量的比重情况②

地区		资料时期	物租种类及单位	每亩租额	每亩产量	租额占产量的（%）	备注
江苏	无锡	1950	米，石	1.1	2.2	50	
	无锡	1948	米，石	190	250	76	
	高淳	1950	米，石	180	266	67.8	
浙江	丽水	1950	米，石	200	350	57	
福建	沙县	1950	米，石	1.5	2.66	56.3	
	沙县	1948	米，石	0.538	0.77	96	外加牛租2斗
湖北	麻城	1950	米，石	1	3	33.3	
江西	永新	1950	米，石	1.8	3.5	52	

---

① 资料来源：杜润生：《中国的土地改革》，当代中国出版社1996年版，第4页。
② 严中平等：《中国近代经济史统计资料选辑》，科学出版社1955年版，第303—307页。

续表

地区		资料时期	物租种类及单位	每亩租额	每亩产量	租额占产量的（％）	备注
	遂川	1950	米，石	2	3	66.7	
	万安	1950	米，石	1	2.5	40	
	临川	1950	米，石	1－2.5	4	65	
	赣县	1950	米，石	1.5	2.4	62.5	
甘肃	皋兰	1950	米，石	0.48	1	48	水田
	皋兰	1950	米，石	0.08	0.12	66.7	旱地

由上表可见，土地改革前我国农村地租租额占产量的比重普遍在50％以上，有些地方甚至达到了70％左右。

在极不合理的土地分配制度以及地主残酷的地租、高利贷剥削之下，绝大多数无地和少地的农民过着异常贫困的生活。"他们求温饱而不可得，自然根本无力去扩大再生产和改进生产技术。而农民平时即过着极其贫困的生活，自然更没有可能来抵御灾荒。每遇灾歉，成批的农村人口向外逃亡，或饿死沟壑，以致田地荒芜，生产遭受很大的破坏。"① 因此，要改变农民的境遇，提高农村生产力，必须废除地主阶级封建剥削的土地所有制，实行农民的土地所有制。

中国共产党从成立之日起，就把"封建剥削的土地所有制改变为农民的土地所有制"确定为新民主主义革命的历史任务和基本纲领之一。1921 年 7 月，中共一大通过的《中国共产党纲领》就提出："要以社会革命为自己政策的主要目的"，没收土地"归社会公有"。1923 年中共三大通过了中共中央关于农民问题的第一个决议，即《农民问题决议案》，把组织农民参加革命作为党的中心工作之一。1925 年 10 月在北京召开的中共中央执委会扩大会议，在总结了各地开展工人运动和农民运动经验的基础上，于 11 月发表了《中国共产党告农民书》，提出解除农民痛苦的根本办法是"实行'耕地农有'"。1927 年 11 月，中共临时中央政治局扩大会议通过的《中国共产党的土地问题党纲草案》，提出"一切私有土地完全归组织或苏维埃国家的劳动平民所公有"，即没收一切土地，实行

---

① 时事手册：《为什么要实行土地改革（宣传提纲）》，《人民日报》1950 年 12 月 12 日。

土地国有的政策。1928 年 12 月,中国共产党制定了第一个土地法——《井冈山土地法》,首次以法律的形式肯定了农民分配土地的权利。1929 年 4 月,毛泽东在兴国县主持制定《兴国县土地法》,将《井冈山土地法》中存在的错误进行了修订,将《井冈山土地法》中规定的"没收一切土地"改为"没收一切公共土地及地主阶级的土地"。1931 年 2 月,毛泽东以中央革命军事委员会总政治部主任的名义写信给江西省苏维埃政府,要求他们发布命令和布告,明确规定:"过去分好的田即算分定,这田由他私有,别人不得侵犯,以后一家的田,一家定业,生的不补,死的不退,租借买卖,由他自由;田中出产,除交土地税于政府的以外均归农民所有。"3 月 15 日,江西省苏维埃政府发布文告,宣布"土地一经分定,土地使用权、所有权统统归农民"。这是中国共产党在改革封建土地制度进程中的一个重要发展。抗日战争时期,为建立抗日民族统一战线,党制定了地主减租减息、农民交租交息的政策。抗日战争结束后,随着国内阶级矛盾的日益高涨,过去减租减息的界限不断被农民强烈的土地要求所突破。1946 年 5 月,中国共产党发布《关于清算减租及土地问题的指示》(即《五四指示》),将减租减息政策改为实现"耕者有其田"政策。1947 年,随着人民解放军转入战略进攻,为了充分调动广大农民的革命热情和生产积极性,使正在胜利发展的解放战争获得源源不断的人力、物力支持,7 月 19 日,在刘少奇主持下,中共中央工委在河北省建屏县(今属平山县)西柏坡村召开全国土地会议。会议通过了《中国土地法大纲(草案)》,并于同年 10 月 10 日公布。《中国土地法大纲》是一个彻底反封建的土地革命纲领,它明确规定:"废除封建性及半封建性剥削的土地制度,实行耕者有其田的土地制度","废除一切地主的土地所有权","废除一切乡村中在土地制度改革以前的债务"。《大纲》规定了彻底平分土地的基本原则,即"乡村中一切地主的土地及公地,由乡村农会接收,连同乡村中其他一切土地,按乡村全部人口,不分男女老幼,统一平均分配,在土地数量上抽多补少,质量上抽肥补瘦,使全乡村人民均获得同等的土地,并归各人所有"。《中国土地法大纲》颁布后,各解放区为贯彻全国土地会议的精神,从各级党、政、军机关抽调大批人员组成工作组深入农村,开展发动农民群众、组织贫农团和农会、控诉地主、惩办恶霸、着手没收地主土地等工作,迅速形成土地制度改革的热潮。到 1949 年上半年,在拥有 2.7 亿人口,面积约 230 万平方公里的解放区内，完成土地改革的地区约有 1.5 亿人口（其中农业人口 1.25 亿），1 亿左右无地和少地的贫农、雇农从地主、富农手中获得约 3.7 亿亩土地，并获得了必需的其他生产资料和生活资料。

当新中国成立时，全国还有 2/3 的地区（主要是华东、中南、西南、西北四大新解放区和待解放区），大约 2.9 亿农业人口尚未进行土地改革。这些地区的贫农、雇农和中农虽然耕种着 90% 的土地，但仅拥有少部分土地的所有权，他们所承受的地租剥削仍很沉重。中国土地制度"是我们民族被侵略、被压迫、穷困及落后的根源，是我们国家民主化、工业化、独立、统一及富强的基本障碍。这种情况如果不加改变，中国人民革命的胜利就不能巩固，农村生产力就不能解放，新中国的工业化就没有实现的可能，人民就不能得到革命胜利的基本的果实。"①

然而新中国成立以后，由于形势和条件都发生了很大变化，原有的土改政策已不能完全适应新区土改的需要，因此，制定新的土改政策便成为中国共产党面临的一项重要任务。

1950 年 6 月 6 日至 9 日，中共七届三中全会在北京召开，主要内容是讨论新解放区的土地改革问题。毛泽东在报告中把土地改革列为全党全国人民为争取财政经济状况根本好转的首要条件。6 月 14 日至 23 日，全国政协一届二次会议在北京召开。会上，刘少奇代表中共中央作《关于土地改革问题的报告》，对新解放区土地改革的意义、《土地改革法（草案）》中有关政策的提出依据以及进行土地改革时应该注意的事项等作了说明。经会议审议，对《土地改革法（草案）》作了若干修改和补充。6 月 28 日，中央人民政府委员会第八次会议通过了《中华人民共和国土地改革法（草案）》。6 月 30 日，毛泽东签署命令，正式颁布《中华人民共和国土地改革法》，宣布在全国废除地主阶级封建剥削的土地所有制，实行农民的土地所有制。

《土地改革法》颁布后，政务院相继制定和公布实施了与之相配套的法规、政策，包括《农民协会组织通则》、《人民法庭组织通则》以及《关于划分农村阶级成分的决定》等。《农民协会组织通则》的公布施行，使各地农民协会与广大农民群众在统一的任务和统一的组织原则下组织起来，更好地担负起了土地改革执行机关的重任。人民法庭不只是同土

---

① 《刘少奇选集》下卷，人民出版社 1985 年版，第 33 页。

匪、特务、反革命分子进行斗争的武器,也是保证实现从反霸减租转变到分配土地的重要武器。关于农村阶级成分的划分,政务院具体规定了划分地主、富农、中农、贫农、工人等成分的标准,并明确了"知识分子的阶级出身,依其家庭成分决定,其本人的阶级成分,依本人取得主要生活来源的方法决定"。对小手工业者、自由职业者、手工业资本家、手工业工人、小商小贩、开明士绅的划分以及地主成分的改变等问题,也分别作了规定。自此,一场轰轰烈烈的土地改革运动拉开了帷幕。

按照中共中央和中央人民政府的计划和部署,从1950年冬季开始,华东、中南、西北、西南等新区的土地改革相继展开。

在华东地区,约7000万人口地区的土地改革分两期进行。第一期从1950年冬至1951年春,完成了约4700万人口地区的土地改革。第二期从1951年夏至1952年春,完成了约2300万人口地区的土地改革。到1952年5月,完成土地改革的乡达到了总乡数的99.85%。

在中南地区,约12000万农业人口地区的土地改革分三期进行。第一期从1950年秋至1951年春,完成了约5000万农业人口地区的土地改革。第二期从1951年夏至1952年春,又完成了约5000万农业人口地区的土地改革。第三期从1952年夏至1952年底,完成约2000万农业人口地区的土地改革。到1952年底,除黎、瑶、苗、侗等少数民族地区外,中南区已基本上完成了土地改革。

在西北地区,约2500万人口地区的土地改革分三期进行。第一期从1950年秋至1951年春,完成了700万人口地区的土地改革。第二期从1951年秋至1952年春,完成了1500万人口地区的土地改革。第三期从1952秋至1953年春,完成了300万人口地区的土地改革(即新疆大部分地区)。西北新解放区是一个地域广阔,交通不便,人口稀少的多民族地区,全区共有17个少数民族,近700万人口,约占全区人口的1/4。因此,该区在土地改革中,特别贯彻执行中国共产党关于民族团结,慎重稳进,正确处理民族问题与阶级关系问题的基本方针和政策,比较稳妥地完成了土地改革。

在西南区,约8500万人口地区的土地改革分四期进行。第一期从1950年11月至1951年4月,完成了1316万人口地区的土地改革。第二期从1951年5月至10月,完成了约2476万人口地区的土地改革。第三期从1951年10月至1952年4—5月,完成了约3600万人口地区的土地改革。第四期从 1952 年秋至 1953 年春，完成了约 900 万人口地区的土地改革。①

土地改革是一场翻天覆地的大规模的群众斗争，其具体步骤一般是：发动群众、划分阶级、没收和分配地主土地财产、复查总结和动员生产。为保证《土地改革法》的正确实施，从中央到地方都抽调了大批干部组织土改工作队。在新解放区实行土地改革的三年中，每年参加工作队的都在 30 万人以上。

由于中国共产党坚决贯彻了"依靠贫农、雇农，团结中农，中立富农，有步骤、有分别地消灭封建剥削制度，发展农业生产"的总路线，特别是对富农经济采取了保护的正确策略，因而减少了土改的阻力，使土地改革工作进展顺利。到 1953 年春，除部分少数民族地区外，全国土改基本完成。据不完全统计，在土地改革中获得经济利益的农民占农业人口的 60%—70%，全国得利农民连老区在内约 3 亿人，分给农民的土地约 7 亿亩。新区土改中，农民大约分得了耕畜 297 万头，农具 3954 万件，房屋 3807 万间，粮食 105 亿斤。

随着土地改革的完成，中国农村的土地占有状况发生了根本的变化。据相关部门统计，土地改革结束时农村不同阶层占有耕地情况如表 3–4 所示：

表 3–4　　　　全国土地改革结束时农村各阶级占有耕地状况②

成分	各阶级人口的比重（%）	占有耕地比重（%）
贫雇农	52.2	47.1
中农	39.9	44.3
富农	5.3	6.4
地主	2.6	2.2
合计	100.0	100.0

---

①　以上数字均引自杜润生主编的《当代中国的土地改革》，当代中国出版社 1996 年版，第 348—379 页。

②　资料来源：国家统计局：《建国三十年全国农业统计资料（1949—1979）》，《1949—1952 中华人民共和国经济档案资料选编·农村经济体制卷》，社会科学文献出版社 1992 年版，第 410 页。其中，农村各阶级户数是根据当时对 21 个省、自治区 9900 户调查资料推算，其他则根据 1954 年 23 个省、自治区 15000 多农户收支调查资料计算。

由上表可见,原来占有耕地 50% 左右的地主、富农在土改后只占有全部耕地的 8% 左右,而贫雇农占有耕地由土改前的 14.28% 上升到土改后的 47.1%。这表明,土地改革后,农民的土地所有制代替了封建剥削的土地所有制,农民尤其是过去无地或少地的贫雇农成了土地的主人。

二 《中华人民共和国土地改革法》颁布后新、老区农民的不同反应

《中华人民共和国土地改革法》颁布后,在已经完成土地改革或基本完成土地改革地区的农民中引起了比较强烈的反响。因为这些地区的土地改革是按照 1947 年颁布的《中国土地法大纲》的规定执行的,而《土地改革法》在政策上,尤其是在对待地主、富农、中农的土地政策上则有重大变动。

与《中国土地法大纲》相比,《土地改革法》在内容上的变化主要体现在:

第一,中农的土地由彻底平分改为完全不动。《中国土地法大纲》规定:"乡村中一切地主的土地及公地,由乡村农会接收,连同乡村中其他一切土地,按全乡全部人口,不分男女老幼,统一平均分配。"在这种平分一切土地的政策下,中农超过人口平均数的多余土地,也就被平分掉了。而《土地改革法》则明确提出了"保护中农(包括富裕中农在内)的土地及其他财产,不得侵犯"的政策。在土地改革中,对占有土地高于当地每人平均数的一部分中农,保持不动,而一部分缺地的中农则分到了土地。因而整个中农阶层每人占有土地的平均数有所增加。同时,在各地农民协会的领导成分中,也保证中农成分不少于1/3。因而保证了贫雇农与中农的巩固团结,形成了占农村人口 90% 以上的统一战线。

第二,由征收富农多余土地和财产,改变为保存富农经济。按照《中国土地法大纲》的规定,不仅富农多余的土地要被征收,而且富农的牲畜、农具、房屋、粮食及其他多余的财产,也要拿来分给缺乏这些财产的农民。而《土地改革法》则规定,保护富农所有自耕和雇人耕种的土地及其他财产,不得侵犯。富农所有出租的小量土地,亦予保留;只在某些特殊地区,经省以上人民政府的批准,才能征收其出租土地的一部分或全部。对少数出租大量土地的富农,则应征收其出租土地

的一部分或全部。

第三，对地主，除没收他们的土地、耕畜、农具、多余的粮食及在乡村的多余房屋外，其他财产不予没收。《中国土地法大纲》规定，"废除一切地主的土地所有权"，并没收"地主的牲畜、农具、房屋、粮食及其他财产"。这实际上是没收地主在农村中的一切财产。而《土地改革法》则规定：只"没收地主的土地、耕畜、农具、多余的粮食及其在农村中多余的房屋"等五大财产，"地主的其他财产不予没收"。

第四，增加了对小土地出租者的政策规定。《土地改革法》规定：革命军人、烈士家属、工人、职员、自由职业者、小贩以及因从事其他职业或因缺乏劳动力而出租小量土地者，均不得以地主论。其每人平均所有土地数量不超过当地每人平均土地数量 200% 者均保留不动。超过此标准者，得征收其超过部分的土地。由于小土地出租者的土地所占比重很小，基本不动这部分土地，对于满足贫苦农民的土地要求和发展农业生产并无大的不利，而照顾这些人，尤其使他们当中的生活困难者得以维持生计，则可起到社会保障的作用。

正是因为政策上的上述重大变化，使得已经完成土改地区的农民有不同的反映。

《中华人民共和国土地改革法》公布后，已经完成土改地区的大部分农民对《土地改革法》的规定表示理解和拥护。他们为封建土地制度两三年内在全国范围内被消灭，全国农民都将和他们一样得到土地而感到兴奋。北京郊区农民热切关心新区农民兄弟的翻身，他们纷纷发表意见，拥护《土地改革法》。如对保存富农经济这一点，西郊黄村贫农朱文魁说："现在保存了富农的土地财产，大家更没顾虑，更要努力生产，发家致富了。"小红门村贫农黄宝贵也说："动富农的土地财产，就像在农民前头划了一道线，谁也不敢冒过去，现在谁在生产上都没顾虑了。"黄村中农王万春买了一头骡子，并说："这一下大家都敢往发展生产的路上走。"黄村村长李永江说："孤树不成林，地主更加孤立了。"对于出租少量土地者不以地主对待这一点，他们认为这样就能更好地照顾其他职业的劳动人民和缺乏劳动力的孤寡或烈属、军属和干属。①

---

① 《京郊农民纷纷发表意见拥护土地改革法　热切关心新区农民兄弟的翻身》，《人民日报》1950 年 7 月 6 日。

　　然而，老解放区的富农则对《土地改革法》中保存富农经济深感不满。据薄一波回忆，多余土地财产被征收的富农，埋怨共产党不公平，埋怨当地干部太积极，说那里土改搞早了，使他们吃了亏。河北省天津专区一些心怀不满的富农同地主一起闹事，要求政府退地还财。① 一些富农在《土地改革法》颁布后，曲解政策，拿着报纸找农民说："中央颁布了命令，需保护富农，我不是地主，应受保护"，"政策变了，地还不退回吗!""现在是联合政府，不像平分时了。"特别是朝鲜战争爆发后，地主富农气焰更盛。静海一区地主程谨言写信威胁农民："现在年齐月满，秋收割了，地该我种。情关知己，也不再客气，秋后一定收地。"还有地主造谣威胁说："朝鲜被炸平了!""蒋介石坐飞机到东北看了地形!""形势变了，国民党就来"，等等。② 他们中的一些人，采取种种方式，对过去征收其土地和财产表示不满。有的提出要收回已被征收的土地；有的逼农民卖地、还地和退回土改时废除的高利贷；有的将农民从分得的房屋里赶出来。③ 如河北省房山专区乐亭县六区杜家坞村的一个富农，向贫农牛树清提出要回房子，还将牛树清的母亲打伤。该区七里店村一个富农把持已分给贫农的房子不让住，还将分到房子的贫农的庄稼拔掉。有的富农说："房子是我的，政策改了，我不是富农了。他们不搬家，房权也是我的。"④ 另据河北省天津专区对五个县的统计，共发生要求退地还财的事件117起。随后迅速蔓延。到12月初，延及平原省32个县，河北省24个县，察哈尔省19个县。有些地主富农分子竟然向贫雇农夺地、夺房、索租讨债、烧场焚禾，甚至向村干部和农民积极分子凶残报复。一些农民重新失掉土地，有的忍气吞声退出土地，有的贱价卖掉分得的土地。他们的生产情绪受到不同程度的影响。⑤

---

　　① 薄一波:《若干重大决策与事件的回顾》上卷，中共中央党校出版社1991年版，第135页。

　　② 《中国的土地改革》编辑部等:《中国土地改革史料选编》，国防大学出版社1988年版，第697页。

　　③ 杜润生:《中国的土地改革》，当代中国出版社1996年版，第289页。

　　④ 中国社会科学院、中央档案馆:《中华人民共和国经济档案资料选编·农村经济体制卷（1949—1952）》，社会科学文献出版社1992年版，第99页。

　　⑤ 薄一波:《若干重大决策与事件的回顾》上卷，中共中央党校出版社1991年版，第135—136页。

对于富农的不满，中共中央华北局早有预料。就在《中华人民共和国土地改革法》公布的前几天，即 1950 年 6 月 24 日，华北局向各省委发出了《关于执行中华人民共和国土地改革法与保护过去土改成果的指示》，指出过去老解放区实行征收富农多余的土地财产的政策，与现在解放区保存富农经济的政策，都是正确的。已土改地区动了富农多余土地财产是对的，合法的，必须坚决保护农民已得的土地财产不受任何侵犯。如有地主和富农趁机夺地、夺财者，就是侵犯地权，就是犯法行为，依法应加处分，并彻底粉碎任何地主和旧富农的反攻阴谋。① 同年 9 月 5 日，山东分局在《关于今冬明春完成与结束土地改革的指示》中也指出：在业已完成土改地区，应"保持原状"，"绝不是再来一次土地改革运动"；"新区及未分配过土地的恢复区应坚决遵照《中华人民共和国土地改革法》，实行土地改革"。"在已经实行土地改革的地区，对过去未被征收的富农的多余的土地财产，应采取保留不动的方针"，"但应坚决保护过去土地改革的成果，严禁富农借此收回已被征收分配之土地财产"②。

与此同时，各地也采取了许多措施，防止不法地主、富农对翻身农民的反攻。1950 年春，河北省委要求各已经完成土改的地区，要坚决禁止地主、富农的反攻倒算，向广大群众宣传凡这年 5 月 1 日（即"五一"口号中明确提出不动富农土地财产）前所动富农的浮财房屋，不论已分、未分均不退还，切实保护土改成果，压制地主、富农的反攻，对地主、旧富农的反攻案件依法严肃处理。在镇压地主、旧富农反攻的问题上实行逐级负责制，村干部不处理或不反映到区者，追究村干部的责任；反映到区不及时处理者追究区干部的责任。这种负责制一直贯彻到省级各部门。③

12 月 10 日，华北局也发出《关于镇压地主富农反攻的指示》，要求各级党委坚决保护农民的既得利益。中共河北省委根据华北局的上述指示，广泛宣传改变富农政策的目的和意义，提高党员、干部和群众认真贯彻执行这一政策的自觉性。同时明确宣布：所有夺回的土地房屋一

---

① 《中国的土地改革》编辑部等：《中国土地改革史料选编》，国防大学出版社 1988 年版，第 642 页。

② 同上书，第 665 页。

③ 罗平汉：《土地改革运动史》，福建人民出版社 2005 年版，第 363 页。

律退还农民，对过去征收富农的财产，无论已分、未分，一律有效。对于违法夺地、夺房情节严重的富农，应给予严肃处理。在各级党委的高度重视下，部分富农利用新区土改保存富农经济政策而进行的反攻活动逐渐平息了。

《中华人民共和国土地改革法》公布后，新解放区的农民自然是喜气洋洋。山东历城县张马村农民看到《土地改革法》以后，全村像有了大喜事一样活跃起来，到处谈论着《土地改革法》。贫农曾献亮在给别人帮短工时，听到《土地改革法》公布的消息，马上就找到村干部问《土地改革法》的内容。他说："天天盼，今天可真盼到了。我在春天就买下了大粪五百斤，准备分地后用。这以后我家五六口人，再不能光种九分地了。"贫农赵训才说："几年来就盼共产党来了分点地。俺两三辈子都是属小鸡的，刨扯着吃。俺父亲弟兄四个分家，分了七厘地。俺这辈兄弟三个还是七厘地，除卖短工外，全家下雨阴天时就得'歇牙'。这回算是有了盼头啦！"[①] 浙江宁波的农民，在《土地改革法》公布的当天，纷纷赶到市区购买报纸，回村自动召开会议讨论。杭县义桥乡马家桥村农民在座谈会上一致热烈拥护《土地改革法》。他们说，这是人民天大的喜事。雇农吴友根在会上表示了要求翻身的决心；贫农莫长青诉说了过去受封建剥削的苦处，表示分到田后一定好好生产，过好日子。慈溪县东邵村当天晚上有150多个农民向工作干部询问《土地改革法》的内容。他们同声称赞毛主席是农民的大恩人。[②] 陕西省关中地区的农民知道了《土地改革法》的内容后，都表示出无限的喜悦。长安县王曲区区公所办的黑板报，连续三天刊登《土地改革法》全文，农民们从四乡跑来，围着黑板报，听别人解说，并争相传告这个喜讯。该区八乡竹园坊、圪塔坊等村地主，这年春天曾先后非法典卖了将近70亩原先出租的土地，有些贫农以为应分的土地"瞎啦"，现在他们听到《土地改革法》上已明确地规定这样的转移分散一律无效，不由得欢喜地说："毛主席想得细，《土地改革法》真个美，地主的投机取巧落空了。"咸阳县城郊

---

① 《土地改革法像喜帖　山东历城县张马村农民争着传看　中农富农放心增产》，《人民日报》1950年7月9日。

② 新华社：《浙江具备土改条件　各界拥护土地改革法　农民认为是天大喜事》，《人民日报》1950年7月10日。

乡老贫农赵玉秀说："旧的世事太不公道啦！穷汉人都是有牙（劳力）没馍（土地），土地改革就是给穷人吃馍，咱们可要努力生产呀！"①

中农在得知《中华人民共和国土地改革法》不动富农之后，打消了怕将来变成富农而被平分的顾虑，纷纷表示将努力生产。天津县小淀村中农王大勇说："不动富农了，咱们中农就更保险了，往好里过吧！"青光村中农朱广来，被民兵借去了一石粮食，便把过日子的心也散了，每次赶集买肉吃，故意浪费。后来归还了他的粮食，政府工作人员又深入宣传《土地改革法》及生产政策之后，他吃用节省起来，并很后悔过去的浪费，在生产上也表现得很积极。② 山东历城县张马村中农曾献元说："过去虽听说不动中农的土地财产，但心里总不踏实，这回看到了《土地改革法》后才算放心放到底了。瞧，今后地里见成色吧（好好种地的意思）。"中农普庄君说："过去听了些胡言乱语，闹的我没有过日子的心，总想把东西吃到肚子里牢靠，哪知是想错了，今后一定好好生产节约，劳动发家。"富裕中农赵长庆说："毛主席真是有远见，这个土地法叫人人有地种，都过好日子，哪个不欢喜拥护！？我过去认为土地没有中农的事，我对土改不大关心，这回看了土地法才明白，土改不光是农民自己的事，而是大伙的大事。"③ 关东中农阎百川说："《土地改革法》上说得明明白白：'保护中农及富裕中农的土地及其财产，不得侵犯'，这真使中农的心宽展了许多，我们一定要劲上加劲把庄稼做好。"④

由于《中华人民共和国土地改革法》采取保护富农经济的政策，富农更是欣喜万分，"从前说富农不动以为是欺骗我们，今天土改法公布，才相信是真的"，"这个办法好"。他们表示，一定要安心生产，搞好生产。⑤ 天津县青光村富农石玉超，去年因怕土地改革，卖掉了牲口，把长工解雇了，地里庄稼不上粪，不锄草，大部分土地荒芜起

① 《土改法带来幸福远景　关中农民无限喜悦》，《人民日报》1950 年 7 月 16 日。
② 齐心：《天津专区各县深入宣传保存富农经济政策》，《人民日报》1950 年 8 月 24 日。
③ 中共山东省委党史研究室：《封建土地制的覆灭：新中国成立初期山东的土地改革》，中国大地出版社 1999 年版，第 190—191 页。
④ 《土地法带来幸福远景　关中农民无限喜悦》，《人民日报》1950 年 7 月 16 日。
⑤ 杜润生：《中国的土地改革》，当代中国出版社 1996 年版，第 290 页。

来，并终日大吃大喝。但在《土地改革法》公布并知道保存富农经济的政策后，生产便积极起来，立即雇了长工，并买了一头大骡子，省吃俭用。富农杨士善也买了牲口，雇了长工，并把藏到女儿家的财物取了回来。静海县付君庙富农安建富，现在全家男女天天早起晚睡，下地生产，把扔了三年的破车也收拾好了。夏征时，他很快就交齐了公粮。① 山东历城县张马村富农刘振刚过去对种地施肥的论调是："地没粪庄稼一样长。"这次他听了《土地改革法》后，立刻变了说法，"地里没肥庄稼可不长！"他在看到"五一"劳动节刘少奇副主席的报告后，就买了 200 斤豆饼，又买了一头猪准备积肥。现在他又计划把小牛卖了换成大牛。富农吴振川看了《土地改革法》，第二天就买了200 斤豆饼，准备往地里施肥。② 关中王曲区高家湾村富农高梦贤说："解放初，我听说要分富农地，我心慌慌的，生产满不起劲。这次土地改革法公布后，我的疑虑才打消了，以后一定要勤劳生产，多锄地、上粪，多打粮食。"咸阳县城郊乡农会组长王金昌对农民群众说："咱们先要把农会整顿好，不要使坏分子混进来，以便在今年冬天实行土地改革时，把事情办得公公道道。"③ 可见，"保存富农经济"政策公布后，富农普遍感到松了口气。"富农原担心自己一定是土改对象，一旦知道我们对他采取的政策不同于地主，就开始远离地主，情绪转向安定。"④

三 土地改革进程中新区农民的思想动态

1950—1953 年的土地改革运动无疑是一场深刻影响当代中国农村社会变迁的大革命。这正如美国汉学家费正清教授所言："土地改革是巩固政权过程中相对于在城市和现代经济领域里进行改革的一种平行的过程，是一桩石破天惊的大事。"⑤ 土地改革"彻底地将中国农村社会翻了过来，不仅颠覆了传统的农村权力结构，而且颠覆了农村的传统，

---

① 齐心:《天津专区各县深入宣传保存富农经济政策》,《人民日报》1950 年 8 月 24 日。

② 《土地改革法像喜帖 山东历城县张马村农民争着传看 中农富农放心增产》,《人民日报》1950 年 7 月 9 日。

③ 《土改法带来幸福远景 关中农民无限喜悦》,《人民日报》1950 年 7 月 16 日。

④ 《土地改革手册》,新华书店华东总分店 1950 年版,第 162—163 页。

⑤ 〔美〕费正清:《伟大的中国革命(1800—1985)》,国际文化出版公司 1989 年版,第258—259 页。

古老的乡土文化从形式到内容都发生了根本的变化"①。这一时期，农民阶级各阶层在面对土地改革这场触及他们灵魂的伟大变革的时候，更是表现出极其复杂的思想动态。

（一）贫雇农的心理变化

土改前，贫农有些占有一部分土地，有些全无土地，仅仅有一些不完全的工具，一般都需租入土地来耕种，受地租、高利贷和小部分雇佣劳动的剥削。雇农一般全无土地和生产工具，完全或主要靠出卖劳动力为生。土地改革运动彻底改变了乡村旧政权的政治格局，昔日生活在乡村社会最底层的贫雇农，从农村政治舞台的边缘进入了舞台的中心。巨大的社会变革使贫雇农的心态发生了急剧变化。

第一，从"人各有命"、"富贵在天"观念到阶级意识的成长。

在中国传统社会，尽管农民与地主贫富有别，地主对农民存在着剥削关系，农民生活贫苦不堪，但由于长期受到封建迷信思想的影响，认为"人各有命"、"富贵在天"，广大农民没有阶级划分意识，没有强烈的被剥削感，他们有的只是"财主"、"东家"与一般贫苦农民之别。② 对于有的农民而言，土地因买卖而获取，财富因劳作而积累，是最为基本的道理，而白拿了别人的田，总归是不光彩的。如无锡梅村区香平乡某村村长倪秋府对村里一位贫农说："你家里八个人只有三分田，这次可以分到不少田。"这个贫农说："是的，分是可以分到田，不过到底呒买的好，将来子孙问起来，田是拆得来的，总是不光彩。"③ 由于没有意识到剥削与贫困的必然联系，许多农民即便是一贫如洗，也往往将自己贫穷的命运诉诸天意。如无锡县梅村区梅村镇十六村李小弟说："命里注定，小人福薄，分田要生病。"荆福乡朱全柱说："一两黄金四两福，拾得横财不发的，是我财天上有得来。"香平乡张志仁说："不要怪地主，只好怪自己命苦，地主对我俚剥削是我俚命不好。"在仁山说："分田分田，我伲穷人，天生是命里

① 张鸣：《乡村社会权力和文化结构的变迁（1903—1953）》，广西人民出版社 2001 年版，第 254 页。

② 李金铮：《土地改革中的农民心态：以 1937—1949 年的华北乡村为中心》，《近代史研究》2006 年第 4 期。

③ 中共苏南区委员会：《无锡、武进、镇江等各地关于各实验乡土改工作报告》，江苏省档案馆藏档，7006—3—359。

穷，怪啥人呢?"① 海南文昌县有的农民说："我穷是因上一辈子没有留下产业来"；有的农民说："某某地主是富来明的"或是"勤俭起家的"；有的农民说："我虽穷，我卖过田，但是卖给了中农，我从来没有给地主做过工，借过钱，被剥削过"②；甚至还有农民认为，是地主养活了农民，如果地主不租土地，农民就会挨饿。如无锡县梅村区梅村镇七村贫农周河妹说："地主富农阶级减了，我们穷人就饿死了。"③

正是在这种思想的左右下，土地改革开始后，就有农民表现出对地主的同情。如江苏无锡县查桥乡的一些贫雇农说："地主蛮苦的，解放前收不到租，分了田要没有吃了。"吴县新合乡贫农青年团员王坤龙说："地主吴阿根不是剥削成家，是省吃俭用，剥削自己的嘴、自己的身上。"④ 在湖南醴陵土改中，有的贫农也说："自己拿了地主工资，是靠它养活了全家，因此，地主不算剥削。"⑤

不仅如此，一些农民还表现出对分得地主土地的自责。如苏南吴县阳东乡贫农王小囡说："早知划伊地主要斗争，真作孽不过!"⑥ 陕南山区的一些农民也认为，每个人的命运都是上天注定的，平白无故地夺取他人财产，尤其是对分取一些"恩德地主"的财产并斗争他们，无论从自己所信奉的情理还是法理上来说都是"伤天害理"的，不仅不能改变穷人最终的命运，而且还会受到天理的惩罚。⑦

中共土改政策的基本前提是让农民认识到：不合理的土地分配制度以及与此扭结的租佃关系、雇佣关系、借贷关系，是导致贫富差异、阶级差别和农民生活困苦的重要源头。然而上述事实表明，由于贫雇

---

① 中共苏南区委员会:《无锡、武进、镇江等各地关于各实验乡土改工作报告》，江苏省档案馆藏档，7006—3—359。
② 海南省史志工作办公室、海南省档案馆:《海南土地改革运动资料选编（1951—1953）》，第81页。
③ 中共苏南区委员会:《无锡、武进、镇江等各地关于各实验乡土改工作报告》，江苏省档案馆藏档，7006—3—359。
④ 张一平:《新区土改中的村庄动员与社会分层》，《清华大学学报》2010年第2期。
⑤ 陈益元:《革命与乡村——建国初期农村基层政权建设研究:1949—1957（以湖南省醴陵县为个案）》，上海社会科学院出版社2006年版，第139页。
⑥ 《苏南土地改革文献》（内部发行），1952年，第431页。
⑦ 李巧宁:《建国初期山区土改中的群众动员——以陕南土改为例》，《当代中国史研究》2007年第4期。

农长期生活在半封闭的乡土社会中，他们固守着自己的道义经济观，加之又存在着宗族血缘的连带关系，故而其阶级意识还比较薄弱。他们一方面怕做冤家，如无锡县梅村区梅村镇十七村贫农周信根说："分田我是要分的，但是我不好意思，都是熟人，我僬哪能向人家要。"[①]"出门三步，天天见面，很难为情。"[②] 另一方面，除了个别恶霸外，对于村庄中被指认为地主者，一些贫雇农还会怀有比较好的感情。如陕南山区土改进行群众动员，工作队演出话剧《白毛女》，但话剧看完以后，贫雇农虽然在情感上受到触动，可他们同时又认为，黄世仁是远处的地主，他们当地的地主却是好人。[③] 江苏丹阳县朝阳乡地主金福昌在追算转移粮食时不承认，县工作队干部便打他耳光，台下数百群众便齐声叫喊："不能打，他原来是苦出来的好地主。"高淳下坝乡墙门村台上干部动手打，下面贫农王小化子、陈老美喊："不能打了，再打再冻，地主吃不消了。"太仓浮北乡斗争会上，有的群众看到剥去地主的衣服，跪在石头上，就流起泪来，有的拔腿就跑。丹徒九吕斗争会上，当场有一老太婆低下头哭，用袖子在拭眼泪，同情被吊打的人。[④]

亨廷顿认为，"在什么条件下土地改革才能行通呢？……这首先需要把权力集中在一个立志改革的新兴社会精英集团手中，其次还需要动员农民有组织参与改革的实施"[⑤]。面对农民的"糊涂思想"，土改开始后，党和政府派出了约30万人的土改工作队到农村进行广泛的宣传和动员。土改工作队通过阶级教育、"谁养活谁"的教育和翻身教育，使广大贫雇农开始意识到地主阶级的残酷剥削是他们生活贫困的根源，使农民逐渐懂得了"原来一切土地，都是咱们的祖先用手开种

---

① 中共苏南区委员会：《无锡、武进、镇江等各地关于各实验乡土改工作报告》，江苏省档案馆藏档，7006—3—359。

② 中共苏南区农村工作委员会：《苏南农协、农工团各种会议记录》，江苏省档案馆藏档，7006—3—244。

③ 李巧宁：《建国初期山区土改中的群众动员——以陕南土改为例》，《当代中国史研究》2007年第4期。

④ 张一平：《地权变动与社会重构——苏南土地改革研究（1949—1952）》，上海世纪出版集团2009年版，第194—195页。

⑤ 亨廷顿：《变化社会中的政治秩序》，生活·读书·新知三联书店1989年版，第354页。

出来的，地主的土地是霸占和剥削来的。人民政府、共产党领导咱们
搞土地改革，消灭地主阶级，废除封建半封建的土地制度，就是土地
还老家，合理又合法"①。江苏吴县同治村一个地主杨太元的女人从苏
州下乡要叫农民不分他房子，走遍满村没人叫她到屋子里去。大家都
不睬他。工作队问群众什么道理，大家都说："是地主，不劳动，靠
剥削的。"住上海的一个工商业者陆高庭的媳妇来该村瞧瞧田与看房
子，问群众为什么要征收他的田与房子，大家都不满意地说："你不
劳动，靠剥削的!"盛泽村贫农潘德明说：他过去到苏州地主家完租
米，看我伲农民的洋钱一篓一篓向他屋里厢找进去，都是靠剥削过活
的，要不靠我伲农民交租养活他，他便要饿煞哉!又如大窦村贫农陈
明岐说：他过去完地主租米时，只知道一年穷一年，不知为啥穷，再
加每年还利债利息，每年收入40担米，现在算算要被剥削37担，近
年来要不是抗租，早就饿煞哉。再如清漪村贫农陈凤高家从来欠债不
还清，从前拿人两担米，几年还利超过了五六倍，本被人剥削，土地
一年一年少，欠债永远还不清。他说共产党不来，不土地改革，贫雇
农永远不能翻身。②

与此同时，贫雇农的阶级觉悟也有了极大提高。如翻身的江苏海安
农民唱道："天下穷人是一家，不分什么你我他。我们吃尽人间苦，养
肥地主一大家……今天毛主席当了家，穷人翻身胆量大。团结在他的领
导下，地主恶霸都打垮。"③ 河南巩县常封村在土地改革时主动让出13
亩耕地给相邻的魏庄村，这件事被他们编成了歌谣：村帮村，邻帮邻，
庄稼人向着庄稼人，常封兄弟真积极，阶级友爱数第一。土地改革从政
治上摧毁封建地主阶级在农村的政治权威，昔日在有钱人面前感觉自
卑、抬不起头来的贫苦农民，从此扬眉吐气，有了在政治上翻身做主人
的感受，他们的自豪感也因此油然而生。"以前是地主的天下，现在是
我们的世界。""过去见了地主，人要矮三尺，现在见了地主，头要高

---

① 《河南省第一次农民代表大会告全省农民书》(1950年3月21日)，《新华月报》1950
年5月号。

② 中共苏南区委员会：《高淳、武进、溧阳、吴县、南汇五县关于划分阶级工作报告》，
江苏省档案馆藏档，7006—3—357。

③ 熊秋良：《建国初期乡村政治格局的变迁——以土改运动中农民协会为考察对象》，
《贵州社会科学》2010年第6期。

三寸。"① 可见，农民原来的对地主、东家的感恩意识、宿命意识已转变为对地主阶级残酷剥削的认识，贫雇农成为农村中最具有阶级意识的群体。

第二，从疑虑、畏惧土改到分得土地后的喜悦与感激。

土地改革的目标，就是要废除封建土地所有制，实现农民的土地所有制。然而当土改开始后，仍有部分贫雇农对土地改革持怀疑态度，如苏南吴江县部分贫雇农对土改不相信，认为是政府在欺骗他们。因为去年说要减租、反霸，结果做了生产救灾工作，租亦不减，霸也未反，现在又喊土改了，恐要同以前一样。② 另有部分贫雇农担心分不到土地，对土改信心不高，尤其中农多贫农少的地区，表现更加明显。他们认为地主自己经营耕地的土地不多，公租土地不多，土地大都在中农、富农手里，感到分田没有希望。如江苏无锡梅村区香平乡贫农张新根说："地主的田都在农民手上，能分到啥格田。"③ 吴县保安乡也有贫农说："租田（管业田）大都在中农手上，土改时，他们肯拿出来吗？再说，盖头田往年我们穷人也是种不着，因地主怕我们交不起租，土改恐怕对我们没啥好处吧！"④ 还有部分农民有心要田但怕人讥笑讽刺"贫佃农好吃懒做"，不出来积极行动，如无锡县梅村区香平乡陆阿荣，村上有富农说，"你阿荣跳来跳去，吃的青南瓜，起劲想分我伲的田，我的田是劳动做起来的，你想拆田作孽的"，因此开始积极，受了讥讽不积极了。⑤

此外，部分贫雇农因地主的恐吓而对土改有恐惧心理。《土地改革法》颁布后，地主阶级一面转移和破坏应被没收的土地、财产，如分散土地、砍伐树林、宰杀耕畜、破坏农具和转移多余的粮食等；一面又对《土地改革法》中某些个别条款断章取义，如有意强调反对"乱打、乱杀"，借以恫吓干部，威胁农民。朝鲜战争爆发后，部分地主吹嘘"三次世界大战"、"美国原子弹"、"国民党快来"，准备"变

---

① 中共苏南区委员会：《苏南土地改革总结》，江苏省档案馆藏档，7006—3—359。

② 中共苏南区委员会：《苏南第一届农民代表大会思想调查、讨论记录》，江苏省档案馆藏档，7006—3—239。

③ 中共苏南区委员会：《无锡、武进、镇江等各地关于各实验乡土改工作报告》，江苏省档案馆藏档，7006—3—359。

④ 莫宏伟：《苏南土地改革研究》，合肥工业大学出版社 2007 年版，第 236 页。

⑤ 中共苏南区委员会：《无锡、武进、镇江等各地关于各实验乡土改工作报告》，江苏省档案馆藏档，7006—3—359。

天",借以威吓农民。江西宁都县（老苏区）干部登记地主财产,地主登记干部名字。南昌县地主将其地契先照相留底,才交出地契。上饶县（老游击区）地主威胁农民说:"小心民国二十四年再来。"湖南常德县地主说:"小心我放鞭。"（欢迎国民党回来）①陕西长安部分地主造谣说:"五年土改三次,先地主、再富农、后中农。"三原长溪区二乡则有人说:"日本兵和国民党来了,穷娃们的头就要滚西瓜啦!"②苏南无锡坊前乡地主孙绍良拔去分田后田里的插标,把农民从已分配的房屋中赶出来,把田契拍照留底,幻想蒋介石卷土重来。前进乡地主对农民说:"你们算分了田,我还算未分","第三次世界大战爆发了,共产党吃败仗,国民党反攻了","蒋介石年内来,你们替我把麦子种肥硕些"。二村地主邢华信把分得房子的农民赶出去。刘岩乡地主任巧泉夺去得田户的锄头,不准耕种。丹徒显阳庄地主庄大富破坏土改,被判处徒刑六个月,他女人还是趾高气扬地说:"有什么了不起,六个月很快就过去了",并威胁贫农说:"你们别高兴,分田分房子,等老蒋回来头都不够杀的。日本在这里八年多,老蒋还未了呢,共产党才来一年,老蒋就回不来了吗?"③苏南地主还通过炮制"仙诗"或捏造《刘伯温烧饼歌》,到处散布"变天思想"。这里仅举出两首诗为例。一首曰"一舟西去一舟东,顺逆风波势不同。寄语顺风船上客,明朝未必是东风"。另一首曰"赤道（诬射共产党）黄牛（指1949年属牛年）登高峰,白虎（指1950年属虎年）当兴一场空。空中满布英雄客,恶魔尽入骷髅中"④。

地主的威胁,引起了部分农民的恐惧和疑虑。江苏丹徒官平乡贫农鲍宋坤,分得了三亩六分田,在地主威胁下,不敢往田里种麦子。浙江余杭县义桥乡六村土改结束,工作队转移时,群众害怕地主反攻,恳切挽留工作队,他们说:"你们山东同志留下一个也好。"⑤江苏金

---

① 《中国的土地改革》编辑部等:《中国土地改革史料选编》,国防大学出版社1988年版,第691页。

② 同上书,第701页。

③ 同上书,第706页。

④ 欧阳惠林:《苏南新解放区土地制度的改革》,见中共丹阳市委党史工作办公室编《丹阳土改专辑》,1997年,第123—124页。

⑤ 《中国的土地改革》编辑部等:《中国土地改革史料选编》,国防大学出版社1988年版,第706页。

坛县贫雇农"怕蒋介石再来，怕解放军再去"。① 朝鲜战争爆发后，很多贫雇农害怕"美国人要帮蒋介石反攻大陆"，"第三次世界大战就要来临"，不愿意积极参加土改。甚至有一些地方，除了少数勇敢分子欢迎分地主的土地外，大多数群众对土地改革持观望态度，甚至不敢接近共产党和解放军。② 江苏吴县浒关区新合乡颜家村许路福的妻子对分田本来很高兴，表现亦很积极，后来听了谣言，就坚决不要田，她说"吃都没有吃，还有什么本钱去种田，分到了田也是要饿死，不如不分"③。

然而，贫雇农毕竟是土地改革运动中的最大受益者，"土地还家"满足了他们长久以来对土地的渴望，加之党的宣传和鼓动，因而当土地改革使贫苦农民几千年来梦寐以求的理想变成现实时，许多人的疑虑消除了，随之而来的则是兴奋和喜悦。湖南湘潭五区正甫村农民在分得的田地上插上牌子，又在牌子上贴上一个鲜红的喜签，他高兴地说："这是天大的喜事啊！"湖北汉阳县玉贤乡一个农民说："我种了三十年稞田（即租田），自己落得一手空。现在有了毛主席这个好办法，我们分了土地，以后再不受地主剥削了。"④ 镇江专区农民分得土地以后，衷心感激共产党、毛主席，说："苦了一辈子没有一分田，如今土改分了田，睡熟了要笑醒啦！"农民总结土改有"五好"：毛主席领导好，共产党政策好，解放军打得好，干部积极工作好，大家团结好。⑤ 陕西合阳县的一位农民在日记中记录了人们当时喜悦的心情，"要分土地了，他们一大早就高高兴兴地来到了洒满他们汗水的田里，等着乡政府干部的到来。当看到写着自己名字的木牌子立在田间地头时，一些人禁不住热泪满面"⑥。

---

① 中共苏南区委员会：《苏南第一届农民代表大会思想调查、讨论记录》，江苏省档案馆藏档，7006—3—239。

② 张永泉：《关于土地改革总路线（下）》，《杭州教育学院学报》2000年第1期。

③ 中共苏南区农村工作委员会：《关于吴县浒关区、金坛县白塔区、太仓县岳王区、金山县新闸区土地分配没收工作的调查总结材料》，江苏省档案馆藏档，7006—3—355。

④ 新华社：《中南区现有土地制度极不合理 广大农民热烈盼望实行土地改革》，《人民日报》1950年8月9日。

⑤ 《镇江专区土地改革工作初步总结（草稿）》，见中共丹阳市委党史工作办公室编《丹阳土改专辑》，1997年，第61—62页。

⑥ 侯永禄：《农民日记》，中国青年出版社2007年版，第30页。

第三，从对民间神灵的信仰到对革命领袖的崇拜。

民间信仰一般是指乡土社会中植根于传统文化，经过历史历练并延续至今的有关"神明、鬼魂、祖先、圣贤及天象"的信仰和崇拜。新中国成立前，乡村社会的民间信仰相当普及，主要表现在对自然、祖先、宗教、鬼神迷信等的信仰上。这种传统民间信仰体系给人们提供了精神寄托，并促进了乡村社会的整合和稳定，同时由信仰所产生的仪式也加强了人们之间的相互交往和认同。民间信仰以传统的小农生产方式和宗法血缘的社群结构为根基，它属于下层被统治阶级的民间文化，却又与上层统治阶级的正统文化紧密相连。因此，随着现代自耕小农制的建立、宗法血缘社群结构的解体、农民阶级地位的提升和马克思主义、毛泽东思想锲入乡村社会，传统的民间信仰不可避免地走向了衰微。①很多农民已开始自觉破除迷信，自动退出道、会门，收掉关公像，不供灶神。以往，香火行业生意不错，而现在，很多群众过年不再烧香拜佛，而奉敬毛主席像，香火行开始出现了困境。对此，宋庆龄在东北旅行时曾这样讲："随着这个时代的前进，生活及思想方面古旧与阻碍进步的习惯就会受到尖锐的打击。最重要的一个例子，就是旧的迷信已经失去它对人民的控制了。在永贵村，我们看到祭拜各种神佛的习俗已经完全废除了。尤其是再也没有人花钱去买香烛及其他迷信品了，新年的时候也没有人浪费时间去拜偶像了。"②

当长期以来被人们祭祀供奉的神灵逐渐走出了人们心灵世界的时候，随之而来的是人们对革命领袖崇拜意识的日渐增强。他们视共产党和毛主席为大救星，将过去对神灵的崇拜转移到使他们获得解放的共产党和毛主席身上。江苏吴县浒关区新合乡中心村72岁的张老太兴奋地说："没有共产党来毛主席格领导穷人翻身，分给我三亩半田，我死连个棺材板地方还没有，从此我勿愁穿勿愁吃，还可以添件寿衣，多活几年，这多是共产党格恩情，靠毛主席格福分啊!"周阿妹以前卖给地主张金土5.3亩田，现在补回来了，她激动地说："这真是土地回老家了，共产党不来，做梦也不会有这么一回事。"只要开会，她马上就会从老

---

① 李立志:《变迁与重建:1949—1956年的中国社会》，江西人民出版社2002年版，第240页。

② 宋庆龄:《新中国向前迈进 东北旅行印象记》，《人民日报》1951年1月5日。

远赶来。① 土改后的湖北武昌农村曾流行着这样的小调："你说呀什么花，开花像太阳？什么人离不了爹和娘？什么人拥护了共产党？我说葵花像太阳，小孩子离开不了爹娘，老百姓拥护共产党。你说呀什么花，开花穿在身？什么是天空放光明？什么说话记在心？我说呀，棉花开花穿在身，太阳空中放光明，毛主席说话记在心。你说呀什么花，开花铺满山？什么人领导除封建？什么人团结把身翻？松树开花铺满山，农会领导除封建，中贫农团结把身翻。"②

出于对共产党和毛主席的崇敬，很多农民家里过去敬祖先和菩萨的地方，已经换上了毛主席像。重庆三区民间村的一位居士说："以前穷供菩萨不灵，现在供毛主席才灵。"③ 北京郊区农民郭老太太在得到土地以后，高兴地说："从前我们供着关公老爷，说他有灵应，灵应在哪里？依我看来，我们供谁呢？就是供我们的毛主席！"④ 四川泸州叙永县的妇女们说："卖个小鸡，拿3000元买张毛主席像贴在堂屋中间壁上，叫娃儿每天放学回家向毛主席行礼。"⑤ 北京六郎庄老雇农杨友山说："我自从一解放，就把毛主席给供上了。要不是有了毛主席，咱今天哪会有这房子住？哪能分到地种？我给人家做雇工，吃了半辈子的豆饼、窝窝头，想不到也有这个翻身年让我吃顿煮饺子，还杀了个小猪，家里吃了几斤肉。咱要不把毛主席搁在这儿，那还算个什么农民呢？没有毛主席，咱老杨就没有今天。"⑥ 由于人们把毛泽东当活菩萨一样供奉，"坊间印行的毛主席像，销路好极了！"⑦ 江苏丹阳县1951年春节家家户户挂毛主席像，新华书店6万幅毛主席像被农民抢购一空。珥陵区一个老农妇分得5亩田，她

① 中共苏南区农村工作委员会：《关于吴县浒关区、金坛县白塔区、太仓县岳王区、金山县新闸区土地分配没收工作的调查总结材料》，江苏省档案馆藏档，7006—3—355。

② 彭枫：《武昌农村的新气象》，《大公报》1950年8月3日。

③ 《中国的土地改革》编辑部等：《中国土地改革史料选编》，国防大学出版社1988年版，第752页。

④ 中国社会科学院、中央档案馆：《1949—1952中华人民共和国经济档案资料选编·农村经济体制卷》，社会科学文献出版社1992年版，第310页。

⑤ 张正坤：《叙永县的土地改革运动》，《泸州文史资料》（建国初期专辑）第34集，第150页。

⑥ 晓东：《土地改革后欢喜度春节　六郎庄农民感激毛主席》，《人民日报》1950年3月5日。

⑦ 潘光旦、全慰天：《苏南土地改革访问记》，生活·读书·新知三联书店1952年版，第101页。

撕去了供了一世的观音菩萨,贴上了毛主席像,并说:"我供了一辈子观音菩萨,花了不少钱,可一分田也没得到。毛主席来了二年,我就分得5亩田,毛主席,我再也不信菩萨了。"访仙区独山乡贫农薛金妹,过去每天不论风雨都要露天念佛两小时,土改后再也不信菩萨了,把家里的观音、灶老爷等五种菩萨全丢到塘里,挂上了毛主席像。① 应当说,农民对共产党和毛泽东的信仰是发自内心的,虽然带有浓重的个人迷信色彩,但在当时,它对于广大农民认同中国共产党执政无疑具有积极的作用。

贫雇农之所以发生上述思想变化,原因在于:

第一,通过宣传党的土改政策,解除了农民的思想疑虑。

农民之所以有思想疑虑,主要是对党的土改政策不了解或了解得不彻底。为保证《土地改革法》的正确实施,从中央到地方都抽调了大批干部组成土改工作队,其中吸收了相当一批新解放城市的青年和学生。工作队的主要任务是宣传土地改革的意义和政策,动员广大农民群众,提高农民群众的阶级觉悟。

土改工作队进入乡村后,通过召开农民大会、农民代表会和各阶层座谈会,以及运用乡村读报组、夜校、黑板报等形式,广泛宣传土地改革的必要性和重要意义。宣传的中心内容是:"封建土地制度的不合理,地主靠剥削吃饭的不合理,(是)造成我们农民饥饿贫困的原因,农民要翻身就必须土改,土地原是农民的,土地要还家。"② 通过宣传,说明封建土地制度的存在是造成中华民族被侵略、被压迫和贫穷落后的根源,也是我们国家民主化、工业化、独立统一和富强的基本障碍。同时,工作队还通过举办农民积极分子短期训练班,召开农民代表会议,对农民进行土改总方针和总路线教育,向农民讲清哪些土地应该没收与征收,哪些土地应该保护不动,在土地改革中依靠谁、团结谁、中立谁、打击谁。为了更好地宣传党的土改政策,澄清农民的模糊认识,土改工作队还通过个别串联,促膝谈心,根据不同对象,做一人一事的思想工作,不断提高他们的政治觉悟,动员和鼓励他们打消顾虑,积极参加土改运动。如福建省龙溪专区农村工作队深入到贫苦农民家庭,一边帮助他们做家务,解决生活上的困难,一边做思想工作,向他们宣传

① 中共丹阳市委党史工作办公室:《丹阳土改专辑》,第84页。
② 罗平汉:《土地改革运动史》,福建人民出版社2005年版,第376页。

《中华人民共和国土地改革法》，讲清楚土改的目的意义、阶级划分标准和土改的政策路线，等等。[1] 通过宣传教育，使农民更加明确了土改的目的性、必要性和有关政策规定；使农民懂得了：只有把土地改革斗争搞好，才能恢复和发展生产，也才能巩固人民民主专政。

第二，通过诉苦串联、算剥削账，提高了农民的阶级觉悟。

为把农民真正从思想上发动起来，土改工作队有针对性地逐一访问贫苦对象，将苦大仇深、老实正派、积极参加土改的人作为土改根子，和他们同吃同住同劳动，逐步消除隔阂，建立感情，成为他们的知心人。然后通过他们把农村的基本群众串联和发动起来。在此基础上，采用多种方式对农民进行阶级教育。

1. 诉苦是进行阶级教育的最好方法。

土改时期的"诉苦"，即农民用自己的亲身经历教育农民，意在唤起农民苦感的同时也燃起农民对地主的仇恨和斗争地主的勇气，然后通过阶级教育将这种仇恨引向整个地主阶级、封建势力。从政党和国家的角度看，诉苦是权力技术的有意识运用，对农民日常生活中那种较为自然状态的"苦难"和"苦难意识"加以凝聚和提炼，使其穿越农民日常生活的层面，将农民在其生活世界中经历和感受的"苦难"归结提升为"阶级苦"的过程。[2] 然而，由于"家族和乡土观念是古代中国乡村社会意识的重要内容。这种极具封闭性的社会意识深深渗透在乡村社会生活中，构成了乡村政治文化的深层基础，广泛和持久地影响着乡村社会"[3]。因此，当土改工作队进入乡村时，他们发现，"群众对地主仇恨不高，而对顽干、二流子反而恨，贫雇中农间闹小纠纷，诉苦对象多非地主"[4]，"很多佃户诉苦并不积极，甚至出现不少包庇地主的佃户，与地主很有一种惺惺相惜的感觉"[5]。为唤起农民的阶级意识，土改工

① 陈贤滨、王崇文：《简析解放初期龙溪专区农村工作队》，《党史文苑》2012年第9期下半月。
② 郭于华、孙立平：《诉苦：一种农民国家观念形成的中介机制》，《当代中国农村的社会生活》，中国社会科学出版社2005年版，第22页。
③ 徐勇：《非均衡的中国政治：城市与乡村比较》，中国广播电视出版社1992年版，第98页。
④ 葛剑雄：《谭其骧日记》，文汇出版社1998年版，第3页。
⑤ 满永：《政治与生活：土地改革中的革命日常化——以皖西北临泉县为中心的考察》，《开放时代》2010年第3期。

作队普遍在农民中发起诉苦教育。通过"引苦"、"诉苦"、"论苦",激发农民对地主阶级的恨和对农民阶级的爱。

要诉苦,必须事先物色好合适的诉苦人。诉苦人的要求各地并不相同,一般只要具备劳动、贫苦、积极、正派四个条件即可。也有一些地区对诉苦作了较为严格的规定。如苏南农工团对诉苦的要求是:第一,诉苦要出于农民自愿,从农民切身体会的痛苦出发,不能强迫农民去诉苦;第二,诉苦要有对象,掌握材料,打击大地主和恶霸地主,不能一般地诉苦,甚至诉到中农、贫农身上,搞乱阶级阵营;第三,诉苦要约束在政策范围之内,政策上不允许办的事就不要诉;第四,诉苦目的是为了土地改革;第五,诉苦要有党的领导,不能放任自流。①

尽管对诉苦作了一定的要求,但要真正发动农民诉苦,却不是一件容易的事情。各地普遍的做法是:在实行"三同"的基础上,"以感情来开展访贫问苦工作,借助号召'天下穷人是一家',把贫农从一个血缘纽带的道德世界引入到一个阶级纽带的道德世界"②。如湖北省黄梅县刘伏一乡贫农周先益,苦大仇深,是一个比较理想的诉苦对象。于是,土改队员邓茂卿就搬到他家里,与他实行"三同",耐心地给他做工作。开始几天,周先益不予理会,更不愿倾诉苦情。一天雪夜,邓茂卿看见周先益的哑巴母亲只盖一床又薄又破的被子,冻得直打哆嗦,邓就将自己的被子给她盖上。土改队员的这种真情实意,周先益被感动得流下了眼泪。第二天,他就带领全家到大会上诉苦,并大胆地揭露了本族地主的罪恶。③ 海南马岭乡工作队初到黎村工作,群众不肯接近,见该村缺水,便帮忙挖了水井,解决了吃水问题,群众的态度就渐渐改变,亲密地告给许多材料。④

从社会心理学的角度看,由相同的社会地位、相似的态度和价值观的个人组成的群体,在相似的情境中很容易发生相互的情绪感染,一个人的情绪可以引起他人相对应的情绪的发生,而他人的情绪又反过来加

---

① 张一平:《新区土改中的村庄动员与社会分层——以建国初期的苏南为中心》,《清华大学学报》2010 年第 2 期。

② 满永:《政治与生活:土地改革中的革命日常化——以皖西北临泉县为中心的考察》,《开放时代》2010 年第 3 期。

③ 杜润生:《中国的土地改革》,当代中国出版社 1996 年版,第 385 页。

④ 海南省史志工作办公室、海南省档案馆:《海南土地改革运动资料选编（1951—1953）》,第 61 页。

剧了这个人原有的情绪，反复振荡，循环反应甚至激起强烈的情绪爆发。① 由于在诉苦中，无论苦主还是苦情事例中的人物与情节都是农民所熟悉的，往往能够激起贫苦农民的思想共鸣。湖南醴陵县洞江乡在斗争恶霸贺光美时，"他的亲外甥带了另一个被他害死的外甥的三个孤儿在台上哭着问他要爷娘（父母），台下的人更是无一个不流泪"，他们高呼"枪决他"②。镇江江宁东山镇吴天福诉说他种地主三亩田，原来讲每亩120斤，因为他家勤劳耕作，地主就要加租，结果加为200斤一亩，最后还摘了田。夏万林说他被地主剥削得结果将两个弟弟一个妹妹卖的卖了，被人家抱的抱了。通过诉苦，很自然地认识了地主是农民的死敌，划清了农民与地主的界限。扬中县召开第二届农代会时公审伪县长顾先知，一位70多岁的老太诉说她的儿子被砍了18刀时，台上台下泣不成声，农民代表切齿愤恨，表示"一定要坚决消灭地主阶级，完成土地改革，求得真正的翻身"③。正是通过诉苦，成功地将农民"日常生活的苦难"上升为"阶级的苦难"。原来那些受剥削、受压迫的农民，"一下子跳起来变成了要用自己的力量去支配命运的人。当所有被剥削、被压迫的农民作为一个阶级而翻身跳起来的时候，那力量之大就是'排山倒海'不足以形容了。愤怒的火焰燃烧着他们，激烈的斗争就此展开。但是这个斗争并不是随便一伙人的斗争，而是一个阶级的斗争。一伙人的仇恨究竟有限，一个阶级的仇恨那就不是一辈子两辈子的事，而是几十辈子几百辈子累积下来的深仇大恨了"④。

2. 通过"算剥削账"和"谁养活谁"的教育，提高了农民的阶级觉悟。

中国的乡村社会，由于受封建宗法思想的影响，农民的阶级观念非常淡薄。他们习惯于把自己受剥削、受压迫看成是"命中注定"，认为土地归地主所有，自己租地交租是"天经地义"的事；甚至有人认为是地主养活了自己，因为如果地主不租地给穷人种，穷人就会饿死。对

① 周晓虹：《现代社会心理学——多维视野中的社会行为研究》，上海人民出版社1997年版，第327—328页。
② 彭正德：《土改中的诉苦：农民政治认同形成的一种心理机制》，《中共党史研究》2009年第6期。
③ 《镇江专区土地改革工作初步总结（草稿）》，见中共丹阳市委党史工作办公室编《丹阳土改专辑》，1997年，第70页。
④ 仁之：《我在土地改革中所学习的第一课》，《人民日报》1951年5月23日。

于这种思想,冯友兰曾尖锐地指出:"这本来是地主阶级用以欺骗和麻痹农民的思想,可是沿袭久了,有些农民果然就为这些思想所欺骗、所麻痹,觉得打倒地主阶级似乎不很'合理',觉得'理不直,气不壮'。"[1] 正是在这种心理的驱使下,"许多农民虽然经历了很多苦难并身陷于生存危机之中,内心装满了'苦水',却不会将自己所经历的苦难与'剥削'和'阶级对立'联系起来。他们可能会感知到'劳力者'与'劳心者'的区别、'富人'和'穷人'的利益对立,但不会将其视作'阶级'分化,即使有的农民意识到自己与地主有着相反的利益,他们也不会'发现自己作为阶级而存在'"[2]。在此情形下,如何将农民的控诉引导至整体阶级意识层面,则是土改过程中首要解决的问题。

为启发农民的阶级觉悟,各土改工作队在发动农民进行诉苦的过程中,因势利导地组织农民算剥削账。如果说诉苦能激发农民的悲愤和仇恨的话,算账则可以帮助农民认清地主对自己的压迫和剥削。广东新会县大鳌村土改工作队替农民麦耀云算了一笔账:麦耀云耕地主9.8亩田,产谷1600斤,交田赋440斤,借征200斤,学校基金费395斤,联防费220斤,租谷838斤,谷种40斤,肥料300斤,共开支2328斤。每年白贴人工,还亏损728斤。贫苦农民听了后愤恨地说:"丢那妈!真系越算越火滚。"[3] 河南许昌专区各级人民政府在土地改革宣传教育中,通过贫农雇农代表会议等形式,发动农民诉苦,算剥削账,使他们了解"谁养活谁"的道理。舞阳县梁八台乡一个闾的40多户佃户,共租种地主土地240亩,每年被剥削粮食3.1万多斤,够全闾中农、贫农五个半月的口粮。这样一算,农民才明白了地主靠剥削农民生活的真理。[4] 通过"算剥削账",广大农民明白了:地主之所以富,自己之所以穷,根本原因就在于封建土地所有制不合理,地主阶级凭借着霸占的土地,在政治上压迫农民,在经济上剥削农民,他们不劳动或者很少劳动,全部靠剥削农民过日子。自己的贫穷并不是命运八字不好,也不是

① 冯友兰:《三松堂全集》第1卷,河南人民出版社2001年版,第118页。
② 彭正德:《土改中的诉苦:农民政治认同形成的一种心理机制——以湖南省醴陵县为个案》,《中共党史研究》2009年第6期。
③ 莫宏伟:《新中国成立初期的广东土地改革研究》,中国社会科学出版社2010年版,第156页。
④ 新华社:《河南省许昌专区 土改中注意宣传教育 有力地推动了工作的进展》,《人民日报》1950年7月16日。

风水坏，而是长期受地主剥削压迫的结果。

此外，土改工作队还组织农民学习党的土改政策，通过冬学、夜校等民众组织，将政策理念贯彻到日常学习内容中去，从而普遍提高了贫雇农的阶级意识和政治觉悟。

第三，通过打击地主的破坏活动，树立了贫雇农的政治权威。

土地改革的目的在于消灭地主阶级，实现耕者有其田。然而，农民要从地主阶级手中得到土地、财产绝非易事。几千年来统治着农村的地主阶级封建势力，决不会心甘情愿地交出土地，自动退出历史的舞台。尽管此前经过清匪反霸和减租退押运动已对地主进行过几次打击，但仍有部分地主继续顽抗抵赖。

据中南土地改革委员会的报告显示，在各地土改试点的乡村，无一例外地都遇到地主阶级的抵抗与破坏，除了鼓吹"变天"恐吓农民外，还包括：（1）大量分散土地，破坏生产资料，公开地在划其地主成分后，砍伐树木。（2）曲解政策，欺骗群众，隐瞒成分。地主拿上"本本"说："我有政策书，你们敢胡来？""毛主席说过多划一个地主，多一个敌人。"有的乡，地主则硬要群众划他为两个中农，地主说："两个中农还不顶一个地主"，结果划没了地主。（3）指使狗腿流氓，制造假农会，把持一切。上饶县横山乡72个农民代表，其中有24个是伪乡保人员。他们气焰嚣张地向群众说："你们谁离开了保长，叫你们什么工作都不顺利。"（4）利用同族同姓、封建社团，挑拨宗派斗争，甚至公开煽动暴乱（说工作同志不信神，天下不了雨），包围驱逐工作人员。[①]

苏南土地改革中遭遇地主阶级的反对、抗拒、破坏活动，曾经有三次高潮。第一次是在 1949 年秋冬，农村工作团（队）刚刚下乡，地主阶级到处散播"苏南无封建"等谬论，妄图否认苏南农村封建剥削土地关系的存在，抹杀农村的阶级斗争。第二次是在 1950 年 6 月《中华人民共和国土地改革法》颁布后，地主阶级一面转移和破坏应被没收的土地、财产，如分散土地、砍伐树林、宰杀耕畜、破坏农具和转移多余的粮食等，一面又对《土地改革法》中某些个别条款，断章取义，如

---

① 《中国的土地改革》编辑部等：《中国土地改革史料选编》，国防大学出版社 1988 年版，第 691 页。

有意强调反对"乱打、乱杀",借以恫吓干部,威胁农民。第三次是在1950年秋后,美帝国主义扩大侵朝战争,这时地主阶级的破坏活动达到顶点。他们以为有机可乘,大肆造谣,说什么"第三次世界大战爆发了","蒋介石要回来了",采取各种方式进行顽强抵抗,甚至在经过土地改革的一些地区,拔标撕榜,夺回土地,殴打得田农民,暗杀基层干部,明目张胆地进行反攻复辟。① 另据中共常州地方委员会对武进县农村调查统计,地主的破坏活动花样繁多:(1)用美人计的,如一村地主陈某某老婆平常用小恩小惠(少数粮食种子)拉拢干部何某,又通过肉体关系来迷惑他以致土改中帮地主偷运稻八担。土改后又借牛给地主用,并用小车推地主女人到常州看电影;如三村地主倪某老婆用肉体关系拉拢小组长倪某良(地主即在他组内),以达到随便出去不请假的目的。(2)用威胁的,如一村地主周某某看到二户佃农周银根、王传大搬进分得他家的房子时,不甘心,企图将其赶出,便在半夜大喊大叫,并放谣说周银根要强奸她老婆,结果王传大怕地主污蔑他而搬走了。(3)骂干部群众的,如一村地主周某某老婆看到周银根割着分到他家的麦子,便说:"我劳动出来的麦子却叫穷人惬意";又如三村地主张某某在没收他家财产时说:"前人栽树后人乘凉。"(4)拿回没收财产的,如三村地主倪某某老婆将分给群众的木料及牛圈木栏等拿回;其他的如七村地主金某某等也有同样情形。(5)软化干部,如二村地主吴某老婆为逃避交多余粮食跪哭乡长,尤其是六村地主戴某大女儿竟跑到乡政府向领导哭诉。(6)收买拉拢干部,如四村地主谢某老婆用六分公债收买代耕队长谢某某要求说情照顾,但谢并未上她的当,立即将公债券送交乡政府。(7)不服从管制,如五村地主张某某不但经常睡在茶店里逍遥自在,还乱骂干部说:"他们评我地主也就是看我的房子好。"其他如抗交粮食、契田单等也不在少数。总之,全乡地主除二户逃走及二户无劳动力外,其他19户地主中,用美人计的两户,拿回没收财产的三户,威胁者一户,收买拉拢者二户,不服从管制者五户,软化干部的三户,共十七户,占地主总户数的70.5%。②

① 欧阳惠林:《苏南新解放区土地制度的改革》,见中共丹阳市委党史工作办公室编《丹阳土改专辑》,1997年,第123页。

② 中共常州地方委员会办公室:《本委工作队关于武进县农村经济调查总结报告》,江苏省档案馆藏档,3042—2—24。

据西北局提供的资料，不法地主的反抗方式有：（1）造谣惑众，这是最普遍的。（2）转移土地及其他财物。咸阳双照区六乡地主王倬将自己的新车向亲近的农民换了一辆破车，三原长溪区五乡地主李芝甫转移了很多家具，北嵯区二乡地主李有财卖地五亩，还准备卖牲口。（3）破坏森林。鄠县沿山一带有些地主砍伐了大批树木。（4）挑拨农民内部团结，模糊群众阶级观点。长安王曲区部分地主勾结遣散回乡的敌伪军官和群众对立；杜曲区九乡地主许志义利用狗腿在群众中散布他的"恩德"，企图减轻群众对他的仇恨。（5）毒打干部。长安北区二乡寺坡村农会主任赵珂，工作积极，被暴徒打伤头部、腰部，昏迷不醒。此外，群众对于某些地主家内藏有枪支，也有顾虑；长安县等地都曾发现地主和敌特分子秘密开会，长安书曲区三乡更发生过坏人夜间向我驻军哨兵开枪。[①]

1950 年 10 月，《人民日报》发表社论，揭露地主破坏土地改革活动的主要方式是：（1）分散土地及其他应被没收的财产。他们将这些财产，或则廉价出卖，挥霍浪费；或则转移到兼营的工商业中以逃避没收；或则"分赠亲友"；或分散给其老佃户、老长工，明分暗不分或假分；或暂行分散，待土地改革过后再胁迫退回，以此造成土地改革执行中的困难，并挑拨农民内部的团结。（2）破坏生产。如杀害耕牛，毁坏农具，拆毁房屋，砍伐山林，破坏水利，甚至在地里放盐，使田地不能耕种。（3）以金钱女色收买干部和农民积极分子，派狗腿子和代理人钻入农民协会进行破坏。（4）散布谣言，蛊惑农民，以致阴谋杀害乡村干部和农民积极分子，组织武装暴乱等。[②]

地主的反抗行为引起了政府的高度重视，为惩治不法地主的犯罪活动，保证土地改革秩序和保护人民的生命财产安全，各大区先后颁发了惩治不法地主的单行条例，如华东区于 1950 年 9 月 19 日第 28 次行政会议通过了《华东惩治不法地主暂行条例》；同年 11 月 15 日，西北军政委员会颁布了《惩治不法地主暂行条例》；11 月 16 日，中南军政委员会第 31 次行政会议通过《中南区惩治不法地主暂行条例》；12 月 13

---

① 《中国的土地改革》编辑部等：《中国土地改革史料选编》，国防大学出版社 1988 年版，第 701—702 页。

② 《严厉制裁不法地主破坏土地改革的罪行》，《人民日报》1950 年 10 月 21 日。

日,西南军政委员会第 14 次会议通过《西南区惩治不法地主暂行条例》。上述各暂行条例的内容大同小异,以《华东惩治不法地主暂行条例》为例,从三个层面对破坏土改的地主判罪:(1)凡以出卖、出典、赠送、假卖、假典、假分家等方式,分散转移、隐瞒土地者;在减租期间,以不法手段夺佃、抽屋,致使农民遭受损失者;拆卖房屋者;砍伐树木者;杀害或故意饿死耕畜者;破坏农具或农作物者;故意荒芜土地者,视其情节轻重,处以当众悔过、劳役或一年以下徒刑。(2)凡造谣惑众,挑拨农民与人民政府之间的关系,致发生严重影响者;以不法行为,假借农会组织径行分配土地,或篡夺操纵乡村政权者;挑拨离间,制造农民内部纠纷,引起宗派斗争,致人民的财产损失或身体伤害者;以财物或其他不正当方法,贿赂引诱他人为其包庇者;以威胁利诱欺骗等手段,侵夺农民已分得之土地财产者,按情节轻重,处一年以上五年以下徒刑。(3)凡为首组织土匪武装或勾结匪特武装,反抗人民政府,杀害农民,或其他重大危害农民利益者;为首组织或利用封建迷信团体,实行暴动,危害农民,或其他重大危害农民利益者;狙击或暗杀农民及工作人员,因而致重伤或死亡者;以爆破放火等手段,烧毁房屋、粮食、破坏山林或水利建设,因而造成人民生命财产之重大损失者;为首聚众,以强暴胁迫手段,干涉农民运动而致人死亡或有重大破坏行为者,判处死刑或十年以上徒刑。①

对有严重破坏活动而又继续顽抗抵赖的地主,各地政府根据政策法令的相关规定进行了惩治和镇压。据苏北区委员会提供的资料,到 1951 年 2 月 27 日,共逮捕 6730 人,其中地主恶霸占 27%,顽伪分子占 20.3%,特务分子占 15.5%,土匪占 8%,反动会道门占 8%,其他占 23.6%;杀了 1100 人,其中地主恶霸占 23.68%,顽伪分子 23%,特务 18.56%,土匪 17.8%,反动会道门 0.54%,其他 16.5%。② 另据镇江专区的统计,自 1950 年 11 月至 1951 年 3 月 10 日共逮捕恶霸、不法地主、匪特等罪犯 7735 人,其中镇压 716 人,判徒刑 2438 人,交保释放 2517 人,交群众管 1366 人,转送 646 人,有 2187 人尚待处理。

---

① 《华东惩治不法地主暂行条例》,《陕西政报》1950 年第 6 期。
② 《中国的土地改革》编辑部等:《中国土地改革史料选编》,国防大学出版社 1988 年版,第 716 页。

地主阶级的土地财产，一般的都依法彻底没收了，新中国成立后破坏、转移的土地财产也大多追回或赔偿。现在地主不敢再明目张胆、肆无忌惮地进行破坏活动。表示："还是安分些好，要分就分，要赔就赔，何必斗争？何必送人民法庭？"有的在干部面前讨好、邀功，有的自动要求坦白检讨，"自愿"拿出田契，"情愿"分配。不少地主在群众监督、督制下开始劳动生产。秋征中地主尾欠的很少。[①]

在惩治不法地主的过程中，各地都采取了"坚决斗争，区别对待"和"守法者宽，违法者严"的政策。对少数顽强抗拒的恶霸地主，及时主动抓捕，交人民法庭依法予以审判惩办。一般的地主，则采取召集讲话和座谈会方式，反复进行教育，并对他们提出具体要求，如强制劳动，早睡早起，砍柴、拾粪、挑担；不准远出，外出请假；来客报告；禁止开会，造谣要办；抽查户口，或临时集合点名等。

对不法地主的斗争，目的在于通过揭露他们对抗和破坏土改的罪恶事实教育农民，为土地改革扫清障碍。为此，各地普遍根据不同的地主对象，放手发动群众，采用了控诉会、讲理会和人民法庭审判等各种斗争方式。农民在土改中对地主进行了激烈斗争，诉苦会、批斗会接连不断。据统计，仅苏南区全乡性以上的联合斗争大会就有 13609 次，675万人参加了斗争行列，上台控诉的达 151412 人。[②] 由于反封建斗争的激烈展开，农村中各阶层都被带动了起来。过去从不或很少到场开会的中农也都先后投入了土改斗争的浪潮；一些与地主有亲戚关系的人也纷纷表示要同他们划清界限；甚至一些农村中的宗教神职人员也被发动起来。江苏省奉贤县刘墩乡石驳村的天主教徒说："过去我们受欺骗，现在不能再落后。"有两个贫农教徒，自动交出为地主隐藏的财物，全村25 户天主教徒，全部参加了反对不法地主的斗争。[③]

经过这样的政治斗争，一方面打击了地主的嚣张气焰，摧毁了地主封建势力的政治统治和政治权威。另一方面，通过放手发动群众，进行思想动员，提高了农民的阶级觉悟，提升了贫雇农的政治地位。农民自

---

① 《镇江专区土地改革工作初步总结（草稿）》，见中共丹阳市委党史工作办公室编《丹阳土改专辑》，1997 年，第 61—62 页。

② 张一平：《地权变动与社会重构——苏南土地改革研究（1949—1952）》，上海世纪出版集团 2009 年版，第 152 页。

③ 杜润生：《中国的土地改革》，当代中国出版社 1996 年版，第 388 页。

豪地说:"以前是地主的天下,现在是我们的世界。""过去见了地主,人要矮三尺,现在见了地主,头要高三寸。"①

（二）中农的心理

中农许多都占有土地。有些中农只占有一部分土地,另租入一部分土地。有些中农并无土地,全部土地都是租入的。中农自己都有相当的工具。中农的生活来源全靠自己劳动,或主要靠自己劳动。中农一般不剥削人,许多中农还要受别人小部分地租、债利等剥削。但中农一般不出卖劳动力。另一部分中农（富裕中农）则对别人有轻微的剥削,但非经常的与主要的。这些都是中农。② 土改之初,中农在农村人口中占 20%—30% 左右。中农对土改的态度是"中间大,两头小",即绝大部分中农服从土地改革,但不积极,只有一部分中农积极支持土改,有一部分中农对土改表示不满。具体而言,主要表现在如下几方面:

第一,袖手旁观的消极心理。

"土地改革的基本内容,就是没收地主阶级的土地,分配给无地少地的农民。"③ 因此在土地改革运动中,贫雇农和部分中农是最大的受益者,他们不仅分得了渴望已久的土地,而且获得了大量的生产资料和生活资料。如据中共湖南省委农村工作部的统计,全省共没收和征收土地 2648 万亩,占耕地面积的 48%;没收耕牛 29 万头,房屋 472 万多间,农具 250 万余件,粮食 22 亿 4117 万斤。在土地改革复查中又获得了一批胜利果实。据 3751 个乡统计,在土改复查中没收土地 28 万多亩,房屋 19 万多间,耕牛 9400 多头,农具 142 万多件,粮食 93 万多斤。这些胜利果实,全部分给了雇农、贫农和佃中农,基本上解决了农民没有土地和缺生产、生活资料的问题。而相比之下,中农虽有反封建的要求,但多数中农④并没有从土改中获得更多的土地、生产资料和生

---

① 薛晓春:《向封建土地所有制宣战——丹阳县土地改革运动纪实》,见中共丹阳市委党史工作办公室编《丹阳土改专辑》,1997 年,第 170 页。

② 中共中央文献研究室:《建国以来重要文献选编》第 1 册,中央文献出版社 1992 年版,第 385 页。

③ 刘少奇:《关于土地改革问题的报告》,《人民日报》1950 年 6 月 30 日。

④ 中农主要有两种情况,一种是自己有充足的土地,而且超过了当地的人均占有数,这种人家不参加土地分配。另一种情况是有充足的生产工具,生活较富裕,但田地较少,达不到当地人均占有土地水平,对这类人家按政策补足不到人均数的土地。

活资料，因而对土改持"分田与我没有多大关系"的消极思想。如中南地区不少乡村农协的领导权为中农所掌握，他们在工作中出现了瞒田，降低成分，不主张斗争，愿意和和平平办事的现象，并向贫雇农说："我们分不到地，只能帮助些，你们自己要起来。"① 江苏吴县保安乡一部分自耕中农认为自己的土地不进不出，因而抱无所谓态度。"土改是工作队的事，工作队要土改，我们就土改，工作队说不改就不改，这不关我们什么事，全由工作同志做主张。"② 无锡县梅村区梅村镇十六村中农许孝友说："分田与我不相干，不关我的事。""我弗进弗出，叫我开会我就去，弗叫我就罢。"③ 宁夏中宁六区二乡一个中农说："苦了好几个月，啥也没分到。再开会，轿子抬我也不去。"④ 上海郊区的中农对土地改革也很冷淡。洋径有的中农说："土改后我还是我，开会开出头了。"⑤

第二，嫌贫妒富的失衡心理。

对于将地主的土地分给贫雇农，一些中农有看法：他们认为贫雇农分地主的土地是"不劳而获"，有的二流子好吃懒做，把自家田卖了，却想分别人的田，而他们自己一辈子辛辛苦苦才挣得几亩田地。于是，一种严重的心理失衡感涌上心头。如江苏吴县保安乡一个中农说："人家省吃俭用起了家，现在要土改，要分他的地，是不应该的。穷人都是浪吃浪用穷了的。"⑥ 无锡县梅村区香平乡十村群众上了三张呈文给乡政府要把一个二流子华根泉赶出去，不肯给他登记。四村中农强耀其说："分给穷人我俚是情愿的，可是分给这些二流子，我俚不情愿。""贫农贪吃贪懒做把自田卖了想拆田，我伲不愿分给他。"⑦ 同样微妙的心态也表现在他们对待富农的态度上。一些中农对不动富农的政策想不

①　《中国的土地改革》编辑部：《中国土地改革史料选编》，国防大学出版社1988年版，第692页。

②　莫宏伟：《苏南土地改革研究》，合肥工业大学出版社2007年版，第240页。

③　中共苏南区委员会：《无锡、武进、镇江等各地关于各实验乡土改工作报告》，江苏省档案馆藏档，7006—3—359。

④　卢活力：《宁夏土地改革见闻》，宁夏政协网，www.nxzxb.gov.cn/6/2007—3—28/150012@1718.htm。

⑤　《上海郊区土地改革史料选辑》（中），《档案与史学》2000年第4期

⑥　莫宏伟：《苏南土地改革研究》，合肥工业大学出版社2007年版，第243页。

⑦　中共苏南区委员会：《无锡、武进、镇江等各地关于各实验乡土改工作报告》，江苏省档案馆藏档，7006—3—359。

通，江苏吴县新合乡一个中农说:"富农不动，真是天晓得。"无锡县梅村区一个中农在农民代表会上说:"富农不分，分我中农的田。富农也分才合理，穷人才有田种。"中农吴伟提了一个提案给代表会说:"富农要分，大家平均，不然穷人没田分。"①

第三，忧惧不安的心理。

部分中农由于对党的土改政策不理解，因而存在忧惧不安的心理。主要表现在:一是怕土改会侵犯到自己的利益。镇江专区有的中农认为富农不动，恐怕就要动到中农的头上来。如中农陈永龙将自耕田3亩分给已出继的儿子，以免被别人分掉。②佃中农一般把租田认作自田，怕抽动其佃入土地。如无锡梅村区香平乡有灰肥田的中农有怕抽田的顾虑，怕平分，怕把灰肥田全部抽出去。③二是无可奈何。如梅村区香平乡中农强伯泉说:"要没收地主的租田，这是政府的命令，没办法只好拿出去。"杨正兴说:"大局如此，大家都拿出来，我也只好拿出来，不过土改后田少了怎么办?"强耀其说:"我种地主八分佃田，现在都要抽出去，我们只有两个人，有得劳动也没法去劳动。"五村中农说:"我的田怎么办? 这是有佃地主田的。"八村中农格金祥说:"每年有两根柴烧烧，现在可没有了。"华阿纪的妻子说:"我是寡妇，不希望抽出，也不希望分田，希望农会帮帮忙。"④三是怕被评为地主和富农。如江苏无锡县香平乡一个中农对村长说:"你们评成分的时候帮帮我的忙，不要评我为地主。"方湖乡少数富裕中农及中农有穷光荣的思想，认为肥田不多，生活也很苦，被评为富裕中农或中农，将来受不到照顾，还要多出公粮。⑤此外，中农还有五怕，即怕负担重、怕贷不到款、怕雇贫农牌子硬、怕春荒借粮、怕抽佃田。

当然，也有部分中农因为过去受过地主的压迫剥削而积极拥护和支持土改的。如无锡梅村区荆福乡吕雄山说:"中农也种租田受压迫的，土改我侬也翻身解放，大家团结打倒地主痞阿根，说土改要靠得牢，佃

---

① 中共苏南区委员会:《无锡、武进、镇江等各地关于各实验乡土改工作报告》，江苏省档案馆藏档，7006—3—359。

② 莫宏伟:《苏南土地改革研究》，合肥工业大学出版社2007年版，第240页。

③ 中共苏南区委员会:《无锡、武进、镇江等各地关于各实验乡土改工作报告》，江苏省档案馆藏档，7006—3—359。

④ 同上。

⑤ 莫宏伟:《苏南土地改革研究》，合肥工业大学出版社2007年版，第242页。

田应抽就抽，变成自由田，不受地主气了，自由了。"①

此外，也有一些中农租种了数十年地主的地，如今要抽出去，舍不得肉痛，并因此对党的土改政策表示不满。吴县浒关区中农丁老木说："拿出我的田，我要饿死的。你们自己起劲，分我穷人的田。我种7.7亩田，还不够吃，分了田，不能过活哉。最好你们用枪来打死我，可以多分点田。好处得不到，得到跌跟头。"②看到贫雇农分田积极，有的佃中农讽刺贫农："你这样积极，毛主席要买口棺材送给你。"③吴县浒关区阳东乡朱新海说："都说中农勿动，田要拿出去格，看大家吧。横竖人民政府人人怕格。"通安乡北窑村孔根大说："我侬中农真正上当哉，单说农会团结了贫雇中农，打倒地主，勿晓得打到自家身上。"④新合乡华山村佃中农王长春起初说："分田分田分到我侬头来哉，我根本就反对土改。土改在穷人才喜欢。我根本就不欢喜。"经再三打通思想，他说："这是毛主席的法令，这是没办法的，不通亦要通。"接着他又出了一花样，以前他有11亩押给王水龙种，后赎回自种，尚欠一部分租金未退回。现在他就想拆回给王长龙，避免调剂。后又想把宅基0.5亩登在邻居王老太名下，以便减少调剂。最后他又想领邹士宝的儿子做女婿，分一份田。⑤海南文昌县有的中农认为分田、分果实自己不得，情绪冷落，甚至租入的租田被抽出，认为是利益损失，说贫雇翻身，中农不翻身，对满足贫雇填坑补缺的分配原则思想有抵触。⑥

由上可见，中农在土地改革大潮中的心态是复杂的。中农在农村人口中占有一定比例，他们对于土改的态度是土地改革能否顺利进行的关键。对此，党在土改伊始就有明确的认识，提出要保护中农。1950年，《土地改革法》将新中国成立前土改中严重侵犯中农利益的"按人口彻

---

① 中共苏南区委员会：《无锡、武进、镇江等各地关于各实验乡土改工作报告》，江苏省档案馆藏档，7006—3—359。

② 中共苏南区农村工作委员会：《关于吴县浒关区、金坛县白塔区、太仓县岳王区、金山县新闸区土地分配没收工作的调查总结材料》，江苏省档案馆藏档，7006—3—355。

③ 中共苏南区农村工作委员会：《苏南农协、农工团各种会议记录》，7006—3—244。

④ 中共苏南区农村工作委员会：《关于吴县浒关区、金坛县白塔区、太仓县岳王区、金山县新闸区土地分配没收工作的调查总结材料》，江苏省档案馆藏档，7006—3—355。

⑤ 同上。

⑥ 海南省史志工作办公室、海南省档案馆：《海南土地改革运动资料选编（1951—1953）》，第119页。

底平分土地"改为"保护中农(包括富裕中农在内)的土地及其他财产不得侵犯"。《土地改革法》不但保护了一般中农的利益,而且对农村中的佃中农也给予照顾,规定:"原耕农民租入的土地抽出分配时,应给原耕农民以适当的照顾,应使原耕农民分得的土地(自有土地者连同其自有土地在内)适当地稍多于当地无地少地农民在分得土地后所有的土地。"这个照顾,可以使佃中农在抽出他们租入土地时不受或少受损失,从而使中农的利益得到了切实的保护。

另外,中农是介于富农与贫雇农之间的一个阶层,党对富农的政策将直接影响到中农心态的稳定。本着"富农放哨,中农睡觉"的原则,党在土地改革中采取了保存富农经济的政策,并在《土地改革法》中以法律的形式确立下来,极大地稳定了中农的情绪,中农对此普遍表示欢迎,如有的中农在听到《土地改革法》不动富农土地的规定后,打消了怕将来变成富农而被平分的顾虑,生产开始积极起来。有的中农愉快地说:"富农都不动了,我们睡觉都安稳。"①"过去说不动中农,总是不信,现在说不动富农,我放心了。"②

为了进一步消除中农的疑惧,各地在农民中广泛宣传解释党和政府的政策法令。同时,在建立农会时,还注意吸收中农参加。各地还结合土改每一步骤的要求和内容,对包括中农在内的农村各阶层群众进行政策教育、爱国教育、形势教育和阶级教育。通过这样一些步骤,中农的疑虑逐渐消失,生产情绪普遍提高。

(三)富农的心态

富农一般占有土地,但也有自己占有一部分土地,另租入一部分土地,也有自己全无土地,全部土地都是租入的。一般都占有比较优良的生产工具及生活资本,自己参加劳动,但剥削为其生活来源之一部或大部。富农的剥削方式,主要是剥削雇佣劳动(请长工)。此外兼以一部分土地出租剥削地租或兼放债或兼营工商业。富农多半还管公堂。有的占有相当多的优良土地,除自己劳动之外,并不雇工,而另以地租、债利等方式剥削农民。富农的剥削是经常的、许多的并且

---

① 杜润生:《中国的土地改革》,当代中国出版社1996年版,第290页。
② 罗平汉:《土地改革运动史》,福建人民出版社2005年版,第366页。

是主要的。①

中国的富农，不同于资本主义国家的农场主或沙皇俄国的富农，它是中国传统农业和近代社会历史条件的产物。这个阶层人数不多（据中南各省土改复查后对新解放区 100 个乡典型调查，土改时富农户数占农村总户数的 2.85%，富农户人口占农村总人口的 3.77%），在经济上也不十分重要。但是对它采取怎样的政策，却对农民中的其他阶层（中农特别是富裕中农、贫农、雇农）、地主阶级以及城市里的资产阶级有十分重要的影响。② 由于富农在农村中的这种特殊地位，如何正确对待富农问题，历来是中国共产党关注的重大问题。

国民革命时期，由于中国共产党处于幼年时期，对中国国情认识不足，因而对富农的经济占有、剥削方式、政治态度等问题，还没有形成明晰的认识。1927 年 3 月，毛泽东在《湖南农民运动考察报告》中指出"农民中有富农、中农、贫农三种"③。在这里，毛泽东首次提出了"富农"的概念，但认为富农对农会和革命的态度始终是消极的。

1928 年 6、7 月间，中共六大通过了《土地问题决议案》、《农民问题决议案》等文件，认定富农是农村资产阶级，"剥削雇农的方法，便开始成为富农的主要经济特点。""农村资产阶级（富农），一方面实行雇用工人（雇农），另一方面仍旧要出租田地，而且还要经营商业和高利盘剥。"④"他往往是农业企业和工商业企业的剥削雇佣劳动的人，或者同时又将其土地的一部分出租，以通常残酷的形式来剥削佃农，或以高利贷来剥削一切贫农。"⑤ 因此，党不应该放弃对于富农的阶级斗争，但农民与地主阶级的矛盾是主要矛盾。"在富农还没有消失革命的可能性，因军阀官僚的压迫而继续斗争的时候，共产党应企图吸收富农于一般农民反军阀反地主豪绅的斗争之内。当富农动摇于革命与反革命之间的时期，在不妨碍贫农雇农斗争范围之内，党不应该故意加紧对富农的

---

① 新华社：《政务院关于划分农村阶级成分的决定》，《人民日报》1950 年 8 月 21 日。

② 薄一波：《若干重大决策与事件的回顾》上卷，中共中央党校出版社 1991 年版，第 112 页。

③ 《毛泽东选集》第 1 卷，人民出版社 1991 年版，第 19 页。

④ 中央档案馆：《中共中央文件选集》第 4 册，中共中央党校出版社 1989 年版，第 344 页。

⑤ 同上书，第 356 页。

斗争,使其更快地转入反革命方面去,而变为革命的积极的仇敌。党在目前阶段中的任务,乃在使这种富农中立,以减少敌人的力量。"① 然而中共六大关于富农问题的决议却受到了苏共的指责,1929 年 6 月,共产国际给中共中央来信,认为中共六大对中国的富农状况作了错误的分析,认为中国的富农,在大多数情况下都是小地主,要求中共对富农进行坚决无畏的残酷无情的斗争。② 随后,即 1929 年 9 月,中共中央提出了反对富农的主张,"党的策略决不应企图联合富农在反对封建势力的战线之内,而应坚决地反对富农"③。1931 年 12 月,《中华苏维埃共和国土地法令》作出了没收富农"多余的房屋、农具、牲畜及水磨油榨"等财产的规定。

遵义会议后,随着中日矛盾成为中国社会的主要矛盾,中共中央改变了对富农的政策,以扩大抗日民族统一战线。1935 年 12 月,毛泽东签发《中华苏维埃共和国中央执行委员会关于改变对富农政策的命令》,规定"富农之土地,除以封建性之高度佃租出租于佃农者,应以地主论而全部没收之外,其余富农自耕及雇人经营之土地,不论其土地之好坏,均一概不在没收之列"。"富农之动产及牲畜耕具,除以封建性之高利贷出借以剥夺农民者外,均不应没收。""在实行平分一切土地之区域(乡、区),富农有与普通农民分得同样土地之权。"④ 1942 年 1 月,中共中央通过《关于抗日根据地土地政策的规定》,指出:"富农的生产方式是带有资本主义性质的,富农是农村中的资产阶级,是抗日与生产的一个不可缺少的力量。""党的政策,不是削弱资本主义与资产阶级,不是削弱富农阶级与富农生产,而是在适当地改善工人生活条件之下,同时奖励资本主义生产与联合资产阶级,奖励富农生产与联合富农。但富农有其一部分封建性质的剥削,为中农贫农所不满,故在农村中实行减租减息时,对富农的租息也须照减。在对富农减租减息后,同时须实行交租交息,并保障富农的人权、政权、

① 中国人民解放军政治学院党史教研室:《中共党史参考资料》第五册,1974 年,第329 页。
② 中国社会科学院:《第一、二次国内革命战争时期土地斗争史料选编》,人民出版社1981 年版,第 224 页。
③ 中央档案馆:《中共中央文件选集》第 5 册,中共中央党校出版社 1990 年版,第 454页。
④ 《毛泽东文集》第 1 卷,人民出版社 1991 年版,第 374—375 页。

地权、财权。"① 保护富农经济的政策，使富农经济得到发展，产生了吴满有等一批劳动英雄。

抗日战争胜利后，随着国共关系的进一步恶化，为发展生产，更为争取群众对即将爆发的革命战争的支持，中共中央对富农实行了保护政策。1946 年 5 月 4 日，中共中央颁布《关于反奸清算与土地问题的指示》（即《五四指示》），规定："一般不变动富农的土地。土地改革时期，由于广大群众的要求，不能不有所侵犯时，亦不要打击得太重。应使富农和地主有所区别，应着重减租而保全其自耕部分。如果打击富农太重，即将影响中农发生动摇，并将影响解放区的生产。"② 然而《五四指示》关于富农的政策并没有得到贯彻实施，很多地方出现了没收富农土地财产的现象，引发了富农的不满。鉴于上述情况，毛泽东虽然认为"一般不动富农"的规定是正确的，但考虑到贫雇农的土地要求，中共中央于 1947 年 10 月制定颁发的《中国土地法大纲》，即规定了"实行平分一切土地并征收富农多余财产"的政策。

由上可见，民主革命时期中国共产党的富农政策，除了抗日战争时期联合富农外，其他时期实际上都是打击或消灭富农的。

新中国成立后，鉴于过去的经验教训以及为了适应广大新解放区土地改革的需要，中国共产党决定改变过去的富农政策。1950 年 6 月，《中华人民共和国土地改革法》颁布后，新解放区开始了轰轰烈烈的土地改革运动。与以往相比，新区土改的一大特色就是保存了富农及富农经济。"保存富农经济的目的，主要是为了更好地保护中农，保护农民积极生产的情绪。同时，可以争取富农在土地改革中保持中立态度，便于孤立地主阶级。如果侵犯了富农经济，不但会影响农民的生产积极性，而且会增加农民的敌人，因而也就增加了土地改革的阻力，这对土地改革是很不利的。在过去，在人民革命战争中，当战争胜败还没有决定的时候，富农还不相信人民能够胜利，他们还是站在地主阶级和蒋介石一边，反对土地改革和人民革命战争。现在形势

---

① 中央档案馆：《中共中央文件选集》第 13 册，中共中央党校出版社 1991 年版，第 282 页。

② 中央档案馆：《解放战争时期土地改革文件选编（1945—1949）》，中共中央党校出版社 1981 年版，第 2 页。

完全不同了，人民革命战争已取得了胜利，富农的政治态度，一般的也比过去有了改变，只要我们实行保存富农经济的政策，是能够争取富农中立的。所以，在土地改革中，采取保存富农经济的政策，不论在经济上和政治上都是必要的，是对广大农民有利的。"① 正因如此，《土地改革法》明确规定："保护富农所有自耕和雇人耕种的土地及其他财产，不得侵犯。富农所有之出租的小量土地，亦予保留不动；但在某些特殊地区，经省以上人民政府的批准，得征收其出租土地的一部或全部。"② 按照这个政策，不仅富农的自营土地可以不动，其他的生产资料也受到保护，而且对于富农出租的小量土地，也是有条件地征收，即只在少数地区实行。

可见，"保存富农经济"政策无疑给广大富农吃了定心丸。然而即便如此，由于对中共政策和自身命运的不确定，富农阶层的心态也各有不同。

第一，对党的政策有疑惧。

如前所述，党在新区土改中采取了保存富农经济的政策，然而，由于党在历史上对富农政策曾多次反复，很多富农对党和政府并没有足够的信心。如无锡县梅村区荆福乡浦维清说："共产党说话不算数，去年渡江说借粮，说是还的，结果不还。"③ 对不动富农土地，部分人还存在怀疑，认为"现在要他们多生产，政府好多收，累进粮，将来还要分他们的田"④。天津专区各县积极宣传土地改革中保存富农经济的政策，但仍有富农抱着怀疑态度。永清县安堡村富农傅龙雄就在继续变卖房屋土地。⑤ 吴县湖南乡一个富农生产不起劲，怕多收了交粮重，他认为共产党说的多收不多交不一定可靠，改了地主就要改富农了。许多富农认为"现在不动，将来征起粮食来就动"，还有人听信谣言，认为"共产

① 《中国的土地改革》编辑部等：《中国土地改革史料选编》，国防大学出版社1988年版，第760页。
② 新华社：《中华人民共和国土地改革法》，《人民日报》1950年6月30日。
③ 中共苏南区委员会：《无锡、武进、镇江等各地关于各实验乡土改工作报告》，江苏省档案馆藏档，7006—3—359。
④ 中共苏南区委员会：《苏南第一届农民代表大会思想调查、讨论记录》，江苏省档案馆藏档，7006—3—239。
⑤ 齐心：《天津专区各县 深入宣传保存富农经济政策》，《人民日报》1950年8月24日。

党规定有步骤地消灭封建，一定是第一步斗地主，第二步斗富农"①。还有人认为："富农不动是为着土改后多征粮，三年后还要再来一次土地改革。"② 江苏青浦县盈中乡南安村富农浦永先担心"迟早要共产，土地要归公"，因此，上城学簿记，预备转行。③

第二，怕"冒尖"、"露富"的心态。

在传统乡村社会里，土里求财是人们致富的主要手段。土地改革实行后，虽然富农"每人所保有的土地，一般仍相当于当地每人占有土地平均数的二倍。有些地方，对富农的小量出租土地也未征收，仍予保留"④，但仍有部分富农对进一步发展生产心存顾虑。一是"怕背'剥削'包袱，不敢雇工，怕再土改，怕多出负担"⑤。二是怕提升为地主，使自己成为斗争的对象。如无锡县梅村区香平乡富农华某某怕被划为地主，找到干部说：愿意拿出田。他拉拢八村干部华文良，华文良生病时，他连夜赶去。过后他偷偷地把华文良拉到房间里对他说："我是啥格成分？"华文良说："不晓得。"他又说："你们干部里头总要评的。"华说："我们有八项纪律，就是评了也不告诉你。"他又说："我们是自己人，请帮帮忙。"⑥ 由于怕被升为地主，富农失去了过去的那种精耕细作、埋头苦干的生产热情和发家致富的强烈愿望。如江苏江宁县麒麟乡第三村有两户富农怕升为地主，怕二次土改，不敢雇工，生产消极，产量比土改前降低11%。江宁县麒麟乡富农陶定栋死了一个劳动力，不愿雇工，献出9.2亩好田给民校做公田。江宁县麒麟乡富农蔡兴林出租19.1亩好田给干部群众，不敢收租。⑦ 另据中共粤中区委员会调查组

---

①　中国社会科学院、中央档案馆：《1949—1952 中华人民共和国经济档案资料选编·农村经济体制卷》，社会科学文献出版社 1992 年版，第 107 页。

②　罗平汉：《土地改革运动史》，福建人民出版社 2005 年版，第 366 页。

③　中共江苏省委农村工作委员会：《江苏省农村经济情况调查资料》，江苏省档案馆藏档，3040—1—6。

④　中国人民大学中共党史系资料室：《中共党史参考资料》（七），人民出版社 1980 年版，第 219—220 页。

⑤　石岩：《为美好生活而奋斗　京郊土改后农民劳动实况》，《人民日报》1950 年 7 月 9 日。

⑥　中共苏南区委员会：《无锡、武进、镇江等各地关于各实验乡土改工作报告》，江苏省档案馆藏档，7006—3—359。

⑦　中共江苏省委农村工作委员会：《江苏省农村经济情况调查资料》，江苏省档案馆藏档，3040—1—6。

对广东省新会县北洋乡的经济调查,"土地改革后,富农的经营方式主要是自耕土地。根据调查,仅有 1 户出租土地,出租土地 0.625 亩,占出租土地总数的 0.351%。他们不敢公开请工或放债,生产情绪也不稳定,怕露富,怕提升阶级。38 户中,生产搞得好的有 14 户,占老富农总户数的 36.84%;生产一般的有 14 户,占老富农总户数的 36.84%;生产搞得不好的有 10 户,占老富农总户数的 26.31%"①。

第三,政治心理上的谨慎态度。

土地改革运动后,由于采取了保存富农经济的政策,因此富农的经济实力并没有被削弱。富农成为土改后乡村社会经济上最有实力的阶层。虽然富农在土改中的经济地位没有动摇,但由于其只不过是共产党"中立"的对象,因此,在政治上有被逐步边缘化的趋势。农民协会既是村民自治组织,又是土地改革中的合法执行机关。其主要领导人在贫雇农中挑选。如据湖南省统计,到土改结束时新建的 13274 个乡中,9443 个乡的乡长、乡农办主席、团支书、民兵队长、妇女会主任等主要干部 47215 人,95% 以上是翻了身的农民。② 另据苏南区对 17 县(市郊区)政权和农会基层组织乡村村组干部成分的调查,干部总数83725 人,其中贫雇农占 64.45%,中农占 32.08%,富农占 0.15%,地主占 0.03%,流氓占 0.08%,其他占 3.21%。整理组织后,干部总数达 96604 人,其中贫雇农占 65.46%,中农占 31.09%,富农占0.05%,地主占 0.01%,其他占 3.39%。③ 可见,贫雇农依托新政策,政治地位迅速上升,一跃成为乡村社会基层政权的主导者;而经济上处于优势的富农,由于几乎无缘参加各级乡村政权和农民协会,处于乡村政治的边缘。由于富农政治地位的下降,使得他们无论在语言上还是行为上都变得小心谨慎。据中央政策研究室 1951 年 1 月 11 日报告:入冬以来两三个月的土改中,各地发生的破坏土改的事件,差不多都是地主干的,富农干的很少。中央政策研究室另一份材料也讲到:有个地方有四家富农,一家地主。原来这五家每天联合起来,与政府和贫雇农捣

---

① 中共粤中区委员会调查组:《广东省新会县北洋乡经济调查》,见《农村经济调查选集》,第 88—89 页。

② 徐国普:《建国初期农村权力结构的特征及影响》,《求实》2001 年第 5 期。

③ 张一平:《地权变动与社会重构——苏南土地改革研究(1949—1952)》,上海世纪出版集团 2009 年版,第 214 页。

乱。但在听到刘少奇同志的"五一"讲话后，四户富农说，这个讲话很好，从此再也不理那户地主了。① 海南各地的地富会议分别召开后，有的富农说："只要不把我当地主看待，什么都可以。"有的甚至愿以献田为代价，而要求让其加入农会。②

　　针对富农的疑惧不安心理，各地一方面通过宣传"保存富农经济"的政策以消除富农的疑虑，使其安心生产；另一方面认真执行《土地改革法》中"保存富农经济"的政策。如《华东土地改革实施办法的规定》指出："在执行对待富农的政策时，应严格遵照土地改革法第六条之规定办理。一、在征收新区半地主式富农的出租土地时，如其自耕或雇人耕种的土地少于当地每人平均土地数者，应予以保留连同其自耕土地在内相当于当地每人平均土地数的土地。二、在业已分配土地的老区，对个别富农过去分配土地时多留的土地及其他财产，应一般的不再变动。对解放区以后上升的新富农的土地及其他财产，应坚决保护。"③《华东区土地改革条例（第八次稿）》再次强调了"不动富农的土地财产"④ 的政策。1951 年 1 月 7 日，在苏南行署土地改革委员会第一次扩大会议上，有人提出要征收富农的出租土地，时任苏南区党委书记的陈丕显坚决反对这一提议。他强调保存富农经济的政策要坚决执行，认为《土地改革法》对待特殊土地情况才能征收富农出租土地，苏南不能接受征收富农出租土地的意见，另外也不能发动富农献田。后来陈丕显在其回忆中写道，苏南土改时"没有征收富农的出租土地，对富农自耕和雇人耕种的土地及其他财产均予保留"⑤。

　　当然，也有一些地区对"保存富农政策"执行得有些偏差。如据中南军政委员会对中南区 6 省 97 县 100 个乡的调查统计，富农占有耕地

　　① 薄一波：《若干重大决策与事件的回顾》上卷，中共中央党校出版社 1991 年版，第 134—135 页。
　　② 海南省史志工作办公室、海南省档案馆：《海南土地改革运动资料选编（1951—1953）》，第 167 页。
　　③ 《华东土地改革实施办法的规定》，见中共山东省委党史研究室《封建土地制的覆灭：新中国成立初期山东的土地改革》，中国大地出版社 1999 年版，第 72 页。
　　④ 《华东区土地改革条例（第八次稿）》，见中共山东省委党史研究室《封建土地制的覆灭：新中国成立初期山东的土地改革》，中国大地出版社 1999 年版，第 72 页。
　　⑤ 尤国珍：《新中国成立初期中南区和华东区保存富农经济政策执行差异解析》，《中共党史研究》2012 年第 5 期。

比重由土改前的 7.18% 下降到土改后的 4.57%，人均占有数量由 4.52 亩下降到 2.83 亩，相当于没收了富农 36% 的土地。[①] 另据中南区调查，土地改革后和土地改革前相比，富农耕畜和农具分别减少 26.48% 和 11.71%，平均每户减少数分别为 0.33 头和 0.75 件。[②] 可见，中南区土改对富农的打击较大。之所以发生这种现象，是因为中南地区土地集中程度和占有主要生产资料的情况差别较大，有些地区富农占地太多，甚至超过地主（如湖南有的乡富农人均占有土地超过全村人均三四倍以上），而地主公田却不多，如不动富农出租土地，贫农得地后要少二至四个月的粮食。还有些乡村中根本就没有地主（如江西一部分苏区），公田也不太多，如不动富农出租土地，就不能解决贫困农民最低生活问题。[③] 加之一些基层干部掌握政策的水平低，因而出现偏差。尽管中南区富农占有土地在土改后有所减少，但富农每人平均占有的土地仍然是当地平均数的 2 倍左右。据中南军政委员会调查，富农在中南区一般占人口的 5% 左右，占有土地的 15% 左右，如从其占有土地的人均数看，一般相当于当地人均数的 2 倍，有的则到 3 倍以上。如湖北黄陂石桥村、浠水连桥村等 3 村，人均土地 1.28 斗，富农每人则有 4.57 斗。同时，富农一般占有较多的生产资料。根据对长沙明望乡、黎托乡、秋塘乡及湘阴县和丰乡、邵阳县震中乡等五个乡的调查，富农皆占有全部耕畜的 20% 左右，其他如水车、犁、耙等农具亦一应俱全。[④] 与其他阶层相比，富农一般比较精明，善于经营，有较好的生产工具、生产技术和多余的资金，这一切都为农村经济的恢复和发展创造了条件。

四　土改后农民的思想动态

土地改革的完成，在农村彻底废除了封建土地所有制，实现了"耕者有其田"，极大地激发了农民的生产热情。但同时，一些不和谐的心态也在农村出现。土改后农村各阶层表现出不同的思想动态。

[①] 中国社会科学院、中央档案馆：《中华人民共和国经济档案资料选编·农村经济体制卷（1949—1952）》，社会科学文献出版社 1992 年版，第 448 页。

[②] 农业部农村经济研究中心当代农业史研究室：《中国土地改革研究》，中国农业出版社 2000 年版，第 254 页。

[③] 尤国珍：《新中国成立初期中南区和华东区保存富农经济政策执行差异解析》，《中共党史研究》2012 年第 5 期。

[④] 张根生：《从中南区农村情况看土地改革法》，《人民日报》1950 年 9 月 6 日。

（一）贫雇农的心态

贫雇农在土改中不仅无偿获得了土地，而且还无偿分得了耕畜、粮食、房屋和农具。由于有了自己的土地和生产资料，极大地激发了贫雇农的生产热情。北京西郊六郎庄雇农女儿杨凤贞说："在过去咱们妇女就没有地位。给地主干活，他看你是女的就不高兴要。我们全家大小卖了一辈子力气，就连块沟嘴儿（水道）大的地都没有。可是这回一经过土地改革，毛主席给咱们穷人分了地。今年过年，我们家里有了地，还分到二百五十斤大米。我们的高兴和对毛主席的感激可不是光说几句空话就算了，一定要多打粮食，把日子过好。"① 河南郏县六区王村的一位雇农在分得土地后高兴地说："毛主席领导咱分了地，咱一定得干个样给毛主席看看。"② 江苏吴县浒关区新合乡颜家村修福林欢喜得说不出话来，只是讲毛主席和工作同志比爷娘好，他的牌子弄得漂漂亮亮，插牌的时候，笑着说："牌插在田里，就有了饭碗，再也忘不了毛主席了。" 新合乡中心村雇农黄火生说："我一辈子做长工，也买不上这几亩田，我做梦也想不到，只指望我穷人要穷一辈子的呢，哈哈，穷人真是天亮了"，然后对工作同志说："我已订好了生产计划，明年非收 600 斤不可。"③ 重庆郊区农民分得土地后也纷纷说："要不是毛主席和共产党的领导，我们哪有今天？我们一定要好好生产，拥护毛主席。" 为了备耕生产，六区贫农分田后高兴得夜里挖田。为了精耕细作，过去一般是三犁三耙，现在是做到四犁四耙到五犁五耙。④ 农民们都说："一想到脚下是自己的田，就精神百倍，前年出了气，今后要出力了。"⑤

广大翻身农民怀着"翻身不忘共产党，幸福牢记毛主席"的感激之情，热烈响应党和政府的号召，广泛开展爱国增产竞赛活动。许多农民纷纷订出生产计划，组织变工互助，积极添置生产工具，购买牲畜，积

---

① 晓东：《土地改革后欢喜度春节　六郎庄农民感激毛主席》，《人民日报》1950 年 3 月 5 日。

② 新华社：《河南许昌专区七个县　土地改革工作基本完成　广大农民热烈投入大生产运动》，《人民日报》1950 年 4 月 2 日。

③ 中共苏南区农村工作委员会：《关于吴县浒关区、金坛县白塔区、太仓县岳王区、金山县新闸区土地分配没收工作的调查总结材料》，江苏省档案馆藏档，7006—3—355。

④ 《中国的土地改革》编辑部等：《中国土地改革史料选编》，国防大学出版社 1988 年版，第 753 页。

⑤ 同上书，第 734 页。

极组织生产。如江苏丹阳县新桥区五个乡的农民每天出动6000多人修江堤、筑坝。为了增施有机肥料，提高地力，还大力饲养家禽家畜，大积自然肥，罱河泥，捞水草，购买灰肥豆饼，增强土壤肥效，从冬天干到春天。又如吕城镇上一家灰肥店，过去灰肥卖不掉，土改分田到户后，全卖光了。一家粮行一天就卖出豆饼45担。[①] 丹徒县东溪乡在旧历年前开了40个塘，群众说："今年开塘，开得多、开得深、开得早。"群众说："过去狗屎没人要，今年拾狗屎的人，比狗屎还多。"常熟县土产公司在昆承等四个区，一天售出豆饼8000余万元。吴县琳桥乡农民在一天中买进20头耕牛。[②] 湖南岳阳农民分得了自己的土地之后，生产热情便立刻高涨起来。二区完成土地改革以后，一个多月以内便修好了623口塘、5座坝，还新建了21口大塘。全区每天平均有2万多人参加工作。天气好的时候，到处可以看到翻身农民在兴高采烈地修整自己的塘坝。有的担土，有的抬石头，而且多半是全家男女一起动手。很多年久不修的塘坝都重新兴修起来。文发乡罗何村原有206户人家，以前塘坝很少，一到干旱的时候，农民只有羡慕别村有好塘，但因为那个时候种的大都是佃田，怕种不长久，所以又都不敢修，只得常常望着禾苗活活干死。这次农民分了田，政府又贷了款，农民生产情绪提高，便大修起来了。全村764人，共修好旧塘12口，新开塘2口，能灌田334亩。在修建胡家大塘时，一个姓何的农民曾感叹地说："还是十年以前，就想过要修咯样一口塘，到今天总算如愿了！"新河乡的农民在修塘时，更亲切地称呼自己的工作说是"修子孙塘，翻身要连子孙都翻过来！"[③] 另据新华社报道，华东区江苏、浙江、安徽等地，胜利完成土地改革的6000多个乡村中，农民们正积极准备春季大生产。这些新分得土地的农民，都有自己的生产计划，按照这些计划，他们正忙碌地进行积肥、修塘、添买牲口和农具。浙江省嘉兴、嘉善、平湖三县，已买进耕牛1840多头，以迎接即将到来的春耕。许多农民因怕肥料不足，都趁农忙未开以前，拾柴、

---

① 康迪：《千万农民站起来了——我对丹阳土改的回忆》，见中共丹阳市委党史工作办公室编《丹阳土改专辑》，1997年，第143页。

② 《中国的土地改革》编辑部等：《中国土地改革史料选编》，国防大学出版社1988年版，第711页。

③ 罗光裳：《土地改革把农村变得有声有色——记翻了身的岳阳农民》，《人民日报》1951年3月21日。

贩菜，以换取豆饼、石灰等肥料。苏北江都县殷王村，全村123户，都买进了大批豆饼，该村春季农作物壅豆饼的数量，超过土地改革前的一倍以上，往年每亩壅六片饼的只有八户，有53户是白耕白种，现在每亩壅饼八片到十片的就有94户之多，其余29户最少也要壅饼三片到五片。①

"过去贫农地少，不能不做肩挑生意，故地种不好。佃户种的地多，活作的粗，都不肯多上粪。现在各人种自己的地，上粪作活都比以前好。"②"土地改革后，土地还了老家，谁种谁收了。农民和土地几千年来第一次打成一片。"③农民们在田地里奔忙，个个兴高采烈，挥汗如雨。记者穆青深入河南郾城大杨庄进行调研，曾看到了这样一番情形：天旱农民挑水点种，"河里、田野上，到处都是奔跑着挑水点种的人群"，"大杨庄所有的男女劳力，几乎全部参加了这一艰巨的劳动"。"在往年遇到这种旱天，农民们只有望着太阳叹气，或者早已几个村联合起来'下马子'求雨了，但近年却没有这种现象。"很多农民说："这是因为咱们有了地，谁也不能让地耽误了。"④可见，中共通过没收地主的土地，废除以土地占有为主的生产关系，确立农民对小块土地的所有权，极大地调整了生产关系，使贫雇农的生产、生活态度发生了转变。

应当说，土地改革满足了贫苦农民渴望土地的强烈愿望，因而大多数贫雇农都能够积极努力生产，但也有部分贫雇农存在不正确的思想，生产情绪不够安定，具体表现在：

一是农业社会主义倾向，认为共产主义完全取消私有财产，大家一起吃饭，一律待遇，因此，有等吃"大锅饭"的思想。⑤江西湛江市西营区有的贫雇农说："为什么发土地证，不到十年就是社会主义了。"阳江县有一贫农到农场做工，因为害怕社会主义就要来了，便

---

① 新华社：《苏、浙、皖等地翻身农民 欢庆土地还家积极准备大生产》，《人民日报》1951年1月25日。

② 张玺：《土地改革后河南农村的若干情况》，《人民日报》1951年3月12日。

③ 萧乾：《在土地改革中学习》，《人民日报》1951年3月1日。

④ 穆青：《因为分配了土地——记河南郾城大杨庄的生产热情》，《长江日报》1950年7月9日。

⑤ 海南省史志工作办公室、海南省档案馆：《海南土地改革运动资料选编（1951—1953)》，第724页。

将所得工资 110 多万元,除了买一套衣服外,其余全部吃光。贫雇农中"做多少吃多少"的思想相当普遍。① 海南万宁县万城镇贫农李时学说:"我贩鱼过活,每天赚 3 万元,支持全家生活,但假如要赚到 5 万或 7 万的话,也是日赚日清,一定把它花光了,只保存其本即行了。为什么呢? 我想要做一个小商贩,至少需本 2000 万元,但辛辛苦苦积到 2000 万后,我看社会主义也来了,益什么。"他还说:"不只我这样想与有这样看法,万城不知有多少人都这样。"② 江苏太仓县新建乡贫农兴二官说:"希望社会主义早些来,到了社会主义大家可以一样了。"③

二是怕"变天"。如海南崖县赤城乡 60 户农民分到房屋,有 50 户不敢进去住。群众开会时,听到放炮竹声响,以为敌人扫机关枪而跑散。看到有敌机来以为要有空降而顾虑。④

三是依赖政府救济的思想。如江苏无锡县安镇区厚桥乡二流子浦桂根在土改中分得了土地和房屋,干部动员他生产,他回答:"不好好生产也有米子吃了。"廊下乡有两个二流子说:"毛主席来了可以分田,没肥政府会贷,没钱可以卖田,卖掉了政府仍会分给我们的。"⑤ 江苏太仓县新建乡部分经济未上升的贫雇农,由于底子亏,生产资金不足,生产、生活较困难,信赖政府想贷款。⑥

(二)中农的心态

中农是中共团结的对象,在农村中的政治地位仅次于贫雇农。土改后,中农骨子里虽有发家致富的愿望,但总体而言,其心态还是比较消极的。

一是怕冒尖和露富。如江苏省青浦县盈中乡南安村一些中农不买

---

① 莫宏伟:《新中国成立初期的广东土地改革研究》,中国社会科学出版社 2010 年版,第 318 页。

② 海南省史志工作办公室、海南省档案馆:《海南土地改革运动资料选编(1951—1953)》,第 742 页。

③ 中共江苏省委农村工作委员会:《江苏省农村经济情况调查资料》,江苏省档案馆藏档,3040—1—6。

④ 海南省史志工作办公室、海南省档案馆:《海南土地改革运动资料选编(1951—1953)》,第 732 页。

⑤ 莫宏伟:《苏南土地改革研究》,合肥工业大学出版社 2007 年版,第 251 页。

⑥ 中共江苏省委农村工作委员会:《江苏省农村经济情况调查资料》,江苏省档案馆藏档,3040—1—6。

田，不放债，不做生意，怕升为地主、富农；余粮用于改善生活和培养子弟。中农蒲炳文说："收多少，吃多少，免得升为地主。"

太仓县新建乡少数中农抱着吃吃喝喝的思想，反正不想发财，生产技术上不图改进。如龚谦、龚恒二户，在1951年政府号召棉田去杂时不相信，偏偏种了很多杂粮，认为棉花收不到，杂粮靠得住。而且据群众反映，他种杂粮另有用意，认为花的产量人家可以知道，但杂粮收入是搞不清的，以防说他富裕。另外较富裕的中农，也有怕露富思想。① 因怕露富，怕贫雇农借贷，一些中农有意在人前装穷叫苦。如江苏宜兴县前红乡孙宝章在夏季叫穷，说麦种全吃光了，因此麦种不好拿出来晒，结果蛀坏了。邵天喜、邵玉才在评丰产时实收600多斤，自报450斤。② 句容县延福乡中农范敬友因怕人借贷，将积余的24担稻买了两副棺材。③ 太仓县新建乡中农龚文希、龚鸣琪都较富裕，有了余钱也不肯借，听到有人要借，就预先哭穷。④ 海南万宁县东山乡五区中农林新梅家属从南洋寄回数百万元，贫农陈传美当时去借2万元购买农具，他很快地说："我没有钱，我也是贫人。"中农王国颜说："有钱我愿意去银行存，每月也得利，借给你们（指贫农）人家又说剥削。"⑤

二是认为"迟早要共产，土地要归公"。如海南万宁县禄马乡中农蔡升书说："我种的橡胶也大了，还要作农，这样艰苦益什么？将来橡胶大，社会主义也到，穷富一样，那时谁都有吃有穿，何必现在替人苦呢？"⑥ 江苏宜兴县前红乡杨老三稞稻谷，怕人知道，都是夜里挑出去。1951年底将钱拿到鼎山女儿处买回很多鱼肉，对人说是女儿送的，由于怕共产，生产上不够积极，三年来将半条牛，两把大铁耙，一把钉耙，一支新甩桶都卖掉了，生活上较浪费，生产上很少施肥，丁宝成女人说："有了还是穿穿吃吃，穷了有救济，有减免，嘴说中农没两样，

---

① 中共江苏省委农村工作委员会：《江苏省农村经济情况调查资料》，江苏省档案馆藏档，3040—1—6。

② 同上。

③ 同上。

④ 同上。

⑤ 海南省史志工作办公室、海南省档案馆：《海南土地改革运动资料选编（1951—1953）》，第742页。

⑥ 同上。

豆饼就贷得少。"周盘生、邵金才听说组织农业生产合作社，土地要并家，1952 年追肥比 1951 年少施一半。①

三是满足于现状。如江苏宜兴县前红乡中农丁保根在土改后分到土地、房屋，产量逐年提高，生活显著好转，感到非常满意，他说："我安心透了，不像过去愁吃愁穿，现在可以上街吃点酒了。"因此，生产上就不如以前那样认真。又如丁保成生活较好，土改后翻造了房屋，粮食有了结余，借出去有顾虑，因此产生做做吃吃的思想。②

（三）富农的心态

土地改革后，富农的心态与中农有相似之处。但因富农在农村中的政治地位较低，其内心则比中农更为忧虑。

一是怕升为地主。如江苏无锡县方桥乡富农殷阿农说："还想爬高做啥，有这样子好透了。生产多了，公粮交不起，假如升为地主，又要斗争。"③

二是怕"二次土改"。如江苏句容县延福乡富农董光华害怕二次土改，消极生产，白田下种，并把全家分成三家。④ 武进县胜东乡富农徐增元的 21 亩小麦田，全部不施肥，白种白收，还常常对人说："马马虎虎，富足了，社会主义一来也是要丢掉。"⑤ 青浦县盈中乡富农最担心的是"迟早要共产，土地要归公"。⑥

三是不敢雇工，怕算剥削。江苏青浦县盈中乡的一些富农减少雇工，如蒲煜文带病劳动，不愿雇工，认为"现在不剥削，将来也许要好些"。⑦ 太仓县新建乡有 4 户富农出租 34.89 亩田，不收租，由农民代交公粮。他们认为："我不收租米，总不能说我剥削吧！"⑧ 江苏太仓县新建乡富农周秀甫历年少报进人工，如 1950 年他实际进人工为 170 工，

---

① 中共江苏省委农村工作委员会：《江苏省农村经济情况调查资料》，江苏省档案馆藏档，3040—1—6。

② 同上。

③ 莫宏伟：《苏南土地改革研究》，合肥工业大学出版社 2007 年版，第 254 页。

④ 中共江苏省委农村工作委员会：《江苏省农村经济情况调查资料》，江苏省档案馆藏档，3040—1—6。

⑤ 同上。

⑥ 同上。

⑦ 同上。

⑧ 同上。

开始只报 80 多工，而且人、畜变工也不肯说。①

四是装穷叫苦。江苏太仓县新建乡富农周秀甫说："我伲土改中分进田（租田变自田）还算富农呢？"同村龚家藏对工作队同志说："家里空空的，评我富农真冤枉。"②

当然，也有一些富农对中共的政策比较了解，因而生产比较积极。如江苏浒关东桥乡富农王福根垩肥比去年多，他说："多收，政府并不多要，为什么不多花点本钱呢？"横泾乡富农金仁智帮助搞参军工作，做通别人的思想工作，自己也积极生产，以前用长工，现在只雇短工，他说："政府对富农的政策是对的，唯有这样才肯生产。"③

针对中农和富农的担心和忧虑，各地干部继续耐心地做解释工作。如湖南岳阳箕口乡妇女委员樊四秀，发觉富农何二爹、许汉涛，因听了谣言说"改了地主改富农"，生产不安心，便主动去找他们谈话。她对他们诚恳地说："你们不要听谣言，咯是绝对冒得的事。政府规定了土地改革只有一次，不管中农、富农以后你们发了财都是自己的。快莫信坏分子的话，把人民政府的政策讲坏了！"接着，她又把最初有人造谣说"将来斗争果实都要交给政府，不分给农民"，现在就知道政府连一个角都没有要的事情说给他们听，要他们相信政府的政策。第二天这两户人家就开始往地里送粪了。有些富农和中农顾虑消除后，还自动和贫雇农说："只要大家翻了身，你们生产里面缺少些什么农具，我们可以借给你。"④

（四）乡村干部中的"李四喜思想"

所谓李四喜思想就是乡村干部在土地改革完成后滋长着的麻痹松懈思想。⑤ 李四喜是一个虚构的名字，人物原型叫朱中立，是一个贫苦雇农，受过很多苦。由于在土改中表现积极，被培养提拔为青年团支部书

---

① 中共江苏省委农村工作委员会：《江苏省农村经济情况调查资料》，江苏省档案馆藏档，3040—1—6。

② 同上。

③ 张一平：《地权变动与社会重构——苏南土地改革研究（1949—1952）》，上海世纪出版集团 2009 年版，第 241 页。

④ 罗光裳：《土地改革把农村变得有声有色——记翻了身的岳阳农民》，《人民日报》1951 年 3 月 21 日。

⑤ 中共湖南省委：《领导关于"李四喜思想"的讨论》，《人民日报》1951 年 10 月 29日。

记。土改分得了土地、房屋和胜利果实，还娶妻生子。土改完成后，他不愿再做"革命工作"，不愿意开会，就想回家专门搞生产。干部去劝他，他竟急得哭了起来，说："我一生受苦没得田，现在分了田，我已经心满意足了，还要干革命干什么？"① 因这种思想在当时具有一定代表性，《新湖南报》决定以朱中立的思想为典型，发动讨论。考虑到朱中立还是一个刚刚翻身的农民，参加工作不久，因而改换了一个名字"李四喜"。② 之所以取名"李四喜"，是因为编辑部认为朱中立有四喜：翻身、分田、娶妻、生子。可见，关于"李四喜思想"的讨论主要是针对土改后乡村普遍出现的农民及乡村干部的"松气退坡"思想展开的。

在土改后的湖南，"李四喜思想"是普遍存在的。在长沙县凤山乡八联组34名小组长以上的干部中，表示决心干到底的只有6人，其余或多或少都有"李四喜思想"；六联组22个主要干部，能够坚持工作的仅有10人，坚决干的有8人。③ 衡阳县二区墨江乡的65名乡村（组）干部都有不同程度的"李四喜思想"。乡政府和农民协会17个委员中，工作较积极者仅4人，6人松了口气，有7人坚决表示不干了，8名乡干部未经允许自动离职。④ 根据湖南省邵阳、衡阳、长沙、益阳四个专区的调查，许多乡村主要干部土改后埋头生产，不问政治的"李四喜思想"倾向非常严重，辞职的辞职，怠工的怠工。据鸟石乡的统计，乡村干部共55人，其中回家生产的有15人，不敢工作的有5人，被坏分子打击消沉下去的有16人，被坏分子挟持但未脱离工作的有4人，仅有12人继续工作。⑤由于存在着这种思想，"许多乡村干部要'请长假'，辞职不干，有的甚至不经过上级批准，就卷起被窝自己走了。乡村工作没有人管"⑥。

"李四喜思想"不仅存在于湖南的一部分农村干部中，而且也存在于土地改革完成了的其他农村的许多干部中。如华北农村在土地改革完

---

① 龙牧：《介绍新湖南报关于李四喜思想的讨论》，《人民日报》1951年9月26日。

② 刘焕：《过去是"李四喜"，现在是好干部———长沙县十五区区干部朱中立克服"李四喜思想"的经过》，《新湖南报》1952年1月7日。

③ 刘焕：《加强对乡村干部的党史教育——长沙县凤山乡干部中李四喜思想的调查》，《新湖南报》1951年8月28日。

④ 刘河：《衡阳县墨江乡干部思想情况调查》，《新湖南报》1951年9月11日。

⑤ 中国社会科学院、中央档案馆：《中华人民共和国经济档案资料选编·农村经济体制卷（1949—1952）》，社会科学文献出版社1992年版，第374—375页。

⑥ 龙牧：《介绍新湖南报关于李四喜思想的讨论》，《人民日报》1951年9月26日。

成并打走了蒋介石之后，区村干部中也产生了这种"革命成功论"，有些本来很积极的人渐渐变成了政治上的庸人，满足于"三十亩地一头牛，老婆娃娃热炕头"的生活。① 另据湖北、湖南、江西、广东、广西等地的 5 个乡的调查，乡村干部存在的松劲、退坡、换班思想普遍，约 30% 的乡村干部产生了埋头生产、不问政治的倾向。② 江苏太仓县新建乡某村农会主任龚守元，土改时工作积极，分进七亩田，又得遗产六亩，现有十八亩，1951 年辞去干部职，埋头生产，兼做杀羊副业，1951 年翻造了 1.5 间房子，1952 年又买了一匹马和全套农具，生产提高，现在会议也不大高兴参加了。③

　　1951 年 8 月，中共唐山地委责成 13 个县县委派出 40 名干部，对政治工作较为薄弱或极为薄弱地区的乐亭、东徐各庄等 14 个村子作了一次有关农民生活与思想状况的调查。调查显示，农村干部严重地存在着不问政治的倾向。有很多干部认为"革命成功了，现在是埋头生产的时候，参加革命工作和社会活动就会耽误自己的生活和影响自己的切身利益"。有些村干部不但不继续做工作，而且拒绝区干部的领导，向区干部摆老资格："我们搞革命工作的时候，你们还不知道干啥呢，现在倒要来领导我们啦！"据红花峪、辛子庄、于家庄、东徐各庄、定府庄、马铁庄、下寺村等村统计，在 134 名干部中，对工作抱消极态度的竟达 72.3%。定府庄党员干部中流传着这样的话："吃饭家中坐，公事不办自在乐"，"工作费神又熬眼，老婆见着扭转脸"④。

　　"李四喜思想"是中国农民在长期分散的小农经济的生产方式下，所养成的一种小私有生产者的狭隘、自私的落后思想。这种思想之所以能够滋长，一方面是由于李四喜自己的政治学习不够，觉悟不高；另一方面也反映了不少县区干部忽视了对乡村干部的思想教育工作，不注意改进对乡村干部的领导方法。他们不了解加强思想政治教育的重要意义，习惯于用突击工作方式来进行工作，而不善于在工作中启发与提高

---

① 龙牧：《介绍新湖南报关于李四喜思想的讨论》，《人民日报》1951 年 9 月 26 日。
② 中国社会科学院、中央档案馆：《中华人民共和国经济档案资料选编·农村经济体制卷（1949—1952）》，社会科学文献出版社 1992 年版，第 375—376 页。
③ 中共江苏省委农村工作委员会：《江苏省农村经济情况调查资料》，江苏省档案馆藏档，3040—1—6。
④ 贺炳章、周振华、袁渤、平权：《唐山专区十四个村庄农民生活、思想情况的调查》，《人民日报》1951 年 9 月 30 日。

群众的思想觉悟。他们往往满足于一时一地在形式上、数字上完成任务,忽视各项工作的政治目的与长远利益,不善于将各项工作与革命的总路线、总方针联系起来去教育乡村干部。同时,他们只要求乡村干部去完成繁重的工作任务,而不去具体指导和帮助他们解决各种工作中的困难;当乡村干部在工作中犯了一些错误时,又不能耐心地进行教育和说服以帮助其改正,只是单纯地批评指责;对他们的家庭生活和生产困难,也缺乏应有的体贴、关怀和照顾。所有这些,就使他们感到"费力不讨好","三头受气"(领导批评,群众批评,回家老婆也批评),"不如早日下场"①。正是意识到了这些问题,湖南省中共各级组织和各级人民政府开始重视乡村干部思想教育问题。以《新湖南报》发起关于"李四喜思想"的讨论为开端,逐渐形成全省规模的思想批判运动。如湖南省各县、区领导机关结合中心工作,召开以讨论"李四喜思想"为中心议题的扩大干部会议和农民代表会议。中共常德、郴县、零陵等地方委员会除组织"李四喜思想"的讨论外,还有重点地检查了乡村干部思想情况。一些大众媒体如《大众报》、《湘中报》、《滨湖日报》、《资江农民报》、《岳南人民报》、《衡阳新闻》、《郴州群众报》都先后展开了关于"李四喜思想"的讨论。同时,《人民日报》、《新华社》、《学习杂志》、《长江日报》也都发表了关于"李四喜思想"讨论的文章。

经过批判和教育,乡村干部的思想觉悟逐步提高。如湖南望城县在布置秋征工作会议上,讨论和批判了"李四喜思想",该县沱川乡干部熊兆亭在会上说:"我做了十多年长工,受尽了苦,刚一分田,就自私自利想回家生产,不想工作,真是忘了本。幸亏'李四喜思想'这面镜子照透了我。我保证搞好秋征工作,坚决革命到底。"衡阳县茶市乡农民协会主席罗为本,土地改革后好几次到区里来辞职,他参加了"李四喜思想"的讨论后说:"这下子才找到了我的思想病根。"于是保证坚决干到底。在他的带动下,该乡很快地完成了全乡增产捐献的缴款计划。益阳县樊家庙乡、长沙县耕庆乡等地乡村干部讨论"李四喜思想"后,纷纷订立和修订了爱国公约,建立每天学习两小时和五天检查一次工作、学习的经常制度,并保证不松懈,克服

---

① 王首道:《批判李四喜思想 加强干部思想教育》,《人民日报》1951 年 9 月 25 日。

困难，做好工作。①

第二节　农业合作化运动与农民的心理动向

一　土改后农村社会结构的新变动

新中国的土地改革是一场伟大的历史性变革，它废除了封建剥削的土地所有制，消灭了地主阶级，实现了农民"耕者有其田"的梦想。土地改革后，农民分到了土地、耕畜及其他生产资料，其生产能力大大提高、生产积极性空前高涨，农村的面貌发生了巨大变化。据统计，1949—1952 年我国农业总产值由 326 亿元增加到 484 亿元，增长了 48.5%；粮食总产量由 2263.6 亿斤增加到 3278.3 亿斤，增长了 42.8%；棉花总产量由 889 万担增加到 2607 万担，增长了 92.9%；其他经济作物和畜禽产品产量也都超过了历史上的最高水平。② 生产的发展促进了农民物质生活水平比以往有了明显改善。据统计，1952 年，全国平均每个农户收入增加了 120 元左右，与 1949 年相比增长了 30% 以上，农村居民人均消费粮食达到 440 斤/人，与土改前相比增加了几十斤。土改后的农民总结说："土地改革后一年够吃，二年添置用具，三年有富裕。"③ 随着农村生产力的发展和农民生活水平的改善，农村社会结构也发生了新的变动。

（一）新中农的崛起

新中农是指原贫雇农在土改后经济地位上升而形成的阶层。土改后我国农村社会经济的恢复与发展，引起农民中不同阶层的经济状况和经营方式的变化，这种变化的结果导致农村中各阶层的分化。新中农的崛起是农村阶层分化最突出的表现。

东北地区是新中国成立前最早完成土地改革的地区之一。土改结束后，随着东北经济的快速发展，农村中农化现象比较普遍。1949 年上半年，张闻天在东北调查后就曾指出："多数贫雇农上升为中农，中农

---

① 中共湖南省委：《领导关于"李四喜思想"的讨论》，《人民日报》1951 年 10 月 29 日。

② 国家统计局：《伟大的十年》，人民出版社 1959 年版，第 107 页。

③ 中国社会科学院、中央档案馆：《中华人民共和国经济档案资料选编·农村经济体制卷（1949—1952）》，社会科学文献出版社 1992 年版，第 418 页。

在农村中开始成为多数。"① 据 1949 年冬对黑龙江省 21 个村(分属 16 个县)的调查显示,土地改革以前占农村户数一半的雇农,现已经上升为中农和富裕中农的占 50.6%;原来的贫农,除 1% 下降外,有 57% 上升;原来的中农也有 17.1% 上升了。在农村全体户数中,土地改革后有 62.7% 的户数是上升的。现在中农和富裕中农在农村中的比例,已由土地改革前的 16% 上升到 53.8%。另据土地改革完成稍晚的辽东省 15 个村(分属 8 个县)的调查也表明,中农已由 939 户增加为 2748 户,几乎增加了两倍。② 1950 年底,中共中央东北局政策研究室根据黑龙江、吉林、松江、辽东四省 10 个县 16 个村屯的调查材料显示,"生产发展的结果,就是中农成为农村主要阶层,大部上升,小部不动(实际亦有上升),下降者是个别的"。③ 中共中央东北局政策研究室提供的各阶层的户数百分比如表 3-5 所示:

表 3-5 　　　　　　　　　　　各阶层的户数百分比④

村别	中农(富裕中农在内)		贫农		雇农		新富农		其他		合计
	户数	%	户数	%	户数	%	户数	%	户数	%	
白城 3 个村	212 (内富中 32 户)	63.85	109	32.83	5	1.5			6	1.82	332
蛟河荒沟	186	58	136	42							322
磐石团结村	156 (内富中 15 户)	70.59	64	28.96			1	0.45			221
凤城西小堡	43 (内富中 7 户)	51.20	41	48.80							84
舒兰三个村	581 (内富中 59 户)	73.10	209	26.40			4	0.50			794
肇州发展村	239 (内富中 12 户)	70.52	99	29.19	1	0.29					339

---

① 《张闻天选集》,人民出版社 1985 年版,第 447 页。

② 新华社:《土地改革后农民生产热情高涨　东北农村经济普遍上升》,《人民日报》1950 年 9 月 13 日。

③ 中共中央东北局政策研究室:《东北农村经济的新情况》,《人民日报》1951 年 3 月 21 日。

④ 资料来源:根据中共中央东北局政策研究室《东北农村经济的新情况》,《人民日报》1951 年 3 月 21 日。

1951 年 4 月 23 日，《人民日报》转发《东北日报》2 月 20 日社论，指出东北农村经济发展的主要特征是：中农日渐成为农村中的多数。农村中是大多数农民上升（其中少部分农民上升较慢），下降者仅是有特殊原因的极少数的农户。而以自己的马匹、农具耕种自己土地之农户已成为农村中的多数，如在老区的松江呼兰县腰堡村的 314 户中，这种农户已占 70% 以上；吉林省的舒兰县徐家、靠山、杨桥、中正屯四村共有 565 户，其中这样的农户也占 73.1%；磐石团结村则占全村户数的 69.8%。另据对解放较晚的辽东凤城小堡屯 84 户的调查显示，这样的农户亦占 51.3%。这是根据典型调查的情况。若从全东北而言，新区上述的农户约占 50% 以上，老区约占 60%—70%，这种农户大增是目前东北农村经济发展的普遍现象。①

华北地区基本上于 1947 年完成土改。经过两年的生产，绝大部分贫农、雇农和中农摆脱贫困，普遍上升。如据河北省平山、阜平、定县、河间、遵化、威县等县所属 10 个村共 1517 户的调查：土地改革以前的 592 户中农中，已有 14 户上升为富裕中农；553 户贫农中，已有 27 户上升为富裕中农，388 户上升为中农。另据山西省黎城、路城、平顺等县所属 5 个村共 964 户的调查：1939 年（土地改革以前）中农全体户数中所占的比例为 32.3%，贫农为 42.4%，雇农为 5.4%。1949 年中农的比例数已上升为 84%，成为农村中的绝大多数。又据察哈尔省浑源、山阴、张北、怀来、龙关、延庆等县所属 13 个村共 1571 户的调查，也说明同样的情形。13 个村中原有的贫农 767 户中，已有 593 户升为中农，4 户升为富裕中农；570 户中农中，已有 5 户上升为富裕中农，1 户上升为富农。②

中共山西省委为深入了解老区农业生产情况，于 1950 年 7 月初组成一个考察组，到武乡县农村进行考察。考察组经过一个半月的考察，发现农村"中农化"了，农民普遍走向富裕。根据对六个典型村的调查，中农在农村中占了绝大多数，已占总户数的 86%，人口占 88.7%，

---

① 《东北日报》社论：《目前东北农村经济发展的特点与提高一步的关键》，《人民日报》1951 年 4 月 23 日。

② 新华社：《经过土地改革的华北老区农村　绝大部分农民摆脱贫困》，《人民日报》1950 年 7 月 9 日。

土地占 88.7%，牲畜占 84.6%，羊群占 82.5%，产粮占 86%。① 1951
年 11 月前后，中共山西省长治地方委员会书记王谦对山西老区五个农
村调查发现，农业生产的提高，农村经济的复原，使土地改革后的农村
阶级结构发生了新的变化。五个村的阶级分布是：富农（土地改革后新
发展的）占 0.6%，中农占 95.2%（富裕中农占 2.22%），贫雇农占
3.84%，其他占 0.44%。农村中农化，并开始微弱地出现新的富农，
这就是今天农村阶级关系新的特点。②

中共平原省委政策研究室为了深入了解老区农业生产情况，曾
调查了林县的大屯、姚村（1950 年的生产模范村）、柳滩、定角
（1949 年的生产模范村）、李家庄（一般村）和清丰县的库韩村（全
县模范村）、坡里、吕家楼（一般村）、杨韩村（落后村）等九个村
庄。从这九个村的材料中可以看到，农民生活已经普遍地有所改善，
这首先表现在中农在农村中已占绝大比重。林县五村解放战争前中
农户只有 43%，现已增至 86%。清丰四村 574 户中农中，新上升的
中农有 296 户，占中农户数的 51.6%。③ 可见，农村中农化在华北
老区也普遍出现。

农村中农化并不是东北、华北老区的独特现象。新区土改后，仅仅
经过了一两年时间，农村中也出现了中农化趋势。据河南省委农村工作
部 1953 年 12 月对河南省项城县尚店乡的经济调查，全乡原有贫农 350
户，已上升为新中农者 191 户，占本阶层的 54.57%（其中已成为富裕
中农者 35 户，占本阶层的 10%）；仍为贫农者 159 户，占本阶层
45.43%。据对该乡曹屯村 90 户（贫农 49 户、中农 32 户、小土地出租
者 1 户、富农 1 户、地主 7 户）的典型调查，该村社会结构变动的情况
为：原中农 32 户中，变为富裕中农者 8 户，占原阶层的 25%；未动者
21 户，占原阶层的 65.63%；下降者 3 户，占原阶层的 9.37%；原贫农
49 户中，上升为新中农者 33 户，占原阶层的 67.34%；其中上升为富
裕中农者 10 户，占原阶层的 20.4%；仍为贫农者 16 户，占原阶层的
32.65%（其中接近中农水平者 11 户，占原阶层的 24%，有严重困难

---

① 中共山西省委：《山西武乡农村考察报告》，《人民日报》1950 年 10 月 9 日。
② 王谦：《山西老区五个农村情况调查报告》，《人民日报》1951 年 11 月 11 日。
③ 王耕今、张器先：《平原省老区农业生产的新情况》，《人民日报》1951 年 4 月 25 日。

者 3 户，占原阶层的 6%，开始下降者 2 户，占原阶层的 4%）。①

另从中南局对 5 个省 31 个乡 11953 户的调查情况看，土改后农村社会结构变动的表现是：贫农逐渐上升为新中农，新、老中农又逐渐比较富裕。以 1953 年与土地改革复查时对比，贫农减少比较明显：河南省减少 67.6%；湖北、湖南、江西三省减少 4.05%；广东省减少 39.15%。贫农减少，意味着贫农上升为新中农。据统计，河南省贫农上升约占贫农总数的 70%；湖北、湖南、江西三省上升 41%；广东省上升 45%。贫农上升为新中农后，自然增加了中农阶层在整个农村社会结构中的比重，据统计，河南省增加了 83.29%；湖北、湖南、江西 3 省均增加了 77.92%；广东省增加了 156.42%。②

苏南农委为了深入了解苏南土地改革一年后的农村经济情况，于 1951 年 10 月组织三个调查组，分头赴青浦、南汇、舍坛、溧阳、句秀、高淳等 6 个县 12 个村进行调查。调查发现，土地改革后，农村阶级关系已发生了新的变化，农村中中农多了。如 12 个村共有贫雇农 760 户，有 290 户已上升为中农，占贫雇农户数的 38.42%。另有富农 27 户，剥削量减少至总收入的 25% 以下（主要是高利贷减少），相当于中农水平，占原来富农户数的 44.26%，有小土地出租者 3 户，已参加农业劳动相当于中农，占原小土地出租者户数的 11.54%，有地主 35 户已参加劳动改造，相当于中农，占地主户数的 52.38%。如将原有中农包括在内，则有中农 837 户，占农村户数的 58.38%，原来中农户数占农村户数的 33.68%，中农已增加了 24.2%。可见，中农已成为农村经济发展的标志，已成为农民生活走向富裕的象征。③ 另据江苏省对其他各县乡的调查也得出了同样的结论。如宜兴县前红乡在调查的 86 户中，土改前原有雇农 8 户，占 9.3%，贫农 42 户，占 48.84%，中农 30 户，占 34.88%，地主 3 户，占 3.49%，其他 3 户，占 3.49%。土改后中农保持原有水平的 27 户，贫农上升为中农的 20 户，雇农上升为中农

① 河南省委农村工作部尚店乡调查组：《河南省项城尚店乡经济调查》，《农村经济调查选集》，湖北人民出版社 1956 年版，第 43—44 页。

② 中共中央中南局农村工作部办公室：《中南区 35 个乡 1953 年农村经济调查》，《农村经济调查选集》，湖北人民出版社 1956 年版，第 18 页。

③ 中共苏南区农村工作委员会：《苏南农委对一些乡村的调查材料》，江苏省档案馆藏档，7006—3—242。

的 2 户，现在中农共 49 户，占总户数的 56.98%，较土改前增加 63.33%。贫雇农上升为中农的原因，一是土改分得了土地和生产资料，不再受地主剥削；二是生产积极性提高，精耕细作，取得前所未有的丰收，改善了生活；三是农业生产的提高，促使副业好转，副业生产逐步恢复，增加了收入；四是新中国成立后社会风气转移，减少了浪费，积累了农本；五是得到政府农贷的支持，扩大了生产投资。①

如果说部分地区的调查还不能说明问题，国家统计局的统计数据则具有权威性。根据国家统计局对 21 个省 14334 户农户调查，1954 年与土改结束时相比，贫雇农占农户总数的比例从 57.1% 下降到 29%；中农占总户数的比例从 35.8% 上升到 62.2%，接近 2/3。中农还成为农村生产资料的主要拥有者，占农村生产资料总数的比例略高于农户的比例。② 可见，土改后，新中农已经在农村普遍出现，且数量呈上升趋势。这种趋势表明，中农已经成为或正在成为农村的主要角色。

（二）"纺锤形"结构的形成

土地改革前，中国农村社会是一个"上边小下边大"的"金字塔形"结构，即地主、富农占 10% 以下，贫雇农占 70%。土改后，随着新中农的崛起，农村的社会阶层结构逐渐演变为"中间大两头小"的"纺锤形"结构。

所谓"中间大"，是指随着新中农的崛起，中农成为农村社会中最大的群体。据估计，老解放区的中农占农村人口的 80%，新解放区的中农约占农村人口的 50% 以上。在新解放区中，也有个别经济发展较快的地区，这些地区中农化的趋势上升更快。据苏北南通县三余区海晏乡团结、改兴、合作三个村的统计，土改后，中农已占农村人口的 89%—96%。③ "新中农既具有出身贫农的政治优势，又因为土改中获得的土地财产和土改后的进一步发展而获得经济优势，因而在乡村社会中占据了重要地位。"如黑龙江白城子县镇西区胜利、新发、新立三个村的调查显示，三个村总户数 332 户，中农 212 户，占总户数的 63.8%，占男劳动力的 69.5%，占畜力的 87.5%，占土地的 75.7%，

---

① 中共江苏省委农村工作委员会:《江苏省农村经济情况调查资料》，江苏省档案馆藏档，3040—1—6。

② 国家统计局:《1954 年我国农家收支调查报告》，统计出版社 1957 年版，第 13 页。

③ 杜润生:《中国的土地改革》，当代中国出版社 1996 年版，第 569 页。

占大车的 86.4%，占总产量的 76.8%，中农已成为目前农业生产的主
力军。①

　　农村趋向中农化的同时，少数经济上升较快的农户开始买地、雇
工、扩大经营，上升为新富农。新富农，按照财政部在 1952 年的一份
农村调查资料中的明确规定："是指土地改革后新产生的富农，新富农
的划定是按照政务院所颁布关于农村阶级划分的规定，凡剥削分量（包
括雇工、放债等）超过其总收入 25% 者一律作为富农。"② 在老解放区，
据中共中央东北局农村工作部在松江、吉林、辽东三省九个村的调查，
1953 年这九个村的新富农占 1.2%。③ 另据黑龙江省白城县岭下等三个
村的调查，1953 年新富农约占 0.9%。在新解放区，据河南省九个乡
1953 年的调查，富农占农村总户数的 2.59%；根据湖北、湖南、江西
三省十个乡 1953 年的调查，富农占 3.32%；据广东省 12 个乡的调查，
富农占 2.09%。④ 可见，富农在整个农户中的比重很低。不仅如此，富
农的经济力量也在逐渐减弱。据国家统计局 1954 年对全国 21 个省农户
的典型调查报告显示，富农在土改结束时占有土地 12896 亩，占有耕畜
591 头，到 1954 年分别降为 9486 亩和 561 头，分别下降了 26.4% 和
5.1%。⑤ 富农经济力量减弱的原因是多方面的，"在我国，富农经济原
来就不发达。在土地改革中，富农出租的那一部分土地已被分配。在土
地改革后，由于农村中生产合作、供销合作、信用合作的发展，由于国
家执行了对粮食和其他主要农产品的统购统销政策，富农经济已大大地
受到了限制。农村中虽然又产生了少数新富农，但是一般说来，富农经
济不是上升，而是下降的"⑥。

　　土地改革后，少数农民由于各种原因重新陷入贫困。据河北省平山

---

① 《东北日报》社论：《目前东北农村经济发展的特点与提高一步的关键》，《人民日报》
1951 年 4 月 23 日。

② 苏少之：《新中国土地改革后新富农产生的规模与分布研究》，《当代中国史研究》
2007 年第 1 期。

③ 中共中央东北局农村工作部：《松江、吉林和辽东九个村的调查报告》，《人民日报》
1954 年 2 月 15 日。

④ 湖北人民出版社编辑组：《农村经济调查选集》，湖北人民出版社 1956 年版，第 17
页。

⑤ 国家统计局：《1954 年我国农家收支调查报告》，统计出版社 1957 年版，第 19 页。

⑥ 《刘少奇选集》下卷，人民出版社 1985 年版，第 153 页。

县等 10 个县 10 个村的调查情况，原中农下降贫农的比率约 2.4%；察哈尔省深源等 6 个县 13 个村调查，原 570 户中农中有 17 户下降为贫农，占 2.98%；另据山西省称城等 3 个县 5 个村的调查显示，原中农下降为贫农的占 3.55%。在生活状况上，土改后各地农村中的困难户约占农户总数的 10%。①

由上可见，随着土改后农村经济的恢复和发展，中农已经成为农村社会的主体，而上升为富农的农户和经济下降的农户却是极少的。这就形成了"中间大两头小"的"纺锤形"结构。对于这种结构，农业部长廖鲁言在 1955 年 7 月召开的第一届全国人民代表大会第二次会议上曾做过这样的概括："除了约占农村人口 10% 左右的原来的地主和富农以外，过去是：中农在农村人口中占 20%—30%，贫农和雇农占 60%—70%；在一部分土地比较分散的地区，中农占 30%—40%，贫农和雇农占 50%—60%；现在，在老解放区，贫农只占 10%—20%，新老中农占 70%—80%；在晚解放区，新老中农占 60%，贫农占 30%。这就是说，在老解放区，原来的贫农中已有 3/4 以至 4/5 以上上升为新中农；在晚解放区，原来的贫农中也有一半以上上升为新中农了。"② 可见，廖鲁言已经认识到土改后农村的社会结构是"中间大两头小"的"纺锤形"结构。

（三）"自发资本主义倾向"的滋长

追求富裕是人之本性。土改后，一部分生产条件好、劳动力强、技术水平高、致富门路广的农民开始买地、买马，雇工经营，一些农村也出现了租佃、借贷等现象，这些现象在当时被称为"自发资本主义倾向"。

从土地买卖的情况看，东北老区自土改后，土地买卖便已发生，如黑龙江肇州发展村有 6 人出卖劳力（其中 1 人为雇农，2 人为贫农，1 人为中农，其他成分有 2 人，出卖劳力的原因是土地少，劳力多，并非家庭经济下降）。吉林舒兰天德全区，1950 年卖出土地 14.67 垧，雇农出卖土地占 73.2%，贫农占 12.3%，中农占 15.5%。卖地原因很多：

---

① 董辅礽：《中华人民共和国经济史》，经济科学出版社 1999 年版，第 140 页。
② 《在第一届全国人民代表大会第二次会议上的发言（之三）》（廖鲁言部长的发言），《人民日报》1955 年 7 月 26 日。

（1）有回关里的；（2）缺少生产资料无力耕种的；（3）卖坏地买好地
的；（4）转业的。① 据中共山西省忻县地委对 143 个村 42215 农户的调
查，有 8253 户出卖土地，共出卖土地 39912 亩，他们占总农户数的
19.5%。出卖土地的原因是：为调整生产而出卖者占 19.15%；因转移
行业出卖土地者占 3.38%；因生产生活困难被迫出卖土地者占
50.36%；因婚丧大事、遇有疾病和其他突然灾害袭击而出卖土地者占
12.51%；懒汉二流子好吃懒做把土地挥霍掉的占 6.26%；有其他特殊
原因（如怕变天把分到的土地出卖了）而出卖者占 8.19%。② 中南区
35 个乡的调查报告则显示，全区有 1%—2% 的农户出卖土地。其中，
因疾病、自然灾害、负债等严重困难而卖地的占 56%；二流子卖地的
占 4%；因调剂、地多、职业变动等卖地的占 40%。③ 据山东省 1952 年
对 19 个县 8 个乡 41 个村的统计，土地改革后，卖出土地与买进土地的
农户各占农户总数的 10% 左右，其中贫农卖地最多，而因生活困难、
婚丧病和缺劳力卖地者占卖地户数的 61%。另据国家统计局对万余农
户的调查统计，1954 年出卖土地数占土地总数的 0.33%。关于卖地的
原因：上高乡 112 户出卖土地者中，因丧事者 14 户，因病灾者 32 户，
因劳力缺乏者 11 户，因房屋倒塌者 13 户，为还债者 42 户。蠡县 3 个
村卖地的 100 户中，贫农、中农占了 92 户，其中因疾病、灾荒、嫁娶、
死亡者 53 户，因懒惰、不事生产者 24 户，因调整生产、转营副业者 23
户；买地的 59 户中，有 55 户是土地较少、依靠生产和勤俭起家的中
贫农。④

　　从土地租赁的情况看，据湖北、湖南和江西三省的调查显示，1953
年，这三个省出租土地的农户占总农户的 12.52%，租入土地的农户占
总农户的 18.69%，租佃关系中，富农、中农占 2/3 左右，贫农占 1/3 左
右。出租原因：属于生产资料缺乏、丧失势力或劳力调剂性质的占 2/3，
属中农占有土地多而出租的占 1/3。⑤ 据原热河省 1952 年对 6 个村的调

① 中共中央东北局政策研究室：《东北农村经济的新情况》，《人民日报》1951 年 3 月 21
日。
② 史敬棠：《中国农业合作化运动史料》（下），生活·读书·新知三联书店 1959 年版，
第 250—252 页。
③ 高化民：《买卖土地的数据不等于就是两极分化》，《党史研究》1982 年第 1 期。
④ 德辰：《光荣与辉煌——中国共产党大典》上卷，红旗出版社 1997 年版，第 1575 页。
⑤ 苏星：《我国农业的社会主义改造》，人民出版社 1980 年版，第 50—51 页。

查，1949 年有 34 户，共出租土地 128 亩；1952 年有 122 户，共出租土地 791 亩。出租土地的原因主要是"缺少或无劳动力户、老弱病残户和无力耕种的贫困户"①。另据国家统计局调查，1954 年整个农村出租土地占全部耕地面积的 2.3%，只有富农阶层为净租出户，但也仅占自有土地的 4.6%、全部耕地的 0.3%。从出租原因来看，绝大多数为鳏、寡、孤、独和其他缺乏劳力者，以及兼营或主要从事其他职业者。②

从雇工经营状况上看，根据中南土改委员会 1952 年 9 月对 86 个乡的调查，在 426 户雇主中，贫雇农及手工业工人占总数的 26%，占雇工数的 20%；中农占总户数的 41%，占雇工数的 42%；富农占总户数的 18%，占雇工数的 21%；富农平均每户雇工 0.8 个，比土改前平均每户雇工 1.3 个减少了 38.5%。③ 另据华北局 1952 年对山西等省 7 个县 22 个村的调查发现，雇长、短工者 475 户，占总户数的 20% 多，并指出"农村雇佣劳动从 1950 年以来逐年增长"，而且"剥削雇佣劳动，主要是富农和富裕中农"。山东省 1952 年所作的调查也发现，农村雇佣劳动现象呈逐年增长态势：以土改前雇工总日数为 100，则 1950 年为 20，1951 年为 28，1952 年为 29。④ 到 1954 年，我国农村普遍存在雇工现象。据国家统计局 1954 年农家收支调查提供的资料，全国调查户中，有 59.7% 的农户雇工，其中社员户雇工户占本阶层农户的 44.7%，贫雇农占 48.7%，中农占 65.3%，新老富农占 77.3%，过去的地主占 57.6%。同时，在调查户中，有 53.7% 的农户出雇。其中，社员户出雇户占本阶层农户的 34%，贫雇农占 60.3%，中农占 52.3%，新老富农占 40.9%，过去地主占 56%。⑤

从借贷关系看，据对湖北、湖南、江西和广东四省 16 个乡的调查显示，1953 年放债户占总户数的 10% 左右，比 1952 年增加一倍以上，放债户中中农（特别是富裕中农）最多，放债的户数和粮数都占放债总户数和放债总粮数的 70%，其中 1/3 以上的户数和粮数属于富裕中

① 德辰：《光荣与辉煌——中国共产党大典》上卷，红旗出版社 1997 年版，第 1575 页。
② 农业部农村经济研究中心当代农业史研究室：《中国土地改革研究》，中国农业出版社 2000 年版，第 298—299 页。
③ 董辅礽：《中华人民共和国经济史》，经济科学出版社 1999 年版，第 138 页。
④ 德辰：《光荣与辉煌——中国共产党大典》上卷，红旗出版社 1997 年版，第 1575 页。
⑤ 国家统计局：《1954 年我国农家收支调查报告》，统计出版社 1957 年版，第 44 页。

农。借贷户较多、数目较大的是贫农。① 从各地情形来看，互利互助性质的普通借贷在乡村借贷中占大多数，借贷的原因一般包括婚丧嫁娶、长期患病、受灾减产、缺乏劳力、经商负债等。少数具有高利贷性质的借贷关系，放贷者也多为土改后经济地位上升的中农和富裕中农，或是有在外务工人员汇款的家户，富农放贷的情形则很少发生。

需要强调的是，农村中出现的土地买卖、租佃、放粮借贷、雇工等现象大多是农民间调剂土地、资金、劳动力的一般经济活动。先富起来的农民当时并不具备进行资本主义经营的经济条件，他们都是自食其力的劳动者，即使有轻微的非劳动收入，也是用于生产和生活，并非转化为资本来进行剥削，很难笼统地称之为"资本主义倾向"。然而随着过渡时期总路线的提出，中共在理论和政策上把农民的个体经济积极性和自发资本主义倾向混同起来，对农民发展个体经济的生产积极性持否定态度，同时加快了农业合作化的进程。

二　两场争论与农业合作化决议的出台

针对土地改革后农村出现的新情况、新问题，围绕东北富农问题和山西农业合作社问题，党内展开了两场争论。这两场争论，成为农业合作化运动的前奏。

第一场争论发生在 1950 年初刘少奇和中共中央东北局书记高岗之间，主要围绕是否允许党员雇工和单干问题而展开的。

土改后，东北绝大多数农民的生活水平已经开始上升。最普遍的是粮食增多，生产所必需的牲畜、大车和衣物、房子等也均有增加。在农民中，少数经济上升比较快的要求买马拉车，其中许多人对单干、对旧式富农感兴趣，对组织起来感到苦恼。他们说："这个国家好，就是组织起来不好"，"共产没啥意思，地也没有个干净埋汰的"。他们认为只有单干才能"侍弄"好地。他们觉得"单干才能发财，有穷有富才能发财"。因之认为把他们编入互助组，是为了"拉帮"穷人，是因为他们发展太快了要他们"等一等"。因之他们有些人苦恼"发了财有啥用？"少数人甚至进城吃"坛白肉"，要"再来一壶"；有的买了貂绒帽

---

① 史敬棠：《中国农业合作化史料》（下），生活·读书·新知三联书店 1959 年版，第254 页。

子,不将资金投入扩大生产;有的认为组织起来是国策,单干不合法。但他们还没有看到组织起来的好处,心情苦闷,影响到生产的积极性。或者生产不积极,认为够吃够喝就行了。那些经济虽然上升,但因车马不够拴一副犁杖的农民,虽对某些换工插犋违反自愿两利的缺点有意见,但他们仍愿参加变工,因为不参加地就种不上。但他们有些人希望在变工组把自己发展起来,将来买马拴车,实行单干。然而有的村干部不让上升户买马买车拴单犁,怕他们单干;有的不让农民单干,强迫参加互助组,认为参加三马组,不算组织起来,名为"耍奸头",非参加六马组、八马组不行;有的不参加,要罚毛巾肥皂,也有的组织起来故意让有马户吃亏。①

在农村党员和一些村干部中,也有不少问题。有些党员开始雇长工,如桦川孟家岗有六个党员雇了长工,要求退党;开通一个屯子有21个党员,其中8个准备雇工,群众中也有7个准备雇工,两者合计占全屯户数的5%。延寿村干杜青山,因马多想雇"劳力"扩大经营,但又觉得党员不应剥削人,结果把马分散,参加互助组,说自己好好工作,生产上自己不准备发展了。该县团山子村支书到县里受训,听了党员不应剥削人的讲座后,回家全家大哭,准备出卖牲口,解雇长工,感到没有前途。许多党员不了解党允不允许群众雇工,许不许党员雇工。②

针对农村中的这些问题,1949年12月10日,高岗在东北农村工作座谈会上作出了回答。高岗指出:"我们农村经济发展的方向,是使绝大多数农民上升为丰衣足食的农民。而要做到这一点,则又必须使绝大多数农民'由个体逐步地向集体方面发展'。组织起来发展生产,乃是我们农村生产领导的基本方向。"对于党员雇工与不参加变工组的问题,高岗说,从原则上讲,党员是不允许剥削人的,党员要雇工时,要说服他不雇工,党员不参加变工组是不对的,必须带头实现党在农村中组织起来提高生产的方针。在讲话中,高岗虽然也表示"允许单干"、"允许雇工"、"允许借贷"、"原则上应允许"土地买卖和土地出租,但重点是强调如何对这些情况加以限制,把农民组织起来。

---

① 《东北局1950年1月份向中央的综合报告》,《农业集体化重要文件汇编》(1949—1957)上册,第8—9页。

② 同上书,第9页。

这次座谈会后，东北局将东北农村工作座谈会上讨论的问题和高岗的讲话向中央作了书面报告。1950年1月23日，根据刘少奇的意见，中央组织部正式答复东北局。复信中指出："党员雇工与否，参加变工与否，应有完全的自由，党组织不得强制，其党籍亦不得因此停止或开除。"理由是："在今天农村个体经济基础上，农村资本主义的一定限度的发展是不可避免的，一部分党员向富农发展并不是可怕的事情，党员变成富农怎么办的提法，是过早的，因而也是错误的。"①

显然，刘少奇对高岗的看法并不赞同。在当时条件下，刘少奇的观点无疑是正确的，因为如何看待土改后一部分农民单干和雇工问题，实际上也是一个如何看待农民致富的问题。土改后利用农民的生产热情，让一部分条件较好的农民先富起来，不仅对生产发展有利，而且对将来实现农业社会主义改造也有利。

由于这次争论只是在小范围进行，并没有进一步展开，毛泽东对此也并未公开表态。但据薄一波后来回忆："据高岗说，他收到少奇同志谈话记录后，在北京面交毛主席，毛主席批给陈伯达看，对少奇同志谈话的不满，形于颜色。"②

继关于东北部分农民单干和雇工问题的争论之后，1951年围绕山西农业合作社问题，党内又展开了一场要不要发展农业生产合作社问题的争论。

山西省是解放前较早实行农业生产互助的省份之一。由于长期战争等原因，在各级党组织的号召之下，各地农村在土改后普遍实行了劳动互助，把劳力和畜力组织起来参加生产劳动，促进了农业生产的恢复和发展。然而随着农民生活条件的改善，特别是"在经济上升比较迅速的农民中，产生了愿意自由地发展生产，产生了不愿意、或者对组织起来兴趣不大的'单干'思想"③。原来的一些常年互助组甚至是模范互助组，也纷纷转为临时互助组，一些临时互助组则解体了。"实践证明：随着农村经济的恢复和发展，农民的自发力量是发展了的，它不是向

---

① 薄一波：《若干重大决策与事件的回顾》上卷，中共中央党校出版社1991年版，第197页。

② 同上书，第198页。

③ 中共长治地委：《关于组织起来的情况与问题的报告》，《人民日报》1950年11月14日。

着我们所要求的现代化和集体化的方向发展,而是向着富农方向发展。这就是互助组发生涣散现象最根本的原因。""这个问题如不注意,会有两个结果:一个是互助组涣散解体;一个是互助组变成富农的庄园。"①

针对上述问题,1951年4月,中共山西省委给中共中央和华北局写了一份题为《把老区的互助组织提高一步》的报告。报告指出:必须在互助组织内部,扶植与增强新的因素,② 以逐步战胜农民自发的趋势,积极地、稳健地提高农业生产互助组织,引导它走向更高级一些的形式。为此,要采取两条具体措施:一是征集公积金,增强公共积累;二是按劳力、土地两个分配标准,按土地分配的比例不能大于按劳力分配的比例,并随着生产的发展,逐步地加大按劳分配的比重。报告还提出,对于农业的私有制基础,不应该是巩固的方针,而应该是逐步地动摇它、削弱它,直至否定它。

对于中共山西省委的意见,华北局并不同意。5月,华北局在批复中明确提出,"用积累公积金和按劳分配办法来逐渐动摇、削弱私有基础直至否定私有基础是和党的新民主主义时期的政策及共同纲领的精神不相符合的,因而是错误的"③。华北局的意见得到了刘少奇的肯定。1951年7月3日,刘少奇在山西省委的报告上做出重要批示:"在土地改革的农村中,在经济发展中,农民自发势力和阶级分化已开始表现出来了。党内已经有一些同志对这种自发势力和阶级分化表示害怕,并且企图去加以阻止和避免。他们幻想用劳动互助组和供销合作社的办法去达到阻止和避免此种趋势的目的。已有人提出了这种意见:应该逐步地动摇、削弱直至否定私有基础,把农业生产互助组织提高到农业生产合作社,以此作为新因素,去'战胜农民的自发因素'。这是一种错误的、危险的、空想的农业社会主义思想。"④

然而,毛泽东却不同意刘少奇和华北局的意见。据薄一波回忆:毛

---

① 中共山西省委:《把老区的互助组织提高一步》,《农业集体化重要文件汇编》(1949—1957)上册,第35页。

② 这里的"新因素"指的是先进互助组内已经有了"公共积累"和"按劳分配"成分。

③ 华北局:《华北局复山西省委〈把老区的互助组织提高一步〉的意见》,《农业集体化重要文件汇编》(1949—1957)上册,第34页。

④ 刘少奇:《刘少奇同志对山西省委〈把老区的互助组织提高一步〉的批语》,《农业集体化重要文件汇编》(1949—1957)上册,第33页。

主席找刘少奇同志、刘澜涛同志和我谈话，明确表示他不能支持我们，而支持山西省委的意见。毛泽东提出，既然西方资本主义在其发展过程中有一个工场手工业阶段，即尚未采用蒸汽动力机械、而依靠工场分工以形成新生产力的阶段，则中国的合作社，依靠统一经营形成新生产力，去动摇私有制基础，也是可行的。①

在毛泽东的倡导下，1951 年 9 月召开了全国第一次互助合作会议。会后起草了《关于农业生产互助合作的决议（草案）》。《决议（草案）》首先肯定了农民在土地改革基础上发挥出来的个体经济和劳动互助两个方面的积极性，认为"农民的这些生产积极性，乃是迅速恢复和发展国民经济和促进国家工业化的基本因素之一"。同时指出，一方面，不能忽视和粗暴地挫伤农民这种个体经济的积极性，要在政策上巩固地联合中农，允许富农经济的发展；另一方面，要克服很多农民在分散经营中所发生的困难，使广大的贫困农民能够迅速地增加生产而走上丰衣足食的道路，必须提倡"组织起来"，按照自愿和互利的原则，发挥农民劳动互助的积极性。以《决议（草案）》的出台为标志，我国的农业合作化运动逐步展开。

三　农业合作化运动初期的农民心态

1951 年 12 月，中共中央颁发《关于农业生产互助合作的决议（草案）》，要求各地照此草案在党内外进行解释，并组织实行，把农业生产互助合作"当成一件大事去做"。1951 年底至 1952 年春，各地通过召开劳模大会、年冬和互助代表会议、互助组长训练班及其他方式，向劳动模范、互助组组长和群众进行新旧两条道路的教育，使他们认识到组织起来生产不仅是目前生产上的需要，而且是将来走向集体化幸福生活的必经之路。② 在老区还通过开展整党集训，普遍学习反对党内右倾思想的文件，同时批判了某些党员干部滋长着的"雇长工"、"单干"、"放高利贷"等右倾思想以及土地改革后农民生产不用领导的"自流"思想，要求党员和干部带头组织起来。同时，在全国范围内掀起了大规

---

① 薄一波：《若干重大决策与事件的回顾》上卷，中共中央党校出版社 1991 年版，第 191 页。

② 中共福建省委党史研究室：《福建农业合作化》，中共党史出版社 1999 年版，第 334 页。

模的爱国丰产竞赛,奖励劳动模范和模范互助合作组织。在此情况下,互助合作运动迅速开展起来。到 1952 年上半年,组织起来的劳动力,西北区占 60%,华北区占 65%,东北区占 80% 以上,华东区占 33%,中南区组织互助组 100 万个,西南区组织了 50 万个,组织起来的农户分别占该地区总农户的 18% 左右。①

农业合作化运动是中国共产党继土地改革运动之后发动的又一场导致乡村社会变革的运动,其实质是在农村对以土地为主的生产资料所有制进行重新调整。在这场自上而下的革命运动中,不同阶层农民的心态各异。

(一) 贫下中农

土地改革后,农民成了土地的所有者,生产积极性空前提高,一些农民,因为生产条件比较有利,又努力生产,善于经营,逐渐地富裕起来。而另有些农民,因为生产条件比较不利,或者不努力生产,或者不善于经营,或者遇到某些不可抗拒的打击,逐渐地贫困下来。贫下中农,指的就是在经济上还没有上升的贫农以及经济地位和生活状况在普通中农之下的下中农。当互助合作运动开始后,贫下中农的态度是积极的。如江苏松江专区南汇县城北乡贫农陈国兴新中国成立前一无所有,新中国成立后虽分得了土地,但缺乏耕牛、农具,生产搞不好,1951年他参加了互助组,生产上的困难得到了克服,产量也跟上了一般群众。他说:"我靠互助组活了性命,干柴白米收到屋里,想想过去六月里的汗落在富农田里,十二月里的眼泪落在自己屋里,现在听到办社,想想有啥不高兴。"松江县城东区兴隆乡贫农谢金德说:"过去跳来跳去一个人,好田也要变荒坟,做死做煞还是个穷光棍","土地改革是人翻身,参加合作社是田翻身","穷人若要富,只有互助合作一条路"。奉贤县和中乡贫农何杏才说:"如果今年再不办社,我滚也要滚进老社去。"上海县杜行乡贫农姚志信说:"我眼也望穿了,今天真正望到啦,参加合作社又是一次大翻身。"② 尽管贫下中农要求入社的积极性高涨,但他们支持和拥护合作化的原因却是复杂的。

---

① 叶扬兵:《中国农业合作化运动研究》,知识产权出版社 2006 年版,第 210 页。
② 中共松江地委合作部:《本部关于合作化运动的情况和进一步贯彻整社工作的意见》,江苏省档案馆藏档,3043—3—112。

一是"均平"思想。美国行为科学家亚当斯（J. S. Adams）的社会比较理论认为，在双方交往中，人若发现自己的收益与自己的投入之比与对方两者之比大致相同，则会认为实现了公平分配，心理上会比较平衡……但是人若发现自己的两者之比小于对方的两者之比，则会产生抱怨或愤怒等消极情绪。贫苦农民对合作化的积极支持和拥护，固然同当时片面强调依靠贫苦农民积极分子的政策有关，但也和一些贫下中农期望通过以平均为主要目标取向的农业合作化运动来重新分配资源、进行"二次土改"的心理倾向有关。如山西忻县失掉土地的农民"经常幻想着再斗争，再分配"①。黑龙江还流行着"组织起来归大堆"、"大家富裕填平补齐"、"富的等一等，穷的提一提，到社会主义一拉平"一类的言论。② 东北局在 1950 年 1 月给中央的综合报告中也说：经济条件较差的，"抱有农业社会主义平均思想，有的人欠了别人 600 斤粮食，还说：我虽欠你粮食，但过不几年，还不是一同和你走入'共产社会'，甚至看到别人买马，他说，将来走入社会主义，你还不是一样没有马?!"③ 在甘肃，也有农民有吃"大锅饭"思想："天下农民一家人"，"你的就是我的，我的就是你的"，"谁也亏不了谁"④。湖北省浠水团陂区三港乡有个"吃大锅饭"互助组。该组组长徐国斌和组员徐焕堂是两个单身汉。在成立互助组时，他们就商量说："我们两个都是单身汉，连烧饭也没得人搞，要不合伙吃饭，困难就大了，互也互不成。"徐焕堂说："是啊！横竖我们早晚也得要走到社会主义的，依我看法，社会主义下半年就差不多了，我们现在伙起来干，还比别人先走一步，说不定还会给咱们出个黑板报哩！"于是，他们就当大家的面提出来："我们要响应政府的号召，伙起来吃，早到社会主义。"别的组员听是为了响应政府"号召"的，不答应也不好，所以就这样组织起来了。他们怕别人退组，还订出公约说：

---

① 黄道霞、余展、王西玉：《建国以来农业合作化史料汇编》，中共党史出版社 1992 年版，第 23 页。

② 《正确贯彻党的政策是做好春耕工作的关键——中共黑龙江省委在检查春耕工作后给东北局的报告（摘要）》，《人民日报》1953 年 5 月 13 日。

③ 《东北局向中央的综合报告》（1950 年 1 月），《建国以来农业合作化史料汇编》，第 23 页。

④ 中国科学院经济研究所农业经济组：《国民经济恢复时期农业生产合作资料汇编（1949—1952）》（下），科学出版社 1957 年版，第 667 页。

"要心愿、口愿、全家愿,互助到底,如果哪户中途不互,借的公债(指各种贷粮、贷款)由他一人偿还。"① 对于农民的这种"均平"思想,薄一波后来在总结这一时期的情况时说:"不仅当时的实际材料而且后来的实践发展也证明:我们曾经高度赞扬的贫下中农的'社会主义积极性',有不少在相当大的程度上是属于'合伙平产'的平均主义'积极性'。"②

二是对经济和政治利益的追求。马克思指出,人们奋斗所争取的一切,都同他们的利益有关。在对走农业合作化道路的认识问题上,部分贫下中农是抱着功利主义的态度的,认为入社后可能会获得更多的利益。

首先是经济上的利益。如福建闽侯县贫农林木弟说:"入了社有三好:人多力量大,可以抵抗自然灾害,收成稳定;劳力分工好,老人也有工做;生活再困难也有个依靠。"③ 吉林省的一位下中农说:"入了社不论什么人都有活干,零钱碰整钱,虽然中间紧点,到秋一分好几百元。"④ 江苏松江专区沈巷乡吊塘路村新下中农张沙海说:"我缺乏生产本钿,田里稻禾勿兴,生活苦来,只有参加社稻才能兴,生产也能好哉",明确只有办社,才能解决生产中的生产资料困难,才能增加生产。贫农郁仲良夫妻二人,因办社时父亲不同意,没有入社,见人家入社,越看稻好,越眼红,讲:"冯锡良入了社,今年水也勿踏,稻比俉好,俉种秧到现在一直踏水,女人烧饭一个人也要踏水,今年一定要争取入社,等在组里,生活赶不上,社里灵",信心很高。⑤ 安徽凤阳县下中农说:"过去种田无牛空起早,人家割稻我栽秧,薄地倒有六、七亩,年年讨饭度时光;入了大社啥不愁,又分钱来又分粮,还农贷、做棉

---

① 中国科学院经济研究所农业经济组:《国民经济恢复时期农业生产合作资料汇编(1949—1952)》(下),科学出版社 1957 年版,第 1020 页。

② 薄一波:《若干重大决策与事件的回顾》上卷,中共中央党校出版社 1991 年版,第119 页。

③ 史敬堂等:《中国农业合作化运动史料》(下),生活·读书·新知三联书店 1959 年版,第 750 页。

④ 中共中央农村工作部办公室:《吉林省农村调查》,《17 个省、市、自治区 1956 年农村典型调查》,1958 年,第 13 页。

⑤ 中共松江地委合作部:《关于农业生产合作社的典型调查和其他专题调查》,江苏省档案馆藏档,3043—3—113。

衣，周身上下新到底。"① 在浙江农村，为了鼓励农民入社，干部们公开宣布：入了社可以少派粮食征购任务，不入社就要多派。

互助组和合作社的优越性和党的政治宣传，使农民相信"实行农业合作化就可以使全体农民得到富裕的生活"。"因为实行合作化就可以用新的农具和新的耕作方法进行大规模生产，这样会带来比个体经济高得无比的产量。"② 这无疑对生活贫困的农民具有巨大的吸引力。黑龙江海伦县永合村孟庆余互助组，1948 年成立时，是一个全省有名的土质差、耕畜少、劳力弱的穷组。但是，他们依靠集体力量，使农业生产逐年得到发展。到 1951 年，全组 80 垧地共产粮食 610 石 8 斗，平均每垧产粮 8 石多，超过本村单产的 1/4 还多。组员收入增多，生活蒸蒸日上。如组长孟庆余全家 15 口人，2 个劳力，土改时是雇农，生活很穷困。经过四年多的劳动互助，他富裕起来了，先后买了 5 匹马，盖了 5 间海青房，家有余粮近百石。全家人都穿上了新棉衣。又如李长秀过去是全村有名的二流子，吃不饱，穿不上，还欠有大量外债，因无钱还债，他老婆身上穿的衣服都被债主扒去抵了债。他参加互助组后，在大家的帮助下劳动积极了，生活也逐渐富裕起来，不仅还清了债务，家人有吃、有穿、有被子盖，还买了一匹大红马，并准备盖三间房子。面对这一喜人景象，农民高兴地说："互助组真正发挥了互助作用，扶助了贫困户，改造了二流子，使人家都走上了富裕的路!"③ 北京郊区有的农民入社后，收入和生活水平都有了提高。土改前，有 8 户农民都是贫雇农，现在却成为村里最富裕的人了。农忙季节，社员每天吃一顿细粮，中秋节，8 户买了 50 多斤肉，4 袋麦。秋收后，8 户买了 9 匹多布，每人合 2 丈 4 尺多，大人、小孩都穿上了新棉衣，姑娘们也都打扮得花花绿绿的。8 户添了 14 条毡子，5 套新被褥，每家一个暖水瓶，学龄儿童都进了学校。社员龚士忠的小儿子，夏天学校毕业后，就把他送到丰台去上中学了。人们羡慕地说："不入合作社，孩子哪能上中学。"④

---

① 中共中央农村工作部办公室：《安徽省农村调查》，《17 个省、市、自治区 1956 年农村典型调查》，1958 年，第 179 页。

② 《积极支援农民的社会主义群众运动》，工人出版社 1956 年版，第 2 页。

③ 《黑龙江农业合作史》编委会：《黑龙江农业合作史》，中共党史资料出版社 1990 年版，第 94—95 页。

④ 中共北京市委党史研究室：《北京农业社会主义改造资料》上册，中国社会出版社 1991 年版，第 71 页。

　　另据江苏常州地委1952年10月的报告,由于农业生产合作社具备了比互助组更大的优势,故在合作社周围的互助组与单干户虽土质条件和其相等,均比不上合作社的产量。有些社员反映:"今年丰收是历史上从来没有过的!"周围群众反映说:"到底还是合作社!"也有说:"稻子长得好的,只有高级组"(指农业生产合作社);另一方面由于组织起来,均先后开展了长期的或临时的不同各类的副业生产,解决了农业上的多余劳动力的出路,而且除了养猪积肥外,在经济上都增加了收入。各社利润最少的也有100万元以上。因此,社员收入除了一两户土地多、劳动力少,过去靠请忙工、忙月或特殊原因等比以往少了一些外,一般的都比往年增多。叶瑞春社社员沈洪大比去年要多到4000斤以上;杨孝虎社社员杨美德比去年收入多到三倍以上。由于合作社空前丰收,社员思想上发生了很大的变化。李裕根社社员毛德厚说:"收多了棒打不出,收少了绳扣不住!"张来生社开始组织时,有些社员反映说:"我们组织合作社,就坑张来生!"政府派人帮助他们研究生产,有的社员说是监视他们生产的,还有的社员参加合作社还在说"好坏一季头",怀疑合作社到底是红的还是白的,现在社员思想不打自通,没有一个说合作社不好的,没有人想退社。邓槐银社公开征求各社员意见时,社员都表示"怎么进来的,还要退"。现在各社不是退社的问题,而是害怕别人来参加社享受现成分子,在少数社干思想上又想贪大。由于合作社的丰收,周围群众思想上也同样起了很大的变化,组社开始时,群众对合作社抱着怀疑、观望的态度,有的根本不相信合作社能办好,现在很多群众纷纷要求参加合作社。各社周围的群众要求入社的最少在14户以上,多的李裕根社竟有50户以上要求入社。邓槐银和张来生的周围,有几个互助组全组要求参加合作社,有的互助组自己也想组织合作社。① 可见,农业生产合作社搞好生产,增加社员收入,是农民踊跃参加合作社的重要原因。

　　其次是政治上的利益。在泛政治化的社会氛围下,参加互助组被视为"光荣",反之则是"落后"。因此,不少农民参加互助组,都带有

---

　　① 中共常州地委办公室:《本委关于土地改革、农业生产合作社的情况及武进县蠡河桥乡整理的互助组通报》,江苏省档案馆藏档,3042—1—16。

不同程度的"争光荣"和"怕落后"的考虑。① "共产党的道早晚不等，早晚都得做到，这样晚入不如早入，早入还能占点便宜。晚入汤也冷了饭也凉了，还落个落后名"②，他们都认为"入了社就有光明前途"。甚至连姑娘找"对象"也愿意找青年社员，有人给新社员于德泉介绍"对象"时就说："你别看他现在穷，他可入了合作社啦。"③

农民的这种功利心态在安徽省凤阳县城西乡李国坤互助组建社时表现得非常明显：有的追求"进步"，如张万洪等二人想一下就组织在一起，每天到乡里去问，怕落在其他社后面；有的想快用机器；有的想"组织起来政府多照顾"，如魏长泰说："合作社办起，政府更会帮助"；有的则是为了"出风头"，他们想组织起来后在群众中出风头，说："过去在临时组，只能到乡，不能到区。这次要搞合作社才能到县。"④ 据李立志的研究，合作化期间农民的这种功利性参与者是农业合作化运动的中坚力量。虽然"他们的支持是合作化运动得以迅速推行的重要力量源泉"，但"他们对社会主义的理解，仅仅在于社会主义可以弥补其'个人的无力'而已"，这"与主流政治理念大相径庭"⑤。

三是出于对党和政府号召的回应。广大贫苦农民在中国共产党的领导下翻身做了主人，并获得了渴望已久的土地。中国共产党及其领袖毛泽东由此赢得了农民的信任和支持，翻身农民从心灵深处自然地流露出对中共及其领袖毛泽东的崇拜和感激之情。农民们从过去和现在的对比中，深刻感受到党和政府以及领袖毛泽东给他们的生活带来的巨大变化。农民们说："过去吸大烟、赌鬼、小偷多，现在劳动模范多；以前光棍、坏女人多，现在模范夫妇、小孩多；以前长工多，现在当干部、住学校的多；以前没吃没穿的多，现在吃白面、穿市布的多；以前当票多，现在人民币多。"过去多的现在没有了，现在多

---

① 叶扬兵：《中国农业合作化运动研究》，知识产权出版社 2006 年版，第 214 页。
② 《黑龙江农业合作史》编委会：《黑龙江农业合作史》，中共党史资料出版社 1990 年版，第 103 页。
③ 中共北京市委党史研究室：《北京农业社会主义改造资料》上册，中国社会出版社 1991 年版，第 70 页。
④ 叶扬兵：《中国农业合作化运动研究》，知识产权出版社 2006 年版，第 234 页。
⑤ 李立志：《变迁与重建：1949—1956 年的中国社会》，江西人民出版社 2002 年版，第 248 页。

的过去没有，这是一个根本的改变。农民们都感到这是由于毛主席、共产党、人民政府领导得好。① 再说，"共产党领导我们剿匪、反恶霸、减租、土地改革，哪一件不都是为了老百姓？现在号召我们组织互助组，也是为我们打算"②。正是基于这样的想法，当中国共产党及其领袖毛泽东号召大家组织起来的时候，农民们相信"毛主席总冒哄过人，这回叫走新道路也冒得错，走就走吧"③。河南孟津县胡坡乡周河的母亲是个翻身农民，她告诉自己的孩子："共产党毛主席领导咱翻了身，这回也不会错了。就是合作垮了，顶多不过是把咱分的房子和地赔进去，就当咱原先没有分。"④ 正是农民对领袖的崇拜心理以及在此基础上产生的顺从领袖意志的行为趋向，使农业合作化运动呈现出一种大众积极参与的景象。后来，习仲勋在一篇报告中谈到了这一点，他说："农村互助合作运动这个大发展，又是农民群众对党和人民政府高度信任的结果。农民听到说是毛主席号召他们组织起来，都积极响应，'毛主席的话没错'。"⑤

从各地反映来看，贫下中农虽然迫切要求参加互助组，但是思想上还是有顾虑的，如劳力少、孩子多的户，普遍说："现在入社，劳力少，生活困难再等几年，小孩长大后，一定入社。"有副业收入和小手工业收入的户，则怕入社后受社的限制或副业归社等顾虑，他们说："入社还要望一望。"⑥ 还有人怕组织起来后，出卖劳动力不自由；怕做了活拿不到现钱；怕自己的活做得晚；怕大家有私心，把人家的活做坏，因而产量降低。河南孟津县胡坡乡贫农苏秀珍（团员）和公公都赞成入社，但是婆母顾虑大，怕吃亏，经过几次动员依然想不通。后来，苏秀珍说："土地改革时一人一分地，你不愿入社把你的地留出你单干，我和爹入社。"这时，苏秀珍的婆婆又增加了顾虑，怕媳妇和她分家，又

① 王谦：《山西老区五个农村情况调查报告》，《人民日报》1951 年 11 月 11 日。
② 中国科学院经济研究所农业经济组：《国民经济恢复时期农业生产合作资料汇编（1949—1952）》（下），科学出版社 1957 年版，第 900 页。
③ 唐玉金：《关于自发问题》，《农村工作通讯》1954 年第 9 期。
④ 中国科学院经济研究所农业经济组：《国民经济恢复时期农业生产合作资料汇编（1949—1952）》（下），科学出版社 1957 年版，第 971 页。
⑤ 史敬堂等：《中国农业合作化运动史料》（下），生活·读书·新知三联书店 1959 年版，第 340 页。
⑥ 中共松江地委合作部：《奉贤县农村情况调查》，江苏省档案馆藏档，3043—3—112。

怕和她孩子离婚，就跑到苏秀珍的娘家向"亲家"请教，苏秀珍的父亲是个老先生，告诉她说："吴福祥的合作社嘛？我是离得远，近时我也参加。"这样才最后决定同意入社。但在牲畜集中喂养的那天，她特别把牛大草大料地喂一顿，牵到社里后，返家时哭了一路。①

（二）上中农

上中农，又称为富裕中农，是指农村中那些自给自足略有结余，或零星雇佣他人帮助自己从事劳动的中农。农业合作化运动开始后，中农的心理震荡是巨大的。

第一，对发展个体经济的热衷与对合作化的抵触。

土地改革实现了耕者有其田，极大激发了农民发家致富的潜能。根据中共长治地委的农村调查，"在经济上升比较迅速的农民中，产生了愿意自由地发展生产，产生了不愿意、或者对组织起来兴趣不大了的'单干'思想"②。王瑞芳通过对大量的农村调查材料进行研究，也得出了这样的结论：土改后，贫雇农上升为新中农，或老中农上升为富裕中农或新富农后，他们所要求的并不是互助合作，也不是所谓"社会主义"，而是如何发展个体经济（即如何"单干"），如何"发家致富"③。可见，作为拥有土地的小私有者，农民是有着发展个体经济的积极性的。

在农民看来，只有单干才能"侍弄"好地，"单干才能发财，有穷有富才能发财"，而合作化则意味着将他们的土地和其他主要生产资料"充公"，他们将失去生产的自由。因此，"在土改后刚刚分地到手的农民中，真正具有互助合作积极性的人为数当时并不很多，而相当多的农民都愿意先把自己的一份地种好"④。于是，那些经济上升较快的农户，对组织起来感到苦恼，对合作化有着本能的抵触情绪。在河南，据五个社的调查：上中农中，一般拥护但有某些不满情绪的占本阶层的

---

① 中国科学院经济研究所农业经济组：《国民经济恢复时期农业生产合作资料汇编（1949—1952）》（下），科学出版社 1957 年版，第 971—972 页。

② 中共长治地委：《关于组织起来的情况与问题的报告》，《人民日报》1950 年 11 月 14 日。

③ 王瑞芳：《土地制度变动与中国乡村社会变革》，社会科学文献出版社 2010 年版，第304 页。

④ 薄一波：《若干重大决策与事件的回顾》上卷，中共中央党校出版社 1991 年版，第365 页。

26.9%，动摇、犹豫，对合作化道路有抵触情绪的占本阶层的 15.9%。他们认为"单干容易，互助难，参加合作社不如前几年"①。江苏奉贤县平安乡单干户蔡某某（老上中农，过去靠贩卖粮食为生）讲："你们（指社员）讲合作好，我死也勿相信，钞票堆满肚脐眼，我也勿入社。"东新乡单干户陈氏（老上中农，两个儿子已入社），她儿子林锦妹动员她入社时讲："要我入社，要社里保证每年给我粮食稻谷五百斤，小麦二百斤，绿豆荞麦一百斤，每天动一动就要记十分工，每月付现金工资6 元，勿然死也不入社。"又如东新乡单干户宋某某（老上中农），本人杀猪贩猪，骂合作社是"贼社"，社里在他儿子（社内社长）场上晒麦，被他将场地划碎，麦子弄乱。平安乡单干户陈某某（老上中农）种了 1.5 亩赤豆、花生、蚕豆、黄豆，他对社员挑唆关系讲："我单干样样有得吃，你们入社一样呒没吃。"②

应当说，上中农对合作化的这种抵触是基于理性考虑的。一是怕吃亏，担心损害到自己的利益。如湖南中农胡凤楼问干部："中农入社到底是不是吃亏？吃亏，你讲句实话，不吃亏，你也讲句实话。"③ 陕西的中农说："共产党的政策是为穷娃办事，合作化就该咱吃亏。"④ 无锡县蠡㴰区张缪舍乡中农包宝元怕因为自己的田肥，肥料又多，怕组织起来吃亏。因为别人的田没他的好，产量也不如他。⑤ 二是怕"不齐心"。在农民的观念中，"树大分叉，人多分家"是天经地义的，合作社要把许多家庭拴在一起合作做事，肯定会人多心不齐，搞不好生产，而且会有"吵不完的架"。"兄弟伙里都要打架分家，七娘八老子在一块还能搞得好？"⑥ 三是怕不自由。如湖北有的上中农说："入了社三不自由：政治不自由，经济不自由，劳动不自由"，增了产是"用命换来的"，

---

① 中共中央农村工作部办公室：《河南省农村调查》，《17 个省、市、自治区 1956 年农村典型调查》，1958 年，第 143 页。

② 中共松江地委合作部：《奉贤县农村情况调查》，江苏省档案馆藏档，3043—3—112。

③ 中共中央农村工作部办公室：《湖南省农村调查》，《八个省土地改革结束后至 1954 年的农村典型调查》，1954 年，第 26 页。

④ 中共中央农村工作部办公室：《陕西省农村调查》，《17 个省、市、自治区 1956 年农村典型调查》，1958 年，第 130 页。

⑤ 中共苏南区农村工作委员会：《关于吴县浒关区、金坛县白塔区、太仓县岳王区、金山县新闻区土地分配没收工作的调查总结材料》，江苏省档案馆藏档，7006—3—355。

⑥ 中国科学院经济研究所农业经济组：《国民经济恢复时期农业生产合作资料汇编（1949—1952）》（下），科学出版社 1957 年版，第 469 页。

"地下爬到芦席上,也不过只高一篾片","过去活轻、活松、收入多,现在活重、活紧、收入少"①。四是对合作化本身的怀疑。如安徽有部分上中农认为,合作化运动是"瞎哄起来的","一年不如一年","好处没有,倒落一头苦累"②。此外,中农对加入合作社还有其他的种种顾虑,如怕人多合不来,地多的怕报酬低,劳力多的怕分红少,妇女顾虑入了社没时间纺花做针线活,老人怕入社劳动太紧张,怕收入减少,怕没吃的。③ 怕贫农白使耕牛、农具,或不爱护耕牛、农具,出劲用,用坏了;怕组织起来好处不多,反要向外找工钱,等等。山东即东县七区某乡干部说的一段顺口溜,很能代表这部分农民的思想:"互助组找麻烦,作庄稼不保险,掏现钱不合算,宁愿雇个工使唤,叫耕深不敢浅,拿把粮也心甘。"④

正是在上述心理的支配下,农民中出现了一些抵制合作化政策的消极行为。如热河省委1954年12月在一份报告中说:宁城县1954年入秋以来共杀驴149头,凌源县十区7个村杀驴21头。喀喇沁、平泉、朝阳、赤峰等亦有杀驴现象。有的农民因政府明令禁止宰杀耕畜,就故意先砸断驴腿,再要求杀驴。⑤ 此外还发生了砍伐树木,出卖农具等现象。

第二,犹豫观望到随波逐流。

当合作化浪潮不断高涨的时候,仍有许多中农面临着两难的选择,"入社怕吃亏,不入怕孤立,不怕被孤立又会被说成落后";不入社担心别人都走共产党指引的金光大道,自己单干,"怕以后过独木桥要跌到河里去"。农民因而感叹:"现在是前进无招商客店,后退无息宿村庄,真是进退两难。"⑥ 湖北省委农村工作部调查研究室就孝感县太子乡农民对农业合作化运动的态度所作的调查报告,比较清晰地反映了部

① 中共中央农村工作部办公室:《湖北省农村调查》,《17个省、市、自治区1956年农村典型调查》,1958年,第227页。

② 同上书,第180页。

③ 中国科学院经济研究所农业经济组:《国民经济恢复时期农业生产合作资料汇编(1949—1952)》(下),科学出版社1957年版,第538页。

④ 中共中央华东局农村工作委员会农业互助研究组:《华东农业生产中劳动互助的情况》,《人民日报》1952年3月10日。

⑤ 林蕴辉:《凯歌行进的时期》,河南人民出版社1989年版,第538页。

⑥ 杨明节:《毛主席的报告传来以后》,《人民日报》1955年11月3日。

分农民的这种犹豫和观望心理。太子乡是孝感县一个一般乡。在这个乡的 343 户贫农、中农中,对农业合作化持观望态度的有 84 户,占 35%。他们对合作化基本上是拥护的。有的人本身的生产和生活没有很大困难,对于入社能否增加收入没有很大把握,特别是看到老社存在某些缺点(如社干部不民主、贪污等),对入社有些顾虑。有的人本身的生产和生活有一些困难(如人口多、劳动力少等),怕入社后得不了多少工分,收入减少。有的为人老实,不识字,不会算账,对社内各种制度搞不清楚,怕入社吃亏。由于这些原因,他们说:为了稳当一些,过两年再说。还有的人对入社抱无所谓的态度:别人都在赶热集,我一个人不能赶冷集,走到哪里看到哪里,别人入社我也入,别人不入自己也想等等再说;在生活比较富裕的 103 户上中农中,有 47 户抱观望态度,占本阶层的 46.6%。这种人一般对互助合作政策不大了解,或有些误解,害怕入社吃亏,打算看一两年再说。①

江苏奉贤县一部分生活比较富裕的上中农户,对合作社的抵触较大,但他们在生产上还或多或少存在一些困难,特别是抢收抢种、抗拒自然灾害、劳力不足的困难,因此已初步看到了合作社集体生产三大好处,即能战胜自然灾害,收种及时,搞好生产的优越性,同时其中一部分人亦为合作化大势所迫,资本主义在农村已经搞臭,感到单干无出路,但又不愿意入社,时常犹豫不定,他们说:"合作社好是好,就是收入不多,不自由不好。"因此,当社干和社员问他们何时入社时,就情绪不安地讲:"让我伲再望一望。"② 总之,这部分单干农民对社还有两方面顾虑,一方面入社与否牵涉到本身很多经济利害矛盾,另一方面虽然初步看到了合作社的优越性,但还看到农业社才初办,还未巩固,对农业化运动的某些缺点存在误解和怀疑,担心合作化能否搞好生产,能否巩固的问题。

然而当农民们意识到合作化已经成为一种不可阻挡的潮流的时候,他们一般采取了"随大流"的态度。如江苏松江县沈巷乡吊塘路村上中农张仁华说:"勿参加社吃勿开哉,我干活一个人,摇过船,看见叫富农,并且我的亲戚都入了社,他们看见我就动员我入社,实在话不过

---

① 杨明节:《毛主席的报告传来以后》,《人民日报》1955 年 11 月 3 日。
② 中共松江地委合作部:《奉贤县农村情况调查》,江苏省档案馆藏档,3043—3—112。

去，我也参加吧。"① 松江县城东区兴隆乡齐心社上中农张顺发怕给人戴上小农经济自发势力帽子，他对人家说："共产党是软剪刀，花样真多，又说是小农经济，又说是资本主义，我倪跟在后头要倒霉，再不入社，统购要多，肥料、糠饼分配得少，将来要弄得走投无路"，因此他入了社。② 山西长治的农民说："人家说好，组里（互助组）人都入，我也入。"还有的说："反正要走这条路，早走早光荣。"③ 据学者张晓玲2009年8月对山西忻州11位80岁以上新中农的调查，有8人表示当年是自愿入社的，他们在表示自愿入社的同时，几乎都补充了一些随大流的话语。如"随大流了"，"这是社会潮流"，"大家都入你不入，那不是不合群吗"？"不入也得入"，"不入的天天开会，不入不行"，"形势逼人"，"不愿意也得参加"，"不参加没办法，种不上地"，"一开始接受不了，习惯了也没啥了"，"一开始不愿意，后来也就愿意了"。可见，在那个阶级政策和阶级意识很强的年代里，农民的从众心理极为浓厚和持久。这种心理导致多数上中农在合作化高潮中，掩饰了原有的怀疑与不满，逐渐倒向合作化的一边。这样做，事实上只是为了被群体所接纳，以证明自己是"走社会主义道路的"，因为所有人都在这样做。④

此外，一些中农还有惶恐不安的心理。因为在合作化过程中，许多地方都出现了排斥中农、侵犯中农利益的现象。如有的地区规定互助组中中农组员不能超过1/3，河南信阳还作出停止发展中农组员的决定，引起了中农成分组长、组员的恐慌不安。在排斥中农的同时，也就容易在互助组里发生侵犯中农利益的事情。如在湖北省浠水县，有的互助组白用中农耕牛和农具，用时又不爱惜；有的在生产上把中农不应排在后面的工排在后面；在工资与结账问题上，有的看到中农进分就不结账，或者把工资压低；有的完全不要中农参加领导，甚至在互助组开会讨论问题时，不让中农发言，引起中农不安，感到"当中农没出路"，"当

① 中共松江地委合作部：《关于农业生产合作社的典型调查和其他专题调查》，江苏省档案馆藏档，3043—3—113。
② 中共松江地委合作部：《本部关于合作化运动的情况和进一步贯彻整社工作的意见》，江苏省档案馆藏档，3043—3—112。
③ 罗平汉：《农业合作化运动史》，福建人民出版社2004年版，第90页。
④ 张晓玲：《新中农在农业合作化运动中的心态探析（1952—1956）》，《历史教学》2010年第8期。

中农不光荣","当中农不合法!"①

（三）富农

土改后，由于农村合作化运动还没有普遍展开，党在农村采取了有所限制地允许土地买卖、土地租佃，借贷和贸易自由的政策。中共中央认为，"中国经济还处于落后状态，在革命成功后，相当长的时期内，还需要尽可能地利用城乡资本主义的一定积极性，以利国计民生的发展"②。因此在合作化初期，党仍然允许富农经济发展。

虽然允许富农经济发展，但中共中央在发起互助合作之时，实际上已经确立了拒绝富农参加互助组织的政策。这在1951年12月中共中央《关于农业生产互助合作的决议（草案）》中就有所体现。《决议（草案）》指出："在农业互助组和农业生产合作社内部，不应允许进行雇佣劳动的剥削（即富农的剥削）。因此，不应允许组员或社员雇长工入组入社，也不应允许互助组和农业生产合作社雇长工耕种土地。"③ 当发现有些地主、富农"钻进"互助组的现象后，各地政府随即决定，不允许地主、富农加入互助组，对已加入互助组的地主必须一律清洗出组；对富农如他们能老老实实地进行劳动，不起破坏作用，在等价互利和全体组、社员同意的条件下，可以暂不清洗；但不允许他有被选举权，不允许他在组、社内取得领导权。这种排斥富农加入互助合作组织的做法，实际上已经把能否参加互助合作组织变成一种政治待遇的象征，使互助合作运动一开始就带上浓厚的政治色彩。在此形势下，许多富农不得不格外小心谨慎。

许多在土改后靠劳动发家而从中农上升起来的"新富农"，由于怕冠以"剥削"之名，采取了"隐蔽化"的剥削手段。根据1953年对湖北浠水县望城乡的调查，全乡有三户新富农，"其中一户请了一个长工和1—3个童工，而且还是以工商业的面貌出现的，其他则是请月工、叫短工进行剥削。这样，既有利，又'避风'。在放高利贷方面，他们采取了'放远、分散、秘密、可靠'等'八个字'的秘诀，结合搞投

---

① 叶扬兵:《中国农业合作化运动研究》，知识产权出版社2006年版，第222页。
② 《中共中央同意东北局关于当前国内外的矛盾和农村中的主要矛盾问题给松江省委的复电》，《中共中央文件汇集》，1952年，第32页。
③ 中共中央文献研究室:《建国以来重要文献选编》第2册，中央文献出版社1992年版，第519页。

机商业与囤粮、买青苗等剥削"①。1953 年 2 月，中南土地改革委员会对湖北省武昌县锦锈乡进行调查，在七户富农中，雇用长工者只有一户，其他六户都是雇用的季节性短工。究其原因，富农怕雇长工目标大是重要原因。②

　　另有一些富农因怕"冒尖"、"露富"、"再来一次土地改革"，怕提前"实行社会主义"，而应当雇工者不敢雇工；有余钱余粮者不敢放账。还有一些富农一怕批斗，二怕被共产，情绪低沉、干劲减退，不积极沤肥积肥，大批出卖牲畜，有了钱不买生产资料，用于抢购不急需的用品，甚至用来修坟，买棺材等。富农靠自己劳动致富的欲望大大被压抑了。

　　还有一些富农为了追求政治待遇，想方设法进入互助组或合作社。如江苏江宁县麒麟乡富农蔡兴林想打入互助组。他在土改后鼓励儿子积极，做了学校教师。1952 年，他将耕牛低价卖给朱家栋互助组，分期付款，不取利息。他出租好田，只要佃户代交公粮，不收租米。他将 7 亩田租给蔡新德互助组，不收租米，只要替他做 20 多个人工。他还用借贷形式搞些"小恩小惠"，拉拢村组干部。③ 奉贤县砂碛乡周家村富农周福祥经常请农民抽烟喝茶，企图参加互助组。该乡姚刘村富农朱斗义也想参加互助组，他听到农民要购买戽水机，就在大会上大喊大叫："你们要买戽水机，铜钱我有，大船我也有，只要让我参加互助组。"④

　　过渡时期总路线关于限制并消灭富农的政策出台以后，富农成了农村"资本主义势力的代表"，这引起了富农的恐慌。原本就顾虑重重的富农，再也不敢雇工了。在江苏等地，还出现了富农将多余土地上交政府的情况。据江苏省委向华东局及中央报告："据镇江地委电话请示：丹阳等县委提出，有些富农要求将多余土地交给政府，是否可以接收？他们反映：这些富农要求交出土地的原因是很复杂的，有的想逃避负

---

① 中共黄冈地委调查组：《湖北省浠水县望城乡经济调查》，《农村经济调查选集》，第 108 页。

② 农业部农村经济研究中心当代农业史研究室：《中国土地改革研究》，中国农业出版社 2000 年版，第 257 页。

③ 中共江苏省委农村工作委员会：《江苏省农村经济情况调查资料》，江苏省档案馆藏档，3040—1—6。

④ 同上。

担,有的怕多统购,有的在总路线和宪法宣传中听到限制富农剥削到削减富农剥削的政策有顾虑,也有个别富农土地较多,由于最近互助合作运动发展,雇工比较困难,耕种劳力不足,希望交出多余的土地。也有些富农将一些土地抛荒,或送给私人或互助组、合作社。"① 可见,富农在农业合作化初期更多的是忧虑和担心。

四 农业合作化高潮中的农民心态

1955 年 7 月,中央召开全国省、市、自治区党委书记参加的中央工作会议。毛泽东在会上作了《关于农业合作化问题》的报告,公开批评中央一些领导同志是阻碍农业合作化加速发展的"小脚女人",指出:面对合作化运动日益高涨的形势,党的任务就是要大胆地和有计划地领导运动前进,而不应该缩手缩脚。随后这一批评将阻碍农业合作化上升为"右倾机会主义",进而将是否进行农业合作化提高到社会主义和资本主义两条道路的斗争。自此,在毛泽东的推动下,各地掀起了农业合作化运动的高潮。在这期间,农民的心态又发生了变化。

(一) 贫下中农

第一,坚决拥护的心态。由于绝大多数贫下中农都比入社前增加了收入,他们坚决拥护合作化的道路,对合作化的优越性体会得最深刻,感到入社不但省心,且增加了收入,解决了生产和生活上的困难,对合作社是兴奋、满意的,决心把社办好。他们普遍地反映:"入社前顾吃又顾穿,到秋一算去了人家的,不是缺吃就是少穿","合作社集体干活,按活评分,再要是生活不好,可全怪人了","入了社不能什么人都有活干,零钱碰整钱,虽然中间紧点,到秋一分好几百元"。② 据河南对 5 个不同类型区的 5 个社 2580 户社员的思想调查显示,490 户贫农中,对合作化积极拥护的有 445 户,占本阶层的 90.81%。他们反映:"入了初级社,来了个大翻身;入了高级社,子孙万代拔穷根",并认定高级社是摆脱贫困、共同富裕的唯一出路。有的贫农社员说:"吃社,

---

① 中国社会科学院、中央档案馆:《中华人民共和国经济档案资料选编·综合卷(1953—1957)》,中国物价出版社 2000 年版,第 44—45 页。
② 中共中央农村工作部办公室:《吉林省农村调查》,《17 个省、市、自治区 1956 年农村典型调查》,1958 年,第 13 页。

穿社，一辈子靠社；不把社办好，哪有自己过的好日子。"5 个社共有新、老下中农 1148 户，其中对合作化积极拥护的 939 户，占本阶层的81.79%。他们的政治热情和生产积极性绝大多数和贫农一样很饱满，对高级社的认识有了进一步提高，有些社员虽然收入减少了，但是他们还相信合作化制度的优越性，对合作社抱有很大希望。① 安徽凤阳五星社社员黄敬祥编了一首歌谣说："过去种田空起早，人家割稻我栽秧，薄地倒有六、七亩，年年讨饭度时光；入了大社啥不愁，又分钱来又分粮，还农贷、做棉衣，周身上下新到底。"还有的说："豆米稀饭扑鼻香，吃在嘴里滋味长，生活改善多亏合作化，衣食饱暖难忘共产党。""农业社就是吃奶孩子的妈，散社就等于散了家。"抱定"社在人在"②。

　　第二，一般拥护，但有某些不满情绪。这部分农民在贫下中农中占到一定比例。如据河南对 5 个不同类型区的 5 个社 2580 户社员的思想调查显示，490 户贫农中对合作化一般拥护，但有些情绪的有 28 户，占本阶层的 5.73%。5 个社共有新、老下中农 1148 户，有 150 户下中农一般拥护，但有某些不满情绪，占本阶层的 13.08%。③ 另据湖北省对 12 个社 3468 户的调查，表现一般的占 47.23%。④ 贫下中农有不满情绪的原因：一是由于底子薄，多数人目前收入还赶不上上中农，生活也较为困苦，特别是一些人口多、劳力少的困难户，负担沉重，对负债（包括应补交的生产费与公有化股份基金）很发愁。陕西米脂善家沟贫农社员李海明说："社是好，不过今年生产费，明年公有化，暂时二年还受不了。"⑤ 二是由于社内尚缺乏完善的经营管理经验，加上个别干部遇事不和他们商量，对他们生活关心不够，因而对社内生产和经营管

---

① 中共中央农村工作部办公室：《河南省农村调查》，《17 个省、市、自治区 1956 年农村典型调查》，1958 年，第 142—143 页。
② 中共中央农村工作部办公室：《安徽省农村调查》，《17 个省、市、自治区 1956 年农村典型调查》，1958 年，第 179 页。
③ 中共中央农村工作部办公室：《河南省农村调查》，《17 个省、市、自治区 1956 年农村典型调查》，1958 年，第 142—143 页。
④ 中共中央农村工作部办公室：《湖北省农村调查》，《17 个省、市、自治区 1956 年农村典型调查》，1958 年，第 223 页。
⑤ 中共中央农村工作部办公室：《陕西省农村调查》，《17 个省、市、自治区 1956 年农村典型调查》，1958 年，第 130 页。

理方面存在的缺点有意见。如安徽燕湖易太社账目搞得很糊涂，劳动报酬一变再变，农民们认为社里是"孙悟空七十二变的无底账"，很不满。"干的糊涂活，吃的糊涂饭"，以致影响他们的劳动积极性，认为"搞欠的，不如搞现的"。贵池五星社贫农应出的股份基金，一年扣了，他们说："多做多扣，累死了也不行。"① 此外，还有些入社前兼营过工商业和一贯不好劳动的懒汉，过去做活懒散，入社后对活路紧张有意见。

第三，动摇犹豫和抗拒的心理。据河南对 5 个不同类型区的 5 个社490 户贫农的思想调查显示，动摇犹豫的有 17 户，占本阶层的 3.46%。在 1148 户下中农中，动摇犹豫、留恋旧道路的有 59 户，占本阶层的5.13%。② 贫下中农动摇犹豫和抗拒的原因主要是：由于他们的底子薄，虽然增加了收入，但生活仍很困难，在思想上感到不安，对合作化开始怀疑，如桐木社贫农王德潮说："今年入高级社，开始希望很大，结果是三多一不多（搞活路多、贷款多、收入多，剩不多）。"③ 贵州农村调查组调查发现，贫农中约有 5%—8% 人口多而劳动力少的农户，生活上仍然存在严重困难，甚至受富裕户的讽刺："破底箩筐"（填不满），"塘底烂泥"（扶不起来），因之有些悲观失望。如永宁社杨桂凤，当没有办法解决困难时就叹气，说："志大力小，志多也是枉然，还是到哪个山就唱哪个歌吧！"这部分贫农中有一些户看见当年减了产，在秋收分配前思想有点不安，怕按所得工分分不够口粮，自己去搞副业，不太关心社的生产。④

（二）上中农

第一，拥护的心态。据河南对不同类型区的 5 个社 779 户上中农的思想调查显示，对合作化拥护的有 457 户，占本阶层的 57.2%。这些户多属于劳力多、劳力强、劳动好，思想进步，收入亦有不同程

---

① 中共中央农村工作部办公室：《安徽省农村调查》，《17 个省、市、自治区 1956 年农村典型调查》，1958 年，第 179 页。

② 中共中央农村工作部办公室：《河南省农村调查》，《17 个省、市、自治区 1956 年农村典型调查》，1958 年，第 142—143 页。

③ 中共中央农村工作部办公室：《贵州省农村调查》，《17 个省、市、自治区 1956 年农村典型调查》，1958 年，第 364 页。

④ 中共中央农村工作部办公室：《广西省农村调查》，《17 个省、市、自治区 1956 年农村典型调查》，1958 年，第 398 页。

度的增加。① 他们亲身体会到合作社的好处，因而消除了疑虑，坚定了走合作化道路的决心。如吉林白城县兴业乡农业社社员窦福生（新上中农）说："给地主扛大活，披星戴月干一年，愁吃少穿，在互助组忍气吞声干一年是紧紧巴巴，打'扑登'在初级社干一年吃用有点余，高级社干一年吃穿有余，养口肥猪还有零花钱，高级社是一朵幸福的花。"②

第二，随大流的心态。一部分增加收入或略有减少的上中农，对合作社还有信心，感到合作社力量大，而且也可以办好，既然都走，咱就跟着；有的说："现在大家都往南走，咱们也不能往北飞啊。"③

第三，不满和抵触的心理。如有农民对过去的统购统销等社会主义改造措施有抵触，入社时有些勉强，入社后生产情绪很低，有的还违反劳动纪律；少数户过去有投机商业活动或其他剥削，入社后认为"不自由"，说合作社的坏话，多方面攻击合作社，认为"单干容易，互助难，参加合作社不如前几年"④。有些原来生产水平高的和留恋走老路的上中农，认为"高级不如低级，低级不如互助"，合作化运动是"瞎哄起来的"，灰心丧气地认为"一年不如一年"，"好处没有，倒落一头苦累"⑤。还有一些比过去减少收入较多的上中农，他们劳力较弱，过去主要靠牲口换工种地，略有剥削，他们过去的收入多，竟搞来钱多和来钱快的买卖，投点机。入社后，又拿轻躲重，他们对社的事情都看不顺眼，他们怕投资连根烂，收入减少对社不满。吉林临江县上甸子乡的社员萧洪奎（上中农）说："要想把社办好，得把这四大柱（主任、会计、出纳、保管）都砍掉。"⑥ 少数上中农对合作化的抵触情绪尚未消除，他们仍然在说："共产党的政策就是为穷娃办事，合作化就该咱吃

---

① 中共中央农村工作部办公室：《河南省农村调查》，《17个省、市、自治区1956年农村典型调查》，1958年，第143页。
② 中共中央农村工作部办公室：《吉林省农村调查》，《17个省、市、自治区1956年农村典型调查》，1958年，第13页。
③ 同上书，第13—14页。
④ 中共中央农村工作部办公室：《河南省农村调查》，《17个省、市、自治区1956年农村典型调查》，1958年，第143页。
⑤ 中共中央农村工作部办公室：《安徽省农村调查》，《17个省、市、自治区1956年农村典型调查》，1958年，第180页。
⑥ 中共中央农村工作部办公室：《吉林省农村调查》，《17个省、市、自治区1956年农村典型调查》，1958年，第13页。

亏。"因而,劳动消极,怨言很多;甚至风言风语,找岔子讽刺和打击贫农与社干部。①

　　第四,动摇犹豫的心态。如湖北农民调查组根据12个社的调查发现,老上中农当中,仍有18.8%的户,在合作社里干了一年,还未拿定主意,犹豫动摇,其中0.89%的户表示要坚决退社(并有0.88%的户已退社)。这些户主要是这样两种人:一是田多田好,茶、麻等经济作物占有多的;二是不仅占有优越的生产条件而且会组织,善于多种经营。他们有的收入比入社前减少,有的却是增加。他们的犹豫动摇,一方面是由于收入减少,而另一方面是他们仍在留恋旧道路。这些人对合作社的另外一种看法,是他们认为合作社只对贫农有好处,对中农没有好处。如襄阳罗冈社老中农刘宝汉看到贫农增产说:"贫农真像雨后的春笋,一天天冒起来了,我们好比霜后的枯树,慢慢地根枯叶落!"江陵联合社老中农说:"入了社三不自由:政治不自由(不能自由说话,说了'扣帽子')、经济不自由(用钱不方便)、劳动不自由(整年在社劳动,没有休息时间)",增了产是"用命换来的"②。

　　(三)富农

　　如果说在农业合作化初期中共中央对富农的政策具有双重性质,即保存富农经济并允许其发展,但不允许其参加互助组,以防其在互助组内进行剥削。但随着合作化运动高潮的到来,中央的政策也逐步由"限制富农"向"消灭富农"转变。1954年12月,中共中央第四次互助合作会议对富农作了新的定位。中共中央转发中央农村工作部《关于全国第四次互助合作会议的报告》指出,"富农这一敌对阶级,对于社会主义事业的抵抗和破坏行为日益激烈,必须提高警惕,对富农的限制斗争必须加强"③。根据这次会议精神,《人民日报》发表1955年元旦社论,指出"富农作为一个阶级来说,是农村中最后的一个剥削阶级","无

---

　　① 中共中央农村工作部办公室:《陕西省农村调查》,《17个省、市、自治区1956年农村典型调查》,1958年,第130页。

　　② 中共中央农村工作部办公室:《湖北省农村调查》,《17个省、市、自治区1956年农村典型调查》,1958年,第227页。

　　③ 《农业集体化重要文件汇编(1949—1957)》上册,中国农业出版社1981年版,第266页。

数事实证明富农是不会轻易放弃剥削的。只要这个阶级还存在，他们就会极力破坏社会主义改造，腐蚀农村干部，挑拨农民的团结"。因此，"必须认识富农破坏的严重性，百倍地提高警惕，吸取教训。对于有破坏行为的富农分子，必须依法给以惩罚"。

　　与此同时，中共中央在《关于整顿和巩固农业生产合作社的通知》中将富农同地主、反革命分子并列，指出"许多地方有富农、地主或反革命分子混入社内的现象，应该教育群众分别清除"①。自从将富农同地主、反革命分子、坏分子划在一起之后，富农在政治上就成为过街老鼠，众矢之的了。加入合作社而成为"社员"的富农，成为所谓"富农分子"。然而富农并没有因为入社而改变其阶级成分，在此后的岁月里，富农分子作为"五类分子"中的一类，受到了监督和改造。直至十一届三中全会以后才解除了对他们的政治歧视。期间，在强大的政治压力下，许多富农感觉到只有诚实劳动，才能获得最终的出路，他们纷纷表示坚决接受改造。如山西省长治专区有的地主、富农发表声明说："过去我说的话，都是狗皮膏药，现在我写下牛皮文书，保证不再乱说乱动，规规矩矩，服从领导。"② 他们中的多数人在劳动中被改造成为自食其力的新人。劳动生产守法的分子大都取得了正式社员的资格。如湖北农民调查组根据 12 个社的调查，在 61 户富农中，有 26 户成为正式社员，占 42.62%。③

　　当然，也有表现一般的。如一些老富农由于在政治上受到孤立，在经济上受到限制，合作化后受到了教育，其主要思想是：在政治上"独善其身"，抱着"不求有功、但求照过"的态度。他们知道不能再走老路了，因而尽量讨好群众；但入社后在劳动中，避重就轻，偷工减料，如永宁乡富农睦谓珍耕田，只耘四边，不耘田中间。④ 另有极少数不法分子进行破坏活动，如拉拢干部、破坏生产、造谣、偷盗社的公共财产、挑拨干群关系和中贫农之间的关系等。

---

①　《农业集体化重要文件汇编（1949—1957）》上册，中国农业出版社 1981 年版，第 278 页。

②　《改造地主富农分子成为自食其力的新人》，《人民日报》1956 年 9 月 26 日。

③　中共中央农村工作部办公室：《湖北省农村调查》，《17 个省、市、自治区 1956 年农村典型调查》，1958 年，第 229 页。

④　中共中央农村工作部办公室：《广西省农村调查》，《17 个省、市、自治区 1956 年农村典型调查》，1958 年，第 400 页。

然而随着各地消灭富农经济步伐的加快,富农在社会主义合作化的强大潮流中渐渐失去了光芒。1955年10月,中共山西省委宣布,全省"土地买卖已基本上停止","农民已基本上摆脱了高利贷剥削和私商剥削",因此全省"基本合作化的地区富农经济已基本消灭"①。随后,全国其他地区也先后完成了"消灭富农经济"的任务。在消灭富农经济的同时,富农作为一个社会阶层不复存在了。

五 农业合作化运动中的思想教育

农业合作化运动是一场以进行农业的社会主义改造为变革目标的运动。在这场运动中,不同阶层农民的心态是极其复杂的。然而从土地改革完成到农业合作化的基本实现,新生的国家政权在短短几年的时间里就取得广大农民对国家政权的认可与服从,实现了农村的革命性变革。一个重要原因在于,中共在乡村社会成功地对农民进行了思想教育。

一是进行社会主义前途教育。通过社会主义和资本主义两条道路的对比,"说明社会发展远景,集体农庄的美满生活",并启发群众回忆"旧社会的苦处",使他们"反对重走'少数人发财、多数人贫困'的道路","认识与热爱互助合作共同上升"的道路。②

二是进行政策教育。通过召开区农民代表会议和包括有地主、富农参加的村群众大会及各种形式的座谈会,讲清政策,不仅让贫雇农、中农了解政策,而且让富农、地主也摸到政策的"底",以在农民中树立"生产第一"和"天下农民是一家"的思想。

三是进行农业生产合作社优越性教育。一般从总结互助组生产入手,引导群众"从切身体验中来认识互助合作道路的正确性",再引导群众检查互助组中所不能解决的矛盾和研究解决矛盾的办法,并引导群众讨论农业生产合作社的好处。如农业生产合作社可以解决互助组中干活争先的"排工"困难,克服互助组中"干人家活宽,干自己活紧"的自私观点,土地可以因地种植,劳力可以合理分工,等等。

经过宣传教育,广大农民的社会主义觉悟大大增强,要求入社的积

① 史纪言:《百分之四十一的农户参加农业合作社以后》,《人民日报》1955年10月16日。
② 中国科学院经济研究所农业经济组:《国民经济恢复时期农业生产合作资料汇编(1949—1952)》(下),科学出版社1957年版,第940—941页。

极性也普遍提高。如华北各地农民纷纷要求新建或参加农业生产合作社，全区原定 1954 年增加农业生产合作社一倍的计划，已不能满足群众要求。华东区广大农民的互助合作积极性十分高涨。山东、苏北、淮北老区和长江以南的新区，许多原来不巩固的农业生产合作社和互助组，现在都开始巩固了；一些已经垮台的互助组，现在又重新恢复起来；单干农民要求参加农业生产合作社和互助组的也日益增多。①

高级社的建社过程更是伴随着大规模的宣传和教育。建社工作尚未开始，各地就开展了高级社的宣传。怀着对"合作化后，就是楼上楼下，电灯电话，点灯不用油，耕地不用牛，说话不用嘴（电话），走路不用脚（汽车）"的美好向往，许多农民纷纷踊跃地加入高级社。费孝通曾经这样描述江村成立高级社前后的情景，"在合作化高潮卷到这个村子里的时候，热烈的场面真是动人。高级社成立前几天，号召大家积肥献礼，每只船都出动了，罱得满船的河泥，把几条河都挤住了。几村的人都穿上节日的衣服，一队队向会场里集中。一路上放爆竹，生产积极性的奔放，使得每个人都感受到气象更新"。"肥料加到地里，青青的水稻那样得意地长起来，使农民心花怒放。""农民们从田里回家，谁都怀着兴奋的心情，'700 斤'没问题，接下去的口头禅是'一天三顿干饭，吃到社会主义'"②，足见农民是怀着美好的愿望自愿参加合作社的。

不可否认的是，出于某些原因，一些地区在建社过程中发生了较为严重的强迫农民入社的现象。如河北省大名县五区堤上村景占雅社与岳凤山社在发展社员时，当街摆了两张桌子，命令群众说："社会主义，资本主义看你走哪一条，要走社会主义道路就在桌子上签名入社"，"咱村就这两个社，你愿入哪一个，自由选择，不入这个社，入那个社，反正得入一个"。群众想不通，硬拉着群众的手盖手印。社员孔样宝说："我不知道干啥，干部叫我盖了个手印，第二天就叫去开社员会。"文集村为了建立 100 户以上的大社，村干部在群众大会上讲："谁不参加社，就是想定地主、富农、资产阶级和美国的道路。"③ 对此，中共中

---

① 新华社：《华北、华东、西北三大行政区　积极建立农业生产合作社》，《人民日报》1954 年 1 月 26 日。

② 费孝通：《江村经济》，江苏人民出版社 1985 年版，第 277 页。

③ 叶扬兵：《中国农业合作化运动研究》，知识产权出版社 2006 年版，第 254 页。

央要求各地采取措施进行纠正。特别是在 1953 年，中共中央在全国范围内掀起了一场"新三反"（即反对官僚主义、反对强迫命令、反对违法乱纪）运动，对于纠正强迫命令起了很大的作用。

应当指出的是，农民在合作化浪潮中对加入合作社顾虑重重，表现出种种消极心理，是基于小农经济的生产和生活习惯，以及对土地改革中所获得的土地的挚爱。为了消除农民的顾虑，赢得他们对合作化的认同，党在农村进行了广泛而深入的宣传教育，从而让农民相信：党领导农民走合作化的道路，目的是让广大农民过上幸福生活。加之当时浓厚的群众运动气氛，给抵触情绪较大的农民传递了一定的政治压力。这些都是使合作化运动在很短的时间内得以顺利完成的心理因素。

第四章 新中国成立初期民族资产阶级的社会心态

对中国的民族资产阶级采取什么样的政策，历来是中国共产党统一战线中一个极为重要的问题。新中国成立后，中国共产党对民族资本主义经济采取了利用和限制的政策。对于"利用"，民族资本家是欢迎的，而对于"限制"，他们则心有不甘。于是，限制与反限制的斗争时起时伏，最终民族资本家败下阵来并在社会主义改造中被改造成自食其力的劳动者。可以这样说，中国社会的巨大变革给民族资产阶级带来的心理震动是巨大的，他们的社会心理变化在中国各社会阶层中也最为复杂。本章主要以民族资产阶级的主体——工商资本家为对象，考察他们在新中国成立初期的心路历程。

第一节 新中国成立前后民族资产阶级的心理翻转

一 新中国成立前党对民族资产阶级的争取和保护

中国民族资本主义经济是在外国资本主义入侵中国后，中国开始沦为半殖民地半封建社会的特殊社会环境下产生的。这种特殊的社会环境决定了中国民族资本主义具有它的"先天不足"：从企业产生看，它不是生产力充分发展的结果，而是在列强入侵破坏了中国自给自足的自然经济的前提下，直接从外国输入机器、技术创办起来的；从企业布局看，企业发展极不平衡，主要集中在东南沿海地带，而内陆和西部地区十分稀少；从部门结构看，主要以纺织、食品工业等轻工业为主，没有重工业的基础，不能构成一个完整的工业体系和国民经济体系；从企业规模看，他们大多规模狭小，生产分散，设备和技术落后，劳动生产率较低;从企业生存环境看,他们饱受外国资本的压迫,封建生产关系的束缚,买办资本、官僚资本的排挤,因而发展缓慢。中国民族资本主义经济正是在这样的社会条件下艰难地生长起来的。

在半殖民地半封建社会中成长的中国民族资产阶级,"不同于帝国主义国家的垄断资产阶级,也不同于东欧各国的资产阶级。虽然资产阶级的本质相同,但面目不同"①。民族资产阶级在旧中国各阶级中,是一个文化水平比较高的阶级,他们中的许多人受过西方教育,并曾试图通过学习西方国家的政治经济学说,挽救中国的危亡。如1898年的维新变法,就是当时民族资产阶级中的一些先进分子,为挽救民族危亡,发展资本主义,而发起的一场改良主义运动。尽管运动最终失败了,但它却推动了中国的思想解放运动,加快了中国近代化的进程。再如1911年的辛亥革命,是一次比较完全意义上的资产阶级民主革命。它推翻了中国两千多年的封建君主专制制度,创建了中华民国。但由于资产阶级革命派的软弱性以及由此而来的辛亥革命的局限性,辛亥革命不可避免地失败了。它没有完成反帝反封建的根本任务,没有改变中国人民受剥削、受压迫的命运。

由上可见,民族资产阶级曾为了挽救民族危亡,实现自己的理想而奔走呼号,并因此在中国的社会经济生活中占有相当重要的地位。但产生于半殖民地半封建社会的中国民族资产阶级,"他们同帝国主义和封建主义有矛盾。从这一方面说来,他们是革命的力量之一","但是又一方面,由于他们在经济上和政治上的软弱性,由于他们同帝国主义和封建主义并未完全断绝经济上的联系,所以,他们又没有彻底的反帝反封建的勇气"。"民族资产阶级的这种两重性,决定了他们在一定时期中和一定程度上能够参加反帝国主义和反官僚军阀政府的革命,他们可以成为革命的一种力量。而在另一时期,就有跟在买办大资产阶级后面,作为反革命的助手的危险。"② 因此,如何处理与资产阶级的关系,对他们采取何样的政策,始终是民主革命时期中国共产党需要解决的重大问题之一。

中国共产党成立之初,早期的共产党人从抽象理论和既定概念出

---

① 《周恩来统一战线文选》,人民出版社1984年版,第235页。
② 《毛泽东选集》第2卷,人民出版社1991年版,第640页。

发，把民族资本家作为了革命的对象。如中共一大党纲明确宣布：革命军队必须与无产阶级一起推翻资本家阶级的政权，要"消灭资本家私有制，没收机器、土地、厂房和半成品等生产资料，归社会公有"①。这无疑是错误的，因为当时中国社会的主要矛盾，是帝国主义和中华民族的矛盾，封建主义和人民大众的矛盾。工人阶级与资产阶级尽管也存在矛盾，但并不是中国社会的主要矛盾。因此，把民族资本家当作革命的对象，无疑混淆了民主革命和社会主义革命的界限，对中国革命极为不利。

正因为认识到了这个问题，1922年中共二大对中国社会的性质和中国革命的性质重新做了判断，认为中国资产阶级和中国无产阶级一样同受帝国主义和封建主义的压迫，"中国幼稚资产阶级为免除经济上的压迫起见，一定要起来与世界资本帝国主义奋斗"②。"中国的资本主义，已发达到一种程度，中国资产阶级已能为他们自己阶级的利益反对封建制度的军阀了。"③可见，中共二大已经认识到中国革命的对象是帝国主义和封建军阀，中国资产阶级具有革命的要求，是中国革命的动力之一。然而大革命失败后，由于资产阶级附和了蒋介石，中共中央在很长一段时间里，将民族资产阶级看成是"阻碍革命胜利的最危险的敌人之一"，认为中国革命"只有反对中国的民族资产阶级，方才能够进行到底"④。

此后，随着中日民族矛盾的上升和抗日民族统一战线的逐步确立，中国共产党对民族资产阶级的认识和政策才逐渐成熟起来。1935年12月，瓦窑堡会议通过了《关于目前政治形势与党的任务决议》。《决议》指出："一部分民族资产阶级与军阀，不管他们怎样不同意土地革命与苏维埃制度，在他们对于反日反汉奸卖国贼的斗争采取同情，或善意中立，或直接参加之时，对于反日战线的开展都是有利的。因为这就削弱了总的反革命力量，而扩大了总的革命力量。为达到此目的，党应该采

① 中央档案馆：《中共中央文件选集》第1册，中共中央党校出版社1989年版，第3页。

② 同上书，第112页。

③ 同上书，第61—62页。

④ 中央档案馆：《中共中央文件选集》第4册，中共中央党校出版社1989年版，第300页。

取各种适当的方法与方式，争取这些力量到反日战线中来。"① 会后，毛泽东做了《论反对日本帝国主义的策略》的报告，明确指出，"革命的动力，基本上依然是工人、农民和城市小资产阶级，现在则可能增加一个民族资产阶级"②。因为"民族资产阶级，主要的是中等资产阶级，他们虽然在一九二七年以后，一九三一年（九一八事变）以前，跟随着大地主大资产阶级反对过革命，但是他们基本上还没有掌握过政权，而受当政的大地主大资产阶级的反动政策所限制。在抗日时期内，他们不但和大地主大资产阶级的投降派有区别，而且和大资产阶级的顽固派也有区别，至今仍然是我们的较好的同盟者"③。可见，为团结一切可以团结的力量反对日本帝国主义，民族资产阶级不再是革命的对象，而被视为团结的对象了。

解放战争开始后，中国共产党制定了政治上团结和争取民族资产阶级，经济上保护民族工商业的政策。

1947 年 12 月，毛泽东在《目前形势和我们的任务》中指出："新民主主义革命所要消灭的对象，只是封建主义和垄断资本主义，只是地主阶级和官僚资产阶级（大资产阶级），而不是一般地消灭资本主义，不是消灭上层小资产阶级和中等资产阶级。由于中国经济的落后性，广大的上层小资产阶级和中等资产阶级所代表的资本主义经济，即使革命在全国胜利以后，在一个长时期内，还是必须允许它们存在；并且按照国民经济的分工，还需要它们中一切有益于国民经济的部分有一个发展；它们在整个国民经济中，还是不可缺少的一部分。"④ "上层小资产阶级和中等资产阶级，虽然也是资产阶级，却是可以参加新民主主义革命，或者保持中立的。他们和帝国主义没有联系，或者联系较少，他们是真正的民族资产阶级。在新民主主义的国家权力到达的地方，对于这些阶级，必须坚决地毫不犹豫地给以保护。"⑤ "新民主主义国民经济的指导方针，必须紧紧地追随着发展生产、繁荣经济、公私兼顾、劳资两

① 中央档案馆:《中共中央文件选集》第 10 册，中共中央党校出版社 1991 年版，第 605 页。
② 《毛泽东选集》第 1 卷，人民出版社 1991 年版，第 160 页。
③ 《毛泽东选集》第 2 卷，人民出版社 1991 年版，第 640 页。
④ 《毛泽东选集》第 4 卷，人民出版社 1991 年版，第 1254—1255 页。
⑤ 同上书，第 1254 页。

利这个总目标。一切离开这个总目标的方针、政策、办法，都是错误的。"① 为更好地团结和争取民族资产阶级，中国共产党在解放区继续实行"三三制"原则，以确保民主人士和中间派分子能继续参加解放区的政权建设。在国统区，中国共产党继续加强同进步民主党派的合作。1948 年 4 月底，中国共产党发布了《五一口号》，邀请民主党派一起召开新政协，号召"各民主党派、各人民团体、各社会贤达迅速召开政治协商会议，讨论并实现召集人民代表大会，成立民主联合政府"②。这一提议得到了民主人士的广泛赞同。当人民解放战争胜利进行并接收、管理越来越多的城市时，中国共产党特别强调要注意团结民族资产阶级，以"争取尽可能多的能够同我们合作的民族资产阶级分子及其代表人物站在我们方面"③。

与政治上团结民族资产阶级相一致，中国共产党在经济上对私人资本主义采取了保护的政策。1946 年 3 月，中共中央在《关于解放区经济建设的几项通知》中要求各解放区要"鼓励合作，提倡私人投资"，并利用各种社会关系或统一战线，吸引国统区的民族工商业者来解放区投资和工作。④ 对敌伪占领时期的私人企业，中共中央指示：凡在敌占期间，未与敌人合作的私人企业，一律保护其继续经营；敌占期间，因敌伪强迫加入资本而变成敌伪资本与私人联合经营的企业，只要能证明敌伪资本确属强迫加入，则只没收敌伪资本充作官股，私人资本并不没收，以公私合营的方式继续经营；凡被敌伪没收的私人企业一律发还原主，其中，在敌伪没收后又投入新的资本者，将没收的敌伪投资充作官股，在原业主收回原投资本所有权后，以公私合营形式继续经营。在处理劳资关系方面，实行"劳资两利"的方针。1947 年 10 月，中共中央公布的《中国土地法大纲》，用法律的形式规定："保护工商业者的财产及其合法的营业，不受侵犯。"⑤ 随后，在党的十二月会议上，毛泽东在报告中第一次明确地把"保护民族工商业"确定为党的三大经济纲领之一。

---

① 《毛泽东选集》第 4 卷，人民出版社 1991 年版，第 1256 页。

② 中央档案馆：《中共中央文件选集》第 17 册，中共中央党校出版社 1992 年版，第 146 页。

③ 《毛泽东选集》第 4 卷，人民出版社 1991 年版，第 1428 页。

④ 中央档案馆：《中共中央文件选集》第 16 册，中共中央党校出版社 1992 年版，第 106—107 页。

⑤ 同上书，第 549 页。

　　然而，私人资本主义有"发展生产、繁荣经济"的一面，同时也有无政府主义和损人利己的一面。如果对其消极的一面不加以限制的话，势必对新民主主义经济造成严重破坏。所以，在对它利用的同时，也必须加以适当的限制，这也是保护私人资本主义的题中应有之义。为此，毛泽东在党的七届二中全会所作的报告中明确提出了限制私人资本主义的思想。毛泽东指出："中国的私人资本主义工业，占了现代性工业中的第二位，它是一个不可忽视的力量。中国的民族资产阶级及其代表人物，由于受了帝国主义、封建主义和官僚资本主义的压迫或限制，在人民民主革命斗争中常常采取参加或者保持中立的立场。由于这些，并由于中国经济现在还处在落后状态，在革命胜利以后一个相当长的时期内，还需要尽可能地利用城乡私人资本主义的积极性，以利于国民经济的向前发展。在这个时期内，一切不是于国民经济有害而是于国民经济有利的城乡资本主义成分，都应当容许其存在和发展。这不但是不可避免的，而且是经济上必要的。但是中国资本主义的存在和发展，不是如同资本主义国家那样不受限制任其泛滥的。它将从几个方面被限制——在活动范围方面，在税收政策方面，在市场价格方面，在劳动条件方面。我们要从各方面，按照各地、各业和各个时期的具体情况，对于资本主义采取恰如其分的有伸缩性的限制政策。"① "但是为了整个国民经济的利益，为了工人阶级和劳动人民现在和将来的利益，决不可以对私人资本主义经济限制得太大太死，必须容许它们在人民共和国的经济政策和经济计划的轨道内有存在和发展的余地。"② 可见，毛泽东认为这种限制是有条件的，那就是不能把私人资本主义限制得太死，要使私人资本主义在国家的法律法规之内有存在和发展的余地，而且要把私人资本主义逐步引导到有利于国计民生的轨道上去。1949 年 9 月通过的起临时宪法作用的《共同纲领》，明确规定了新中国对私人资本主义的政策，即"以公私兼顾、劳资两利、城乡互助、内外交流的政策，达到发展生产、繁荣经济之目的"。"凡有利于国计民生的私营经济事业，人民政府应鼓励其经营的积极性，并扶助其发展。""在必要和可能的条件下，应鼓励私人资本向国家资本主义方向发展，例如为国家企业加

---

① 《毛泽东选集》第 4 卷，人民出版社 1991 年版，第 1431 页。
② 同上书，第 1432 页。

工，或与国家合营，或用租借形式经营国家的企业，开发国家的富源等。"① 由此可见，中国共产党对私人资本主义政策是非常明确的，那就是利用其有益于国计民生的一面发展新中国的经济，对其不利于国计民生的一面加以限制；在利用私人资本主义的同时，创造条件并鼓励其向国家资本主义方向发展。正是由于中国共产党在政治上团结和争取民族资产阶级，在经济上采取了适宜的私人资本主义政策，解放区和新解放区的经济发展没有受到太大的影响，这为新中国成立后民族资产阶级接受中国共产党的领导创造了条件。

二　新中国成立前后民族资产阶级的心理翻转

新中国成立前，民族资产阶级的心态是极其复杂的，既有去留两难的矛盾心理，也有对新政权的恐惧，更对自己未来的命运感到惶恐不安。中国共产党根据中国的实际和民族资产阶级两面性的特点，一方面利用、限制民族资本主义经济；另一方面加强对民族资产阶级的团结和教育。这使得民族资产阶级的心理经历了复杂的转变过程。

（一）从矛盾、恐惧到心绪安定

新中国成立前夕，在国民党全面溃败，人民军队节节胜利的形势下，大部分民族资本家面临着两难的选择，由于对共产党的政策缺乏了解，是选择共产党留在大陆，还是选择国民党逃往台湾抑或逃到海外？很多人举棋不定。他们既不愿意舍弃祖传或自创的事业而流落他乡去冒险，也不知道如果留在大陆他们的前途又将如何？据上海资本家贝谛华回忆，"北平解放后，上海国民党报刊歪曲宣传，污蔑共产党，不明真相的工商业者，都为自己的前途忧虑。有些和国民党有牵连的大资本家，正在做去台湾或香港的打算；有的拆卸机器准备运走；有的厂已由工人组织起来作护厂斗争。许多中小工商业尤其惶惶不安。我们同业中也有人去香港，有的先将资金套汇去港，暂留在沪看一个时期再说。像我这种中小工商业者，要走，感到损失很大，留着又怕遭到斗争，后悔莫及。当时有这种顾虑的人不少"②。

① 中共中央文献研究室：《建国以来重要文献选编》第 1 册，中央文献出版社 1992 年版，第 8 页。
② 陆和健：《上海资本家的最后十年》，甘肃人民出版社 2009 年版，第 98 页。

　　有"火柴大王"、"煤炭大王"、"企业大王"之称的刘鸿生也道出了当时的那种矛盾复杂的心情。他说："我感到非常矛盾。过去四十年的经验使我深知蒋介石是长不了的，跟着他跑只有死路一条。我也并不想流落国外作'白华'，然而，我那时不但不能相信共产党，而且怕它。怕共产党来了要清算我。"① 刘鸿生的儿子刘念智对父亲当时的矛盾心理一直记忆尤深，他回忆道："上海解放前夕，我父亲对共产党根本没有认识，而且还有恐惧心理，怕共产党来了会清算他，一度也想离开上海到香港或台湾去。可是另一方面，我父亲想想一生费尽精力所办的几个企业都在上海，又不忍丢了企业到香港或台湾去。因之，去与留，当时在他的思想上是极端矛盾的。"②

　　山东资本家苗海南"对国民党早已失去信心，对之不抱任何幻想，但本人是资本家，对共产党的政策又知之甚少，走吧又惦记着企业，留吧前途未卜，真是忧心忡忡，如坐针毡，心情处于极其复杂和迷惘困惑之中"③。对于资本家的这种矛盾心理，上海正泰橡胶厂副经理杨少振也这样回忆道："我们正泰厂的主要负责人，也和一般工商者一样，对中国共产党的政策，缺乏足够的认识，考虑到解放以后的处境和命运忧心忡忡，疑虑重重，正泰厂本来在台北设有分公司，不少亲朋好友劝把厂迁往台湾。"其后，英商裕通泰洋行"三次派人来洽，拉拢我去香港合资设厂，当时我确有徘徊歧途之感"。"我的思想是复杂矛盾的……想到正泰厂这个大摊子，有一批跟我共过患难的同事，要带一批人去，搬迁谈何容易。"④ 江西南昌沈三阳商店经理沈翰卿当时的心情也极为复杂，据他回忆：1949年4月，人民解放军打过长江，南昌城内谣言四起，一些资本家携眷挟财外逃。有人几次动员沈翰卿同往。沈翰卿想，逃出国门，必然要受洋人歧视；留下不走，又怕共产党没收财产。自己家大、业大，上有二老，下有十多个子女，财产也难脱手，要走也很困难。左思

---

　　① 刘鸿生：《为什么我拥护共产党》，《新闻日报》1956年10月4日。
　　② 上海社会科学院经济研究所：《刘鸿生企业史料》下册，上海人民出版社1981年版，第452页。
　　③ 《中国资本主义工商业的社会主义改造·山东卷》编审委员会：《中国资本主义工商业的社会主义改造·山东卷》，中共党史出版社1992年版，第416页。
　　④ 吴序光：《中国民族资产阶级历史命运》，天津人民出版社1993年版，第267—268页。

右想，举棋难定。① 可见，在国家政权即将更迭的重大时刻，一些民族工商业者面临着进退两难的矛盾与困惑。

在去留两难的情况下，一部分人选择了追随蒋介石，还有一部分人抽逃企业资金，拆迁机器，搬运物资，套取外汇，到香港等地另谋出路。如新中国成立前夕，棉纺业中最大的申新集团抽资迁厂比较严重。被资方抽走的金银、外汇及实物，有账可查的，折合 20 支纱 5.2 万件之巨，折合人民币 2529 万元（新币）。设备除迁广州 1.8 万锭外，在香港先后建立 4 个纱厂共 11.36 万锭，还迁台湾 1.5 万锭及织机 600 台，按每锭 85 美元计算，即达 1000 万美元。② 1949 年 5 月，当解放军进入上海市时，上海最主要的行业纺织行业的头面人物几乎都走了。③ 但即便如此，大部分民族资本家还是选择留了下来。

之所以选择留在大陆，主要有几个方面的原因：

一是对国民党政权丧失了信心。新中国成立前，中国的民族工商业在帝国主义的压迫和国民党政府的摧残下，几乎陷于绝境。随着国民党军队的节节败退，以及解放区的迅速扩大，国民党政府预感到末日将临，一面在战场上作最后的挣扎，一面在其统治区内，对包括民族资本家在内的广大人民实行无情的掠夺。国民党政府不仅继续增发大量通货，加重赋税，控制物资，管制交通运输，而且于 1948 年 8 月公布了《财政紧急处分令》等法令，实行币制改革，发行金圆券，强迫收兑黄金、银圆、美钞。民族工商业者如若稍作抵抗，则会受到惩处，一些工商界人士因此而相继遭殃。如华侨王春哲因把存款汇去纽约，被处以死刑；申新纺织公司总经理荣鸿元、中国水泥公司常务董事胡国梁、美丰证券公司总经理韦伯祥等人，相继以所谓"私逃外汇"、"私藏黄金、美钞"等罪名被捕入狱，直到他们分别交出 100 万、30 万和 35 万美元才得获释。④ 慑于淫威，工商业资本家不得不忍痛从企业资金中抽款兑币。如刘鸿生在蒋经国的一再威逼下，不得不从所属企业中忍痛交出黄

① 中共江西省委统战部等：《中国资本主义工商业的社会主义改造·江西卷》，中共党史出版社 1992 年版，第 381 页。
② 上海社会科学院经济研究所经济史组：《荣家企业史料》下册，上海人民出版社 1962 年版，第 669 页。
③ 陆和健：《上海资本家的最后十年》，甘肃人民出版社 2009 年版，第 102 页。
④ 戴鞍钢：《1949 年前后上海民族工业的绝境与转机》，《福建省社会主义学院学报》2001 年第 3 期。

金 8000 两,美钞 230 万元。① 到 10 月底,国民党政府强迫收兑的金银外币共计美元 19000 万元,使民族工商业者遭受致命打击,怨声载道。国民党政府在所谓币制改革中推行的限制物价政策,对民族工商业者而言更是雪上加霜。1948 年 8 月至 10 月,在 70 多天的限价期间,火柴价格仅及成本的 40%,上海棉纺工业企业按限价出售棉纱 5 万件,布数十万匹,损失总值折合黄金 25 万两以上,存棉减至不足半月用量。面粉各厂"为遵从政府法令,莫不在生产成本之下,忍痛应市。遭此浩劫,各厂元气,消耗殆尽。迨限价开放,由于生产成本之急剧提高,情况益见严重"。"实已遭受空前未有之严重危机。"② 事后刘鸿生曾回忆道:"我的企业在那几年中几乎全部停顿了,因为当时只要生产,必定赔钱。只有一条路,那就是投机。由于币制不稳定,市场上的风险很大,每天拿起电话来,可能赚进几十万,也可能赔成个穷光蛋。"③ 正因为国民党政府对民族工商业者的无情掠夺和压榨,使他们对国民党政权丧失了信心,认为跟着蒋介石跑只有死路一条。如荣氏家族的荣德生认为"跟国民党走有什么出路? 共产党再坏也坏不过国民党!"④ 刘鸿生虽然不知道共产党将会怎样对待他,但是有一点他是肯定的,"只要蒋介石统治中国,中国是没有希望的"⑤。

二是认为自己未作恶事,而民族资本的发展是有利于国家的。如荣德生说:"吾等始终从事工商业,生平未尝为非作恶,焉用逃往国外? 我决不离沪离乡,希望大家也万勿离国他往。"⑥ 上海民生公司副总经理童少生说:"我自认为我是所谓'不问政治'的,和国民党没有什么深厚关系,任何政权来了,也需要航运事业,民生公司在这方面有实力,自己有经验,大概不会不要我们的。"⑦

三是一些人在国外没有门路,或自己企业小资金少,到国外没有发

---

① 上海社会科学院经济研究所经济史组:《荣家企业史料》下册,上海人民出版社 1962 年版,第 610 页。

② 吴序光:《中国民族资产阶级历史命运》,天津人民出版社 1993 年版,第 238 页。

③ 刘鸿生:《为什么我拥护共产党?》,《新闻日报》1956 年 10 月 4 日。

④ 计泓赓:《荣毅仁》,中央文献出版社 1995 年版,第 23 页。

⑤ 上海社会科学院经济研究所经济史组:《荣家企业史料》下册,上海人民出版社 1962 年版,第 455 页。

⑥ 计泓赓:《荣毅仁》,中央文献出版社 1995 年版,第 23 页。

⑦ 童少生:《回忆解放前的民生轮船公司》,文史资料出版社 1983 年版,第 181 页。

展前途，还不如留在国内。

四是一些资本家不愿舍弃祖传或自创的事业而流落他乡去冒险。

虽然决定留在大陆，但民族资本家此时的心情却并不平静。由于对共产党的政策缺乏了解，他们对共产党普遍是怀着畏惧心理的。如解放初期，江西省工商界大部分受特务造谣的影响，不了解党的政策，说中共保护工商业是假的，造谣要实行清算斗争，要没收工商业的私有财产，说国民党要收复南昌，已开始四路反攻等等谣言，工商业大都存在恐慌、害怕、悲观、失望、观望的情绪，随之产生"四怕三光"的思想，即：怕社会主义"共产"、怕暴露资金被没收、怕工人店员组织起来斗争、怕公营企业和他们竞争。所采取的态度是：吃光（当时大吃大喝）、赔光（很多人不顾血本，卖光为止）、卖光。① 中小资本家尚且如此，大资本家更是人心惶惶。荣毅仁是这样描述他当时的心理："又听得谣言四起，说什么共产党来了要共产共妻，要弄得人家妻离子散，家破人亡。我在外表上还要故作镇静，免得厂里一些同事惶惶不安，内心却好似热锅上的蚂蚁，不知如何是好。"② 对于资本家的恐惧不安心理，邓子恢更是一针见血地作了描述："他们还完全不相信我们的保护工商业政策，他们还怕我们'只说不做'，怕贸易自由没有保障，怕工资加得太重，怕工人斗争，怕雇佣不自由，怕税收没有底，怕手续麻烦，怕支前差事影响私人运输，怕农村的反霸斗争牵连到他们身上，怕公营企业把他们'并吞'、'排挤'。此外，还怕将来共产，怕新民主主义建设时期不如我们所说那样长久。"③ 薄一波也曾这样描述资本家当时的心理：资本家脑子里有三怕：一怕清算；二怕共产党只管工人利益；三怕以后工人管不住，无法生产。因此，他们抱着消极等待、观望的态度，甚至跑去香港。据天津统计，当时私营企业开工的不足30%。④ 可见，对于自己的未来和前途无法预知，民族资本家的心里充满了惶恐。

---

① 中共江西省委统战部等：《中国资本主义工商业的社会主义改造·江西卷》，中共党史出版社1992年版，第50页。

② 计泓赓：《荣毅仁》，中央文献出版社1995年版，第88—89页。

③ 《邓子恢文集》，人民出版社1996年版，第239页。

④ 薄一波：《若干重大决策与事件的回顾》上卷，中共党史出版社1991年版，第51页。

　　针对民族资本家的矛盾和恐慌情绪，中国共产党通过多种渠道，有的放矢地积极开展工作，广泛宣传党的关于私人资本主义政策。

　　一是通过召开工商业代表座谈会，宣讲党的相关政策，消除工商业者疑虑。

　　1949 年 4 月，刘少奇受中共中央、毛泽东的委托到天津宣传贯彻中共七届二中全会精神。刘少奇结合天津实际情况，先后针对天津党政干部、职工代表、工商业资本家、国营企业职员等作了十余次报告和谈话。针对当时资本家的疑惧心理，刘少奇在同他们座谈时指出："中国从半殖民地半封建社会到新民主主义社会必须经过革命，你们看现在和国民党的斗争，就是严重的流血斗争。但是将来的新民主主义社会到社会主义社会，就可以和平地走去，不必经过流血革命。这个工作，从现在起就搞，就是劳资两利，发展生产。""资本主义的生产方式，在一定的历史条件下是有进步意义的。在中国，他们在生产上是进步的。他们这种剥削对发展生产是有功劳的，是有进步的。"①他强调私营工商业在一定范围、一定时期内的发展，是新民主主义经济政策所允许的。因为我们国家"生产不发达"，不是工厂太多，而是太少，"在新民主主义的经济下，在劳资两利的条件下，还让资本家存在和发展几十年，这样做，对工人阶级的好处多，坏处少"。对有益于国计民生的私营工商业要加以保护和允许其发展，对危害国计民生的投机、垄断行为一定要制止，要把商业投机资本引向生产型的工业企业。②刘少奇的讲话在天津工商业者中引起强烈反响，一般工商业者对人民政府的新民主主义经济政策有了进一步的了解，都兴奋地积极准备发挥力量增加生产。上海银行经理资耀华说："解放后有些人因为不了解人民政府的政策，并且受了国民党蓄意破坏的宣传，所以多持消极和不合作的态度。这种态度起了很坏的作用，使生产进展迟缓。听过刘少奇先生一番谈话之后，大家才了解今后应该怎样的去做，大家才正确地把握了新民主主义经济政策的路线。知道我们是要把这个农业生产的国家，进步到工业生产的国家，所以必需发展生产。而发展生产就必须公私兼顾，劳资两利才能做得好。不过不要因

---

① 李维汉:《刘少奇同志对统一战线工作的指导》,《人民日报》1980 年 5 月 10 日。
② 薄一波:《若干重大决策与事件的回顾》上卷,中共党史出版社 1991 年版,第 53 页。

此把事情看得太容易做了，应注意在公私兼顾上必须先公而后私，在劳资两利上必须先劳而后资，至于私人银行只要工业发达，是有希望的。"华新纱厂副经理董洗凡说："我们对于人民政府的政策，以前了解的程度不够，在刘少奇先生和我们谈话以后，我们更深刻地了解了政策的正确性。刘先生解释最多的是关于劳资关系的问题，使我们对于劳资关系有了更深一层的认识。要发展生产，必须做到劳资两利。新中国成立后一般工业家对于劳资问题多持怀疑态度，经刘先生解释后，疑虑已消，生产可望增加。劳资双方应该是两利的。劳方向资方要求的是合理的待遇，资方处理工资时也应在合理上去着想。过去对于劳资发生纠纷时，所持的放任和害怕的态度也是不对的。"仁立公司总经理朱继圣说："听了刘少奇先生的话，资本家不用害怕了。因为资本家们对于政府的政策有了明确的了解，资本家是可以有好处的，因为在生产过程中一定会产生剩余价值的。这种剩余价值尽可能使用到新的生产方面去。以前所持的彷徨和怀疑的态度也都消除了。明白了新民主主义经济政策所采取的道路，只要合理地发展生产，资本家就是政府的朋友，是与政府合作的。在国民党统治下，私人企业和工厂受尽了官僚资本的压榨，得不到正常的发展，现在解放了，再也不会受到压迫，发展生产是必然可获得效果的。"[1]

北平解放后，一些资本家对中国共产党的现行政策有怀疑与顾虑，主要是怕无限制增加工资，怕工人不听指挥，怕征税过重，怕中国共产党不能真正实行劳资两利政策。还有少数资本家怕清算、怕没收和对恢复与发展生产消极怠工等问题。为消除资本家的疑虑，北京市委于1949年4月21日召开了私营资本家座谈会，"开始他们有顾虑，不敢说真话，只拣好听的说，经过一些启发后有进步。仁利地毯厂厂长说他们已自愿提高了工资，我们问他是真正心愿还是口愿心不愿，于是哄堂大笑。我们即提出请大家把困难的问题提出解决，于是有人问是否还清算，有人问工人无纪律随便请假不上工如何办，有人问工人特别是短工能否解雇，有人要求减低税率以扶持工业。经我们一一说明，并着重说明了四个朋友三个敌人的总路线与劳资两利、发展生产的方针后，他们

---

[1] 《刘少奇同志谈话作用大　天津工商业家准备扩大生产》，《人民日报》1949年5月9日。

很兴奋,说话踊跃了"①。此外,北京市委还分头召开了一些工商业资本家的小型座谈会,解决具体问题;召集了三次有劳资双方代表参加的各界政治座谈会。经过座谈,"现在较大工厂的资本家,对于我党现行政策的顾虑已大为消除了。一般的对我党劳资两利、发展生产的政策有了进一步的认识,对我们的惧怕减少了,有话敢向我们讲了,生产较安心了。义华铁工厂×××说:现在了解了共产党的政策,不但不清算,而且帮助我们发展,从今天起非好好干不可"②。

1949年5月,在南京市委、军管会、市政府联合召开的工商业代表座谈会上,刘伯承精辟地阐述了共产党"发展生产、繁荣经济、公私兼顾、劳资两利"的新民主主义经济纲要。他指出:"为了执行这个纲要,就必须照顾到四面八方。公私是一面的两方,在新民主主义的经济建设中,国家(公营)经济是领导成分,而私营经济是占了第二位。单纯地发展公营企业,而不在原料、制造与推销上,去照顾私营企业,即等于在发展经济上去了一只脚。只有既顾公而又顾私,才能于国计民生有利,将农业国引向工业国的方向发展。"他运用唯物辩证法,运用生动、贴切的语言,深入地分析了公私、劳资、城乡、内外等的对立与统一关系,规划出发展新民主主义经济的一幅蓝图,使资本家感到既高兴又惊奇。随后,军管会负责同志也召集有代表性的工商业者举行了座谈会,消除他们的顾虑,同时经过工商联筹委会的工作,通过这些人的影响,在广大工商业者中初步纠正了一些不正确的认识和看法。③

上海是全国私营工商业最集中的城市。据1947年的一项统计,上海有工厂7738家,占全国12个主要城市工厂总数的54.9%。1948年,全国190家商业银行中,总行设在上海的有67家。上海的保险公司占全国总数的87%。上海的轮船公司船舶吨位总计950702吨,占全国总吨位的80%。④ 中国规模较大的一些民族资本企业,如申新纺织公司、福新面粉厂、永安纺织印染公司、大隆机器厂、大中华橡胶厂、南洋兄

---

① 彭真:《关于私营工厂工人代表座谈会和资本家座谈会的报告》,《北京党史》2002年第5期。

② 同上。

③ 参见《解放后南京的工商业情况》,南京市档案馆藏档,6005—1—214。

④ 马立诚:《大突破:新中国私营经济风云录》,中华工商联合出版社2006年版,第3页。

弟烟草公司、永安公司等都开设在上海。1949 年，当解放战争的炮声日益临近上海时，上海的资本家已是人心惶惶。上海解放后的第六天，即 1949 年 6 月 2 日下午，上海市政府就召集 200 多名工商界代表开座谈会。陈毅在会上发了言，他说："中国共产党和人民解放军要打倒的是帝国主义、国民党反动派和官僚资本，民族工商业是受到保护的。中国民族资产阶级及其代表人物，受帝国主义、封建主义和官僚资本主义的压迫和限制，在人民民主革命中采取参加或中立的立场，中国私人资本主义是一支不可忽视的力量，在一个相当长的时间里，都应当允许存在和发展。"[1] 陈毅的话给在场的民族资本家吃了一颗"定心丸"。荣毅仁"甚至想马上给父亲打电话告诉他老人家这里发生的一切，告诉父亲共产党和腐败透顶的国民党是多么不一样，告诉父亲当初没有离开上海，没有离开无锡是多么明智的选择！"当他参加完座谈会后，兴冲冲地回到家里，对满屋等候消息的人宣布："明天就开工！"[2] "那些在座的没有被国民党恶意宣传吓跑的工商界代表人物和荣毅仁有着同样的感受，当初决定留下来需要多大的勇气和决心啊，此时此刻，他们却若无其事地坐在这里，有谁知道，在这之前，他们整天都是如何的如坐针毡呢！"[3]

二是通过组织参观团，让工商业者亲身感受党的新民主主义政策。

1949 年 4 月，中央统战部遵照周恩来的指示，组织吴羹梅等各界民主人士赴东北参观。参观团共有团员 59 名，由民族工商业家吴羹梅任团长。参观团用 40 多天的时间，走遍了东北所有重要城市和若干农村。他们参观后的感想是："向来被人看作一盘散沙的中国人民，在中国共产党和毛主席领导之下，经历了长期的斗争和锻炼，现在已经组织成并教育成钢铁一样的坚强的集体了。政府的民主集中制已经充分发挥了效能——群众有发表意见的绝大自由，而中央的政策又能贯彻到最下层去。这样坚强的集体，在中国历史上是空前的。""整个社会风气显然起了根本的变化。新生的朝气冲洗了旧社会的残渣，勤劳朴实的作风，代替了过去的奢侈颓废的病态，在这里，中共干部和党员的优良作

---

①　陈重伊：《荣氏家族》，团结出版社 2005 年版，第 196 页。

②　《当代中国人物传记》丛书编辑部：《陈毅传》，当代中国出版社 1991 年版，第 456 页。

③　陈重伊：《荣氏家族》，团结出版社 2005 年版，第 197 页。

风曾起了很大的作用。""同人等参观归来，感到今后为人民服务的决心与信念，将愈加坚实。"①

桂林市工商业北上参观团共 20 人，在桂林工商业联合会主任委员卢燕南团长的带领下，赴哈尔滨、长春、大连等九城市参观学习。经过 50 多天的考察，思想上都有较大的改变：原工商业者在思想上确实有很大的顾虑，既怕没收，又怕共产，是不敢大胆经营的。参观回来之后，看到了东北各地有利于国计民生的私营工商业，在国营经济的领导下，比解放以前都发达了。因而过去那种不敢经营，认为私营工商业没有前途的想法有了较大的改变。回桂林不久，很多团员都增加了资金，扩大了经营。参观前，有些工商业者对人民政府所宣布的政策，有些是带有半信半疑的，如对在土改时不侵犯工商业的利益等。但经过参观以后，用老解放区亲自所见的事实证明了，人民政府的政策，是每一个字都兑现的。尤其是对正当的私营工商业，政府是通过各种方式大力扶持的，如银行贷款、加工订货、包销、代销等。②

1950 年 2 月，由长沙市工商联筹委会组织，有 15 位工商界代表参加的北上参观团，历时 50 天，行程数千里，先后到北京、天津、沈阳、哈尔滨等四大城市参观学习。参观团通过对老解放区的耳闻目睹，在思想认识上有了很大的转变和提高。在北上参观之前，很多工商界人士听到"老解放区已经实行了共产主义"，"老解放区没有私营工商业了"之谣传，有的将信将疑，有的信以为真，甚至惶惶不可终日，而一到老解放区几个大城市里一看，疑云尽散，耳目一新，全然不是原来听到的和想象的那样。那里生产热情高涨，纪律良好，劳资关系正常，最使人感到诧异的是，哈尔滨市几乎一起劳资纠纷也没有。天津市的工商政策照顾了四面八方。私营工厂由新中国成立前 9000 多户，发展到了 1.2 万多户。沈阳市已有 3 万多家私营工业户，几乎都是由解放初的瘫痪半瘫痪状态中复苏过来的。哈尔滨双台盛私营面粉厂为国营粮食公司加工面粉，纯利率达到了 20% 的收入。通过参观学习，工商业者对党和政府的信赖增加了。参观团成员彭瑜龙很有感触地说："首长们这样恳切

---

① 新华社:《民主东北参观团参观归来 致书毛主席陈述感想》,《人民日报》1949 年 6 月 27 日。

② 桂林市《对资改造》编辑小组:《桂林市资本主义工商业的社会主义改造》,广西人民出版社 1992 年版, 第 179 页。

地教导我们，热情地照顾我们，使我们把心头的阴影完全抹掉了，对政府的工商业政策认识更清楚了，今天的政府真正是人民自己的政府。"①

三是利用新闻广播、邮寄传单、说服劝导等方式，宣传党的"保护民族工商业"和"发展生产、繁荣经济、公私兼顾、劳资两利"的政策。

江西源源长银行总经理王德舆在北平和平解放后，面临走与留的选择：如果留下，他有很多财产，怕共产；如去台湾，又怕国民党官僚追回他们在他的银行的大批存款，担心会有生命危险。在此期间，国民党江西省政府主席方天，胁迫王德舆等八位老年知名人士同去台湾。王德舆避而不见，并拜托姚寿山将其妻儿带去贵州，作了最坏打算。这时，他从共产党的广播电台收听到"请江西的王德舆先生保护企业，迎接解放"的广播通知。章伯钧、李世璋也捎信请他务必留下。共产党和民主人士的真诚劝告，使他下了留下不走的决心。王德舆留下不走的消息传开，南昌市的1万多名工商业者吃了"定心丸"。他们说："王德舆这么个大户都不走，我们还怕什么！"②

上海解放后，华东局聘请与上海工商界有密切联系的著名人士黄炎培、陈叔通、盛丕华、包达三、张炯伯、王绍鏊、吴羹梅、胡子婴、颜惠等14人为上海市政府顾问，其目的在于"俾其能因联系上海资产阶级而取得发言地位"，"中心在动员上海资本家恢复生产，打通航运，打击帝国主义分子的阴谋活动"。这些人不仅稳定了上海资本家的情绪，而且还被动员起来去做海外的上海资本家的工作。据徐国懋回忆，上海解放后，刘鸿生的二公子刘念义首先抵港，他是来向其父介绍上海解放后的情况的，并动员刘鸿生回上海。刘念义也向滞留香港的徐国懋介绍了新政府的工商政策和许多新气象，并赞不绝口。徐国懋还从英国安利洋行总经理迈克口中得知共产党纪律严明，他们都劝徐回上海看看。没多久，浦心雅、李仲楚等人又受黄炎培之托到香港劝说钱新之、周作民等人回上海，为新中国的金融事业服务。章士钊、黄绍竑也受周恩来的委托，前来香港联系新中国成立前由沪赴港

① 中共长沙市委统战部、中共长沙市委党史办：《长沙市资本主义工商业的社会主义改造》，湖南出版社1992年版，第635—646页。
② 中共江西省委统战部：《中国资本主义工商业的社会主义改造·江西卷》，中共党史出版社1992年版，第369页。

的一些工商界知名人士，动员他们回大陆参加新中国的建设。章、黄在香港召开了几次小型座谈会，阐明了中共的政策。刘鸿生、吴蕴初、荣尔仁、傅汝霖、陶桂林、戴立庵等都参加了。章、黄的讲话亲切动人，对上海资本家触动很大。之后，刘靖基、刘鸿生、吴蕴初、周作民等大资本家都陆续返回上海。①

上海正泰橡胶厂的杨少振这样回忆："有一天，我在办公室的抽屉里，发现了共产党的地下组织递给我的宣传材料，阐明党对民族工商业的政策方针是'发展生产，繁荣经济，公私兼顾，劳资两利'。这16个字，颇具吸引力，发展企业的愿望结合本身的利益，暗合我的心意。""我和正泰厂的其他负责人，下定了不迁厂、不逃跑的决心。"②

另据兰肇祺回忆，全国解放后，兰接受当时已任湖南省委统战部党派处处长刘乐扬的指示，坚持做工商界工作。1950年2月，兰和《晚晚报》总编辑康德，民盟机关报《民主报》的叶克强，赴香港动员新中国成立前夕离长去港的长沙工商界大户以及科技人员回长。到香港后，兰等人向湖南旅港的有关工商界知名人士，如原太平洋商店老板唐农阶，原琳琳绸庄老板陈棣村以及刘重庵、谭敏学等人反复宣传党的有关政策和家乡的大好形势，经过动员，上述人员于1950年3月至1953年12月间先后离港回长，参加祖国建设。其中唐农阶变卖了在港的全部资产，率全家回长，其婿余澜涛是农业专家，唐叫他放弃了在香港某洋行的高薪职务，随同回湘，为国家的农业发展作出了贡献。唐农阶回长后即加入了民盟组织，并与谭、刘、陈等人积极投资创办工商企业，为恢复湖南省国民经济贡献了力量。③

与此同时，中央人民政府成立后，根据《共同纲领》的规定，对私营工商业进行了大力扶持。

一是扩大对私营企业的贷款，帮助他们解决资金不足的困难。据统计，1949年，各大城市人民银行对私营工商业的贷款，一般占到国家对工商业贷款总额的20%—25%，其中上海高达52.3%，天津也达到46.9%。

---

① 陆和健：《上海资本家的最后十年》，甘肃人民出版社2009年版，第124—125页。

② 王炳林：《中国共产党与私人资本主义》，北京师范大学出版社1995年版，第289页。

③ 中共长沙市委统战部、中共长沙市委党史办：《长沙市资本主义工商业的社会主义改造》，湖南出版社1992年版，第634页。

　　二是通过加工、订货、收购等方式帮助私营工商业恢复生产经营。据天津从 1949 年 1 月解放到同年 12 月一年间的统计，私营工商企业由 9873 户发展到 12311 户，职工由 71863 人增加到 85285 人。另据 110 个私营机器厂调查，1949 年的产量平均较上年增加 88%。①

　　三是针对资本主义工业缺乏原料的困难，人民政府冲破资本主义的封锁，不惜以高价从国外进口一批工业原料，以平价出售或通过加工订货的方式提供给私营企业生产。同时，积极开展对私营工业的产品收购和加工订货，以解决其产品销售、原料供应和资金周转问题。

　　经过宣传教育以及看到中国共产党大力扶持私营工商业的实际行动，民族资本家的思想情绪逐渐安定下来，他们的企业也逐渐由新中国成立前的瘫痪状态逐步恢复。如天津资本家宋棐卿由于受了国民党反动派的恶意宣传，对于中共的"发展生产、繁荣经济、公私兼顾、劳资两利"政策颇有怀疑。宋棐卿直率地承认："那时候，我每天看报纸，多是注意政府的法令，看看我是不是够上'斗争'啦！"于是生产也不大管了，织毛机停了 7/10，他抱定了"吃光了就散厂"的态度。可是天津解放已三个月有余，人民政府没有没收过一家私营工厂，工人们没有"斗争"过一个资本家。相反，政府本着既定政策，已合理地调解了多起劳资纠纷，并帮助若干私营工厂解决了原料、销路，甚至开工的问题，总之，共产党来了以后，除了看到事事按着政策、忠诚不移地办事以外，丝毫看不出他所怀疑的事实出现。事实摆在面前，宋棐卿在严厉考问自己以后，开始消除自己的顾虑了。②

　　由于国家采取了有力的扶助措施，使资本主义工商业的困难大大缓解，大多数企业恢复了生产经营，有的还有发展。到 1949 年 12 月，上海全市主要工业行业的开工率已经由 7 月份的 25.9% 上升到 61.7%，棉纺工业的纱锭运转率达到 83%，其他如染织、毛纺和钢铁冶炼、机器制造等重要工业的开工率都已超过 80%。③ 天津市私营工厂不但纷纷复工，橡胶、毛纺、织染、五金、机器等业还有不少工厂增添设备，扩大生产。解放较早的沈阳市，1949 年 6 月至 12 月，私营工厂的户数增

　　① 庞松：《中华人民共和国史》，人民出版社 2010 年版，第 159 页。
　　② 《天津私营东亚公司经理宋棐卿的梦实现了》，《人民日报》1949 年 5 月 14 日。
　　③ 孙怀仁：《上海社会主义经济建设发展简史》（1949—1985），上海人民出版社 1990 年版，第 40 页。

加了 23％，职工人数增加了 18％。一些出走的资本家也做出了重回大陆的决定。出走到香港的民生公司总经理卢作孚在了解了共产党的政策后，毅然率领在港的全部船舶，包括在加拿大订制的七艘轮船，回到广州。刘鸿生从香港回来后，受到周总理的亲自接见和宴请。总理让刘放心，政府会保护刘氏企业，并指出，刘氏企业除华东煤矿属于国家经济命脉应由国家接管外，其他企业都应全部发还。华东煤矿的私人股份在适当时期公平合理地进行估价，全部发还。虽然刘当时还不能完全理解总理的意见，但周总理的坦率态度，使刘鸿生开始消除了对共产党的疑虑。① 刘鸿生后来曾对人说："如果说我一生中曾作过聪明的决定的话，那就是这一次。"②

（二）从怀疑到兴奋

由于工商资本家在国民党统治下吃尽了苦头，当新中国成立的时候，他们中的大多数人是怀着喜悦和激动的心情迎接新政权的。如上海银行经理资耀华曾这样回忆："当时在听到毛主席讲了'占人类总数1/4的中国人从此站起来了'。随后又听到'我们的民族将再也不是一个被人侮辱的民族了，我们已经站立起来了'。一刹那间，我在肺腑中积压了几十年的屈辱、怨愤、委屈、辛酸和苦辣一股脑儿迸发出来，而化为欢欣鼓舞、心花怒放、泪如泉涌！""我就在这激动不已中发誓，要以身许国，永远跟着共产党！"③ 可见，工商资本家在新中国成立之初总的说来已经开始接受中国共产党的领导。

然而，面对新民主主义革命的巨大胜利，党内一部分人滋长了"左"的情绪，有人看不起民主党派和民主人士，对于安排民主党和工商业资本家代表人物担任人民政府领导职务不服气，发牢骚，讲怪话；有人认为斗争的对象主要是民族资产阶级，要求提前消灭私人资本主义，实行社会主义；甚至有不少地方政府企图通过在政策上区别对待，在经济上挤垮私营工商业，等等。如中国人民银行总行行长南汉宸就提

---

① 刘念智：《实业家刘鸿生传略：回忆我的父亲》，北京文史资料出版社 1982 年版，第117 页。

② 上海社会科学院经济研究所：《刘鸿生企业史料》下册，上海人民出版社 1981 年版，第 455 页。

③ 资耀华：《参加新政协的几点回忆和感受》，《迎来曙光的盛会》，中国文史出版社1987 年版，第 144 页。

出："今天斗争的对象主要是资产阶级，是先公而后私，既然要壮大国民经济，就一定要排挤私营经济。现在斗争刚开始，他们要求划分经营阵地，要河水不犯井水，我们不答应，也不允许。"①

与此同时，一些地方在经营范围、税收和价格政策、原料供应、银行贷款等方面，没有全面贯彻执行"公私兼顾，劳资两利"的方针，以致增加了私营工商业的困难。1950年5月，华北局向中央作专门报告，将天津、太原等地在执行"公私兼顾，劳资两利"政策中存在的问题概括为八个方面：（1）国营商店和合作社经营的商品范围过宽、数量过大，有垄断一切的现象；（2）在价格政策上打击私营工商业。表现在批发价与零售价不分，私营零售商无利可图；地区差价小，私人长途贩卖赔钱；代销手续费低，代销商不满意；原料与成品的差价小，工业利润低，造成一些私营工厂倒闭；（3）税收重，税目多，手续繁，加上认购公债的任务也重，私营工商业难以承受；（4）在金融政策上，公营贷款一般占80%—90%；私营贷款则比重过小，而且还款时间限得过短，资金周转不过来；（5）私营工商业遇到困难后，京、津两地采取了适当降低工资，借以维持生产的办法，避免和减少了失业。但许多地方没有这样做。山西还发生了这样的事：当工人自发地与资方协商减薪的时候，反被有关部门指责为右倾；（6）在市场上大量商品已经滞销的情况下，国营贸易仍只吐不吞，实际上放弃调节市场的责任；（7）在原料采购、分配上，对私商的限制多。天津私营纱厂采购原棉，花纱布公司只让他们买次棉花，并限制采购数量。太原私营铁业需要的钢筋，不允许在市场上自由选购，必须以高价从国营单位进货；（8）在加工、订货和成品收购上条件也有些苛刻，私商得到的利润低，有时公方还不守信用。不仅华北存在这样的问题，其他地区也同样存在这类问题。这使得民族资产阶级产生了疑虑和不安。湘鄂赣和武汉市的工商业者说，你们的贸易公司、合作社一起挤我们，我们还有什么前途！②

1950年初，为弥补继续解放战争和全国军政公教人员庞大而带来

① 陆和健：《上海资本家的最后十年》，甘肃人民出版社2009年版，第132页。
② 薄一波：《若干重大决策与事件的回顾》上卷，中共党史出版社1991年版，第97—98页。

的巨额财政赤字,中央人民政府经慎重研究,决定在全国发行胜利折实公债,以克服当时的财政困难。由于任务繁重且限期完成,不少地方为急于完成推销任务,不惜采用非常手段,如广州等地因分派数额高,就出现了"不买债反动派"的错误做法,甚至乱打乱押、不缴清公债不予自由等情况,给工商业者施加政治压力。更有甚者,有些地方借推销公债之名,行吞并私人企业之实。如湖南长沙的欧亚烟厂,只因没有交清公债款,经理被扣押,只好将价值18亿元的一座新建厂,忍痛开价10亿元出卖。结果驻军20兵团只出2.5亿元就收买了。长沙发生几次公家收买私营工厂、商店的情况后,引起资本家的恐慌。有资本家说,政府要税款,要公债款,无非是逼着我们低价出卖工厂、商店。有的资本家被迫要求公家接收企业,改为合营。① 还有人认为共产党保护工商业的政策变了,共产党要提前实现社会主义。

在这种心理的支配下,一些人普遍抱着消极等待、徘徊观望的态度。他们或消极经营;或准备吃光、用光、蚀光,散厂了事;或解雇工人,有的干脆远走他处,以逃避债务,或把困难甩给工人;有的趁市场混乱,进行套购抢购,投机倒把;极少数人进而抽逃资金、设备,以至逃亡海外。如到1950年4月份,仅上海逃跑的工商业者就有283人。逃跑之外还有自杀的。当时分析自杀的原因,"职工相逼是死因之一,主要是负债无法应付"②。甚至有资本家散布牢骚话:"早归公,晚归公,早晚要归公,不如早归公",有的则说:"望国旗五星(心)不定,扭秧歌进退两难。"资本家普遍有"四怨":一怨公债任务太重(如华东),方式强迫(特别是广州),尤其对"不买债反动派"的做法不满,认为有失人心。二怨税收不公,认为民主评议(天津、广州)也好,自报公议(上海)也好,不能奖励薄利多销,反鼓励重利少销(因税收不根据实际收益而按营业额大小征收),以致有经营积极性的企业因税评过重而垮台。三怨劳资关系紧张,有的资本家被工人包围,几天不能自由,连劳动局的干部也管不了工人,只好"家眷也不顾便跑到了香港"。四怨物价平稳来得太急太硬,认为"十二年的病人元气大伤,吃

---

① 庞松:《一九四九——九五二:工商业政策的收放与工商界的境况》,《中共党史研究》2009年第8期。

② 中国社会科学院、中央档案馆:《1949—1952中华人民共和国经济档案资料选编·工商体制卷》,中国社会科学出版社1983年版,第813页。

泻药不能用巴豆油"①。在此情形下，原逗留香港观望的工商业家也不愿回大陆了。一些从香港回来的资本家，这时有的又跑回香港去了。就连新中国成立后一直积极向党和人民政府靠拢的大资本家刘鸿生也因企业困难重重而有所不满。刘鸿生写信给陈毅：公债买了十几万份，现要交款，还要纳税、补税、发工资，存货卖不动，现金没法周转……干脆把全部企业交给国家算了，办不下去了。②

为解决私营工商业遇到的困难，纠正党内在对待私营工商业方面的"左"倾思想和过"左"的政策和做法，中共中央多次召开会议商讨对策。

1950年3月27日至4月6日，中共中央召开有各大区负责人参加的政治局扩大会议。会上，毛泽东针对一些干部中存在的搞垮私营工商业的错误思想和做法指出："和资产阶级合作是肯定的，不然《共同纲领》就成了一纸空文，政治上不利，经济上也吃亏。'不看僧面看佛面'，维持了私营工商业，第一维持了生产；第二维持了工人；第三工人还可以得些福利。当然中间也给资本家一定的利润。但比较而言，目前发展私营工商业，与其说对资本家有利，不如说对工人有利，对人民有利。"③

同年4月13日，针对不少地方政府在财政、金融、经营范围、原料供给等方面对待私营工商业"左"的思想和错误做法，毛泽东在中央人民政府委员会第七次会议上再次重申《共同纲领》的规定，指出："《共同纲领》的规定，在经营范围、原料供给、销售市场、劳动条件、技术设备、财政政策、金融政策等方面，调剂各种社会经济成分，在国营经济领导之下，分工合作，各得其所，必须充分实现，方有利于整个人民经济的恢复和发展。现在已经发生的在这方面的某些混乱思想，必须澄清。"④

1950年5月25日，毛泽东在中央政治局会议上进一步要求全党对

---

①　庞松：《一九四九——一九五二：工商业政策的收放与工商界的境况》，《中共党史研究》2009年第8期。

②　《当代中国人物传记》丛书编辑部：《陈毅传》，当代中国出版社1991年版，第264页。

③　薄一波：《若干重大决策与事件的回顾》上卷，人民出版社1991年版，第98—99页。

④　《毛泽东文集》第6卷，人民出版社1999年版，第52页。

私营工商业要"有所不同,一视同仁"。"有所不同者,是国营占领导地位,是进步的,把位置反转过来是不行的,因为私营工商业比较落后,这一点必须公开说明,我曾同几个资本家说过。其他则一般的应当一视同仁,有的是要逐渐才能办到的,如收购、采办、出口以及市场。工资问题将来也是要解决的。""总的说来,这种政策对于国家和人民是有利的,这个利是超过对资本家的利益。裁员问题、失业救济问题,都应该是一样的,一视同仁,或者如陈云同志所说的'不分厚薄'。这个精神在《共同纲领》第二十六条中已经有了,即统筹兼顾。"①

5月下旬,中财委召开以上海、天津、武汉、广州、北京、重庆、西安等七大城市为主的工商局长会议,同时邀请工商界部分代表人物参加,研究帮助私营工商业渡过严重困难的具体措施和办法。会议提出要以调整公私关系、劳资关系和产销关系为调整工商业的三个基本环节。其中,重点是加紧收购土产,恢复城乡交流;扩大加工订货,增强私营工业生产能力。

为了使全党对全面实施新民主主义纲领,尤其在对待私营工商业和民族资产阶级政策上,形成统一的认识,1950年6月,中共七届三中全会在北京召开。毛泽东在会上作了《为争取国家财政经济状况的基本好转而斗争》的报告。毛泽东在报告中指出,要获得财政经济情况的根本好转,需要三个条件,一是土地改革的完成;二是现有工商业的合理调整;三是国家机构所需经费的大量节减。在报告中,毛泽东再一次重申了《共同纲领》的规定,并批评了那种认为可以提早消灭资本主义实现社会主义的思想。他指出:"在统筹兼顾的方针下,逐步地消灭经济中的盲目性和无政府状态,合理地调整现有工商业,切实而妥善地改善公私关系和劳资关系,使各种社会经济成分,在具有社会主义性质的国营经济领导之下,分工合作,各得其所,以促进整个社会经济的恢复和发展。有些人认为可以提早消灭资本主义实行社会主义,这种思想是错误的,是不适合我们国家的情况的。"②

在这次会议上,陈云作了重要发言,阐明了调整工商业的必要性、调整的内容和有关政策。他说,这次调整工商业的主要内容是调整公私

---

① 《毛泽东文集》第6卷,人民出版社1999年版,第61—62页。
② 同上书,第71页。

关系和整顿税收，具体办法主要是，一方面放松银根，由银行给以贷款支持；一方面实行加工订货、统购包销商品的办法。对私营商业，主要是调整经营范围和批发零售差价，使私商有利可图。要整顿税收，税率在三五年内一般不提高，一部分还可以降低。陈云指出，我们要"注意统筹兼顾，既照顾到我们这一边，也要照顾到他们那一边。否则资本家的企业就会垮台，职工失了业就会埋怨我们"。"只有在五种经济成分统筹兼顾、各得其所的办法下面，才可以大家夹着走，搞新民主主义，将来进到社会主义。但五种经济成分的地位有所不同，是在国营经济领导下的统筹兼顾。"①

根据七届三中全会精神，1950年下半年，全国对私营工商业进行了合理调整。

调整公私关系的内容是，一方面要确立国营经济的领导地位，另一方面要使私营经济在国营经济的领导下能各得其所。为此，国家采取的措施有：（1）扩大加工订货和产品的收购包销，解决它们在原料、资金和产品销售等方面的困难，维持和恢复生产。以上海为例，1950年下半年开始，加工订货的范围、品种、数量都增长很快。1950年全国私营工业产值中，加工、订货、包销、收购部分所占的比重从1949年的11.5%上升到27.3%。占全国私营工业生产总值比重将近1/3的棉纺业，1950年下半年，为国家加工的部分占其生产能力的70%以上。②（2）调整公私商业的经营范围。为了给私营商业以出路，国家适当放宽了私营商业的经营范围，规定国营商业主要经营粮食、煤炭、纱布、食油、食盐、石油等六种人民日用必需品，其他零售业则由私营商业经营。（3）调整税收政策。在保证国家财政需要和合理负担的原则下，适当调整和减轻私营工商业的税收。税率的确定，实行工业轻于商业、日用工业品轻于奢侈品的原则。在所得税的征收上，也作了一些有利于中小企业的调整，并对部分工业品实行减免税优惠，鼓励私营企业为满足社会需要而生产。（4）加强对私营工商业发放贷款，并连续两次降低贷款利率，帮助私营企业解决资金周转的困难。（5）调整价格政策。

---

① 《陈云文选》第2卷，人民出版社1995年版，第93页。

② 中国社会科学院经济研究所：《中国资本主义工商业的社会主义改造》，人民出版社1978年版，第122页。

国家在兼顾生产、贩运、销售者利益的前提下,保持商品批发价与零售价之间、产地和销地之间的合理差价,使私营商业有利可图。如,浙江龙头细布的批零差价由4%调到9.3%,棉纱从无差价调到2.9%,食盐由1.3%调到12%,土产品由5%调为10%—15%。①

调整劳资关系的原则是,坚持劳资两利,处理好工人和资本家之间的关系,既保障工人的民主权利,又要使资本家能获得合理利润。为此,采取的措施有:(1)加强对劳资双方进行"发展生产、劳资两利"的政策教育。一方面向资本家说明,党和政府将在一定程度内允许资本家剥削,保护和发展民族工商业,恢复和发展生产;另一方面教育工人,在当时的历史条件下,雇佣关系的存在和发展有利于工人就业和社会生产的发展,以纠正工人在劳资关系问题上的过"左"倾向。(2)建立调整劳资关系机制。1950年4月,政务院发布《劳动部关于在私营企业中设立劳资协商会议的指示》,在工会的大力推动下,私营企业纷纷建立劳资协调会,由劳资双方直接见面商议克服困难的办法。(3)从有利于改善同资方的关系出发,劳方普遍主动压低新中国成立后不适当提高的工人工资。同时,政府大力救济失业工人,有重点地组织失业工人参加市政公共工程建设,以工代赈,以减轻工人的困难。

调整产销关系,即在国营经济的领导下,通过各行各业内部以及各行业之间的协调,逐步克服资本主义工商业在生产和经营中的盲目性和无政府状态,按行业实行有计划的生产,使产销之间趋于平衡。为此,中央财经部门先后召开有公私代表共同参加的一系列全国性专业会议,按照以销定产的原则,公私代表共同拟订产销计划,部署有关行业的加工订货工作,以克服私营企业生产中的无政府状态。同时,开展城乡物资交流活动,促进经济发展。

由于采取多方面措施帮助民族工商业克服困难,许多资本家看到了中共保护民族工商业的诚意,普遍消除了疑虑。由于看到了自己的前途和希望,很多人"高兴得睡不着觉",纷纷表示"现在了解了共产党的政策,不但不清算,而且帮助我们发展,从今天起非好好干不可"②。

---

① 赵德馨:《中华人民共和国经济史(1949—1966)》,河南人民出版社1989年版,第120页。

② 《中国资本主义工商业的社会主义改造·北京卷》编辑组:《中国资本主义工商业的社会主义改造·北京卷》,中共党史出版社1991年版,第34页。

南昌"沈三阳"老板沈翰卿见到民族工商业的财产受政府保护，"心里也就踏实多了"①。1949年南昌市工商联筹委会成立，沈被推选为委员，在协助政府发展工商业的工作过程中，感到党是真心实意扶助民族工商业的，于是主动把原先害怕暴露、多年积存的资金投入经营，并积极说服、帮助他人复业。

由于心里感到踏实和对共产党有了进一步的认识，许多资本家的生产和经营情绪高涨起来，私营工商业逐步得到恢复。据上海、北京、天津、武汉、广州、重庆、西安、济南、无锡、张家口10个城市统计，1950年下半年私营工商业共开业32674家，歇业7451家，开业超过歇业25223家。从1950年秋季开始，各地市场转入活跃，市场交易大幅度回升。据京、津、沪、汉、青5个城市统计，面粉、大米、棉纱、棉布44种商品的销售量，10月份比4月份分别增长了54%、289%、128%、233%。铁路货运量10月份与7月份相比，北方各铁路局增加1倍多，南方各路局增长3倍多。市场活跃和城乡交流的恢复，又刺激了私营工业的发展，使私营工业的产量大幅度增加。上海私营工业的产量1950年11月份与1月份相比，棉纱增长77%，面粉增长70%，水泥增长306%，玻璃增长283%，颜料增长74%，呢绒增长13%，化学胶增长50%。② 抗美援朝战争爆发后，国家与私营资本之间进行军需方面的加工订货，私营资本加速运转。1951年私营企业利润剧增，达到解放后的高峰。1951年同1950年相比，私营工业的户数增加11%，生产总值增加39%；私营商业的户数增加11.9%，商业批发额增加35.9%，零售额增加36.6%。1951年私营工商业盈余为37.17亿元，比1950年增加90.8%。大型工业中有18个行业的利润率超过50%，有6个行业超过20%—50%，有7个行业超过10%—20%。③ 由于几乎所有的私营工商业都获得了不少利润，资本家欢呼是"黄金时代"、"难忘的1951年"。武汉的资本家把过去对现状不满的对联改为"挂红旗五星（心）

---

① 江西省文史资料研究委员会：《江西文史资料选辑》（第二辑），1982年，第62—63页。

② 武力：《中华人民共和国经济史1949—1999》上册，中国经济出版社1999年版，第120—121页。

③ 吴序光：《风雨历程——中国共产党认识与处理资本主义和资产阶级问题的历史经验》，北京师范大学出版社2002年版，第393页。

已定,扭秧歌稳步前进"。资本家由惶恐到兴奋的心态变化表明,资本家对中国共产党的方针、政策有了一定了解,对共产党有了一定信任。

(三)从较量到服气

新中国成立伊始,中国人民所面临的国民经济,是在日本帝国主义大肆破坏之后,又受到国民党政府洗劫和美帝国主义掠夺,以致到处都是百孔千疮的一副烂摊子,工农业生产遭受极大败坏,商品物资严重不足,长期恶性通货膨胀,物价飞涨,投机猖獗,市场混乱,失业严重,城乡劳动人民生活极端困苦,国家面临着严重的财政经济困难。另一方面,由于新中国成立初期全国尚未完全解放,解放战争仍在进行,需要大量的军费开支。1949年军费开支高达财政收入的一半。另外,人民政府对于一切不抵抗的国民党军政人员采取一律包下来的政策,增加了数以百万计的脱产人员。到1949年底,全国需供养军政、公教脱产人员已达900万人,约占全国人口的2%。仅此一项,对人民政府就是一个很大的负担。此外,大量的失业人口需要救济,工业、交通以及文教等事业需要恢复。据统计,1950年用于纯救济的粮食15.3万吨,工赈、农贷、借粗粮还细粮共计30.2万吨,两者共45.5万吨(不包括3亿多工赈现款及合作贷款、银行农贷)。①

但是,政府的财政收入,却远远不能满足财政支出的需要。当时我国的财政收入,50%是依靠农民交纳的公粮,剩下的50%中,一半靠税收,一半是包括战争缴获的其他收入。为了弥补巨额的财政赤字,当时唯一的办法就是发行过量的货币。货币发行是以1948年为基数,到1949年11月增加了约100倍,到1950年2月增加到270倍。货币的过量发行虽然暂时应付了国家急需的支出,但由于没有回笼、抵消巨额数量货币的物资,也引起了人民币贬值和物价急剧上涨。

在此形势下,追逐暴利的本性驱使一些不法资本家凭借自己在市场上的经济优势,利用国家财政经济的暂时困难,囤积居奇,哄抬物价,扰乱金融,直接造成1949年4月至1950年2月全国出现四次大规模涨价风潮。

第一次发生在1949年4月,从平津开始蔓延到华北和西北解放区。

_____

① 中国社会科学院、中央档案馆:《中华人民共和国档案资料选编·财政卷(1949—1952)》,经济管理出版社1995年版,第182页。

不法资本家利用华北地区春旱，乘机抢购囤积，哄抬物价，导致以粮食、纱布为主的物价大幅度上涨。5月份，天津市综合物价指数比3月份上涨1.32倍，北平上涨1.55倍，张家口上涨1.49倍，石家庄上涨1.34倍。平津的物价形势又很快波及各地。4月，兰州市的所有工厂，除了省属的制革厂、化工厂、水泥厂等不足10家工厂情形较好外，其余的226家工厂有1/3已经准备关门。成都市的物价从4月7日至11日猛涨四天，导致几十家商行倒闭。

第二次发生在1949年7月，从上海开始。一些投资资本不满意人民币控制上海市场，掀起银圆投机风潮，企图把人民币"挤"出上海市场。在他们的操纵下，银圆价格在短短10多天的时间内一涨再涨，造成人民币贬值。据估计，6月5日有银圆贩子约2万人，6月8日晚增加到4万人。银圆黑市价格，袁大头从5月25日合人民币400元涨到6月8日合人民币1800—2000元。银圆暴涨导致了物价急剧上涨，批发物价指数猛涨两倍多，人民生活必需品、大米价格上涨2.24倍，棉纱上涨1.49倍。不法资本家扬言：只要控制了"两白一黑"（即粮食、棉纱和煤炭），就能置上海于死地。

第三次是1949年11—12月，由于人民解放军向西南、华南迅速进军，军费开支增大，公职人员增多，秋收后又要收购粮棉，到10月底人民币累计比7月份增发3倍以上，11月底更增发6倍多，但市场物资供应明显不足，"投机者举债买货，一般厂主宁肯举债开支（如发工资等），也不肯卖货，其利息重至每借一元，月息二元"[1]，伺机哄抬物价。从10月15日开始，以上海、天津为先导，华中、西北继起跟进，全国币值大跌，物价猛涨。投机分子抢购金银、外币、五金、化工原料、纱布、粮食等商品，形成了波及全国的最大规模的一次涨价风。以7月份物价为基础，到12月10日，上海、天津、汉口、西安四大城市的物价更新平均上涨3.2倍，物价最高的是石家庄，1949年12月物价指数涨至8600.6，较低的如郑州，也上升至6683.3。[2]上海从1949年的6月份到12月份，物价上涨了8.98倍；天津以3月份为基期，到年

---

① 《陈云文选》第2卷，人民出版社1995年版，第51页。
② 中国社会科学院、中央档案馆：《中华人民共和国经济档案资料选编·工业卷（1949—1952）》，中国物资出版社1996年版，第805—806页。

底物价上涨了 35.18 倍。

第四次是 1950 年 2 月。由于军费开支未减，财政赤字仍需要靠增发货币来弥补，加之投机势力从 1950 年 1 月就抢购粮食，哄抬粮价，致使物价持续上涨。这次涨价风潮从上海开始，迅速波及天津、汉口、西安等大城市。

产生和成长于半殖民地半封建社会的中国资本主义经济，在旧中国"工不如商，商不如囤，囤不如投"的环境下，滋生了大批专门从事投机的资本家和商人。新中国成立后，其中一些投机资本家和商人看不起共产党，他们把自己在新社会的政治地位作为可以利用的政治资本，又掌握着足以影响金融物价的经济实力，自以为身份很高，说共产党是"土包子"，只会打仗，不懂经济。有的还给打分："共产党军事 100 分，政治 80 分，经济 0 分。"① 一些投机家更是扬言，解放军进得了上海，人民币进不了上海。他们以经济"行家里手"自居，妄图与共产党较量一番。以上四次涨价风潮，就是他们与共产党较量的第一回合。

大规模的物价上涨，造成了国家经济生活的极大混乱，严重地影响了人民生活安定和恢复国民经济。为此，党和国家采取了一系列有力的经济措施：

一是加强金融管理，统一金融货币。如华北、华中、华东、华南相继颁布金银、外币管理办法，明令禁止金、银、外币在市场自由流通，由人民银行挂牌收兑。规定铁路、公路、上海公用事业，一律收人民币；征税一律征人民币；开放全国各地区之间的汇兑，用已经较稳固的老区货币支持新区货币。加强对私营金融机构的管理，把私营银行、钱庄业务置于国家银行控制之下；对专门经营高利贷的地下钱庄等非法信用机构则严格取缔。这些做法，基本上制止了金钞投机活动。

二是调集物资，抑制物价波动。为打击投机势力，在中财委统一领导下，大批粮食、棉纱、煤炭从全国各地紧急调往上海、北京、天津等大城市。1949 年 11 月 25 日，在物价上涨最猛的那天，各大城市统一行动，一方面敞开抛售紧俏物资，连续抛售 10 天，使暴涨的物价迅速下降；另一方面收紧银根，征收税款，使投机资本受到毁灭性的打击。

① 薄一波：《若干重大决策与事件的回顾》上卷，中共中央党校出版社 1991 年版，第 77 页。

抛售物资不仅打击了投机资本，拖住了物价，而且回笼了大量货币。11月底，京津在物价暴涨期间所售物资回笼的货币大约1250万元，上海从1949年7月至1950年2月八个月内抛售的四种主要商品（米、面、纱、布）合计回笼货币约5000万元。①

三是利用行政力量，加强市场管理。如建立工商业登记办法，规定工商业必须办理登记，取得营业证照后，才能开业；建立市场交易所，实行主要物资集中交易，禁止买空卖空；实行价格管理，维护国营商业牌价，对无牌价的商品，实行议价、核价制度，禁止哄抬物价；管理物资采购，使大宗物资的采购置于政府监督之下，防止争购；取缔投机活动，对一般违法行为由行政管理部门根据情节轻重分别处理，对少数投机倒把者依法进行制裁，对正当营业者予以保护。

通过这些措施，国家迅速掌握了市场的主动权，抑制了通货膨胀，初步稳定了物价。而许多不法资本家在经济上受到了严厉打击，有的跳楼自杀，有的卷起铺盖去了香港。通过这场斗争，使资本家对共产党有了重新的认识，对共产党搞经济的能力也由衷地佩服起来。"6月银圆风潮，中共是用政治力量压下去的，这次仅用经济力量就能压住，是上海工商界所料想不到的。"② 当时刘鸿生连续几天在电话里、在广播中听到纱布价格不断下跌、黄金、美钞黑市连续暴跌的消息以后，不禁连声赞叹："这是奇迹！这是世界经济史上的奇迹！共产党不仅能在战场上取胜，而且能打漂亮的经济仗，我真正佩服了！"③ 经过这次交手，民族资本家对共产党和人民政府经历了"较量"到"服气"的转变，开始认真思考要接受共产党和人民政府的领导。

第二节　"五反"运动与民族资本家的心态变迁

一　"五反"运动的发动

"五反"运动是在"三反"运动发展进程中引发出来的。"三反"

① 《新中国若干物价专题史料》编写组：《新中国若干物价专题史料》，湖南人民出版社1986年版，第91页。
② 薄一波：《若干重大决策与事件的回顾》上卷，中共中央党校出版社1991年版，第81页。
③ 刘念智：《实业家刘鸿生传略——回忆我的父亲》，文史资料出版社1982年版，第118—119页。

运动原本是针对一些党员干部"陷入贪污、浪费和官僚主义的泥坑"①
而开展的一场旨在惩戒和肃清国家党政机关内部贪污腐败分子的群众
运动。但中国共产党在运动中却发现,"党政机关内部的贪污往往是
与非法商人从外部相勾结而产生的"②。1951 年 11 月 1 日,东北局在
写给中央的《关于开展增产节约运动进一步深入反贪污、反浪费、反
官僚主义斗争的报告》中说,"从两个月来所揭发的许多贪污材料中
还可以看出:一切重大贪污案件的共同特点是私商和蜕化分子相勾结,
共同盗窃国家财产","资产阶级、私商对我们干部的引诱、侵袭几乎
无孔不入"③。12 月,华东局在报告中说:党政机关内部的贪污往往是
与非法商人从外部相勾结而产生的。④ 1952 年 1 月,北京市委写给中
央的《关于三反运动开展情况和继续开展这一运动的意见的报告》中
也提到,一些不法资本家贿买和勾结工作人员,偷税漏税、偷工减料
和对公家高卖低买,而最普遍的是用"回扣"、送礼等方式来引诱工
作人员贪污。⑤

　　资本家具有趋利的本性。1950 年私营工商业的调整,国家帮助私
营工商业渡过了难关,使他们恢复和发展起来。过去一度弃厂、弃店出
走的资本家又陆续回来,重新投入生产和经营。然而伴随着财政经济情
况根本好转带来的整个工农业生产的发展,一些资本家便得意忘形起
来,他们不再愿意遵守人民政府法令,企图摆脱社会主义国营经济的领
导,无限制地发展资本主义。中南军政委员会副主席邓子恢对民族资本
家的这一心路历程曾一针见血地作了说明。邓子恢指出:"在解放初期,
他们受了国民党反动宣传,觉得共产党人'可怕';后来我们在实际上
坚持正确政策,并给他们多方帮助与各种便利,他们觉得共产党人'可

　　① 中共中央文献研究室:《建国以来重要文献选编》第 2 册,中央文献出版社 1992 年
版,第 558 页。
　　② 中共中央党史研究室:《中国共产党历史》第 2 卷(1949—1978)上册,中共党史出
版社 2011 年版,第 163 页。
　　③ 元仁山:《黑龙江资本主义工商业的社会主义改造简史》,黑龙江人民出版社 1993 年
版,第 115 页。
　　④ 中共中央党史研究室:《中国共产党历史》第 2 卷(1949—1978)上册,中共党史出
版社 2011 年版,第 163 页。
　　⑤ 吴序光:《风雨历程——中国共产党认识与处理资本主义和资产阶级问题的历史经
验》,北京师范大学出版社 2002 年版,第 396 页。

亲'；但久而久之，他们看出我们有官僚主义，有弱点可乘，就觉得共产党人'可欺'了。"① 正是在这种心理的支配下，他们唯利是图、投机取巧的本性再次暴露出来。由于有了与中共第一次较量的深刻教训，他们不再敢与政府直接对抗，而是变换手法，通过行贿、偷税漏税、偷工减料、盗骗国家资财、盗窃国家经济情报等"五毒"手段，千方百计收买、拉拢国家干部，以便为其进行各种违法活动大开方便之门，牟取非法暴利。"三反"运动中反映出的问题多与此有关。

随着"三反"运动越深入，被揭发出来的"五毒"问题也越来越多。如据某些部门统计，在已发现的贪污分子中，50%以上都与不法资本家的拉拢腐蚀有关。常州市税务局有贪污行为的干部85人，其中58人与不法资本家有勾结，向他们行贿的商号多达293家。② 尽管在工商业资本家中，"五毒"严重的资本家只是少数，但私营工商业的违法行为却相当普遍。据国家税务局1950年在缴纳第一期营业税后的典型调查提供的资料：上海3510家纳税户中，有逃税行为的占99%；天津1807户中，有偷税漏税行为的占82%。又据北京市1952年的调查，约有13087户、占总数26%的工商户有不同程度的行贿行为。③ 据西安市初步检查统计，包括偷税漏税在内，就有12369户，占全体户数的80%以上。④ 1951年，苏北全区经税务机关查获的违章案63638件；泰州市春季检查123户私营工商户，偷漏税户占87%；扬州市6月份重点抽查558户，偷漏税户竟占96%。⑤ 另据1952年上半年"五反"运动期间的材料，北京、天津、上海等9大城市45万多户私营工商业主中，不同程度犯有"五毒"行为的就有34万户，占总户数的76%。⑥

随着抗美援朝战争的推进，在土地改革运动、镇压反革命运动顺利

---

① 中共湖北省委党史研究室：《建国初期湖北的"三反""五反"运动》，湖北人民出版社2010年版，第21—22页。

② 张玉瑜：《过渡时期中国民族资本主义的历史命运》，学林出版社2012年版，第84页。

③ 中共中央党史研究室：《中国共产党历史》第2卷（1949—1978）上册，中共党史出版社2011年版，第163页。

④ 赵守一：《从西北地区情况看资产阶级的猖狂进攻》，《人民日报》1952年3月20日。

⑤ 中共江苏省委党史工作办公室、江苏省档案馆：《"三反"、"五反"运动·江苏卷》，中共党史出版社2003年版，第412页。

⑥ 吴承明、董志凯：《中华人民共和国经济史（1949—1952）》第1卷，中国财政经济出版社2001年版，第428页。

进行的新形势下，一些民族资本家滋长了在中国自由发展资本主义的幻想，并在发展过程中暴露出一些问题：

一是一些资本家在加工订货、统购包销上的不合作态度。

新中国成立初期，人民政府通过贷款、加工订货、统购包销等措施帮助资本家走出了困境。然而他们只是把接受政府加工订货、收购、包销等业务看成是解决他们困难的暂时手段，看成是"做买卖、谈生意"，把"公私兼顾"的原则当作"平分秋色"。因此，当市场情况好转时，他们发现加工订货、统购包销等援助已成了束缚他们手脚的枷锁。于是，越来越多的资本家不满足于正当合法利润，开始以不同的形式反对加工订货。到1951年上半年，随着城乡和内外物资交流的逐渐展开，市场日趋繁荣，他们抗拒加工订货的情况也愈益严重。资本家在协商议订加工订货的条件时，或者借口原料不足，或者借口设备不全，或者借口用惯了欧美资本主义国家的原料而不熟悉新原料的性能，或者借口已经全部承接外埠订货，等等，在加工订货的条件上多方刁难，不愿接受加工订货。1951年下半年，由于市场进一步繁荣，有的行业甚至由个别工厂的拒绝接受加工订货发展到全行业联合起来抵制政府的加工订货。当时在工业资本家中间广泛地流传着"加工不如订货，订货不如收购，收购不如自销"的说法。①

二是部分资本家唯利是图、投机取巧的本性恶性膨胀，损害国家的利益。

在偷工减料方面，不法资本家的活动主要是：违反合同，私自压缩工量、减少工序，少用或套用原料，以次料换好料，掺杂掺假，更改配方，等等。在承接国家的加工订货中，棉纺工业掺入再用棉，橡胶工业减少含胶量，制造业以次料充好料等。与偷工减料相联系的是虚报成本，如多报原料定额与损耗，抬高用料价格，多报职工人数和工资支出，故意增加不合理的开支等。上海不法资本家通过偷工减料、虚报成本等违法手段获取了巨额的暴利。如两家著名的橡胶厂，用偷工减料、虚报成本的办法连续两年获取非法暴利达450余万元。五金机器业中的一个不法资本家集团，在承接治淮工程的加工订货和供应器材的任务

---

① 中共上海市委统战部、中共上海市委党史研究室、上海市档案馆:《上海资本主义工商业的社会主义改造》，中共党史出版社1994年版，第117页。

中，用偷工减料等手段，盗窃了国家财产 100 万元以上。① 据统计，天津市三年期间，资本家仅偷工减料总值即达 2612 万元。②

在偷逃漏税方面，各地偷税漏税行为非常普遍。有些不法资本家的偷税行为已经发展到十分猖獗的程度。如上海有一个经营纸业的不法资本家，为了逃税并规避国家对卷烟纸的管制，竟伪造各地税务局的公章和税务局负责人的签章以及各工厂、商号的戳记共 70 余个。这个资本家用伪造税票和证明书等方法逃避国税的卷烟纸的行销范围，遍及山东、河南、安徽、浙江、江西、福建各省，偷税总额达 55 万元。还有一些不法资本家，不仅偷漏应纳的巨额国税，而且侵吞国家委托代扣的税款。如从 1951 年 2 月至 5 月，上海鱼市场的 120 个经纪人中，就有 30 个经纪人侵吞了代国家扣缴的行商税达 50 万元之巨。根据当时不完全的统计，上海不法资本家使用了虚设假账、伪造单据、隐匿销货、多列开支等 73 种较显著的逃税手法，从中攫取暴利，使国家税收遭到严重的损失。③

还有不少资本家或利用职务之便，或暗派坐探，盗窃国家经济情报。如美国发动侵朝战争后，一些奸商通过坐探得知国家存糖不多，就派人到天津、东北抢购，利用地区差价进行投机活动，造成了 1950 年 6 月至 8 月两次白糖价格上涨，京津沪等五大城市糖价分别上升 70.5% 和 125%。④ 湖北兴盛祥经理傅某拉拢中国银行某副科长，获得中国银行 1951 年在中南地区的信贷计划，内外勾结，以 2 亿元资本额取得 281 亿元的贷款，牟取暴利 40 亿元。⑤

更令人无法容忍的是，为了攫取巨额利润，有些不法资本家甚至将魔手伸向了在前线流血牺牲的志愿军指战员，他们竟然在承办抗美援朝军用物品中偷工减料。如天津 40 多家铁工厂使用不合格的废铁、烂铁制

---

① 中共上海市委统战部、中共上海市委党史研究室、上海市档案馆：《上海资本主义工商业的社会主义改造》，中共党史出版社 1994 年版，第 118 页。

② 孙健：《中华人民共和国经济史（1949—90 年代初）》，中国人民大学出版社 1992 年版，第 79 页。

③ 中共上海市委统战部、中共上海市委党史研究室、上海市档案馆：《上海资本主义工商业的社会主义改造》，中共党史出版社 1994 年版，第 118—119 页。

④ 武力：《中华人民共和国经济史 1949—1999》，中国经济出版社 1999 年版，第 43 页。

⑤ 中共湖北省委党史研究室：《建国初期湖北的"三反""五反"运动》，湖北人民出版社 2010 年版，第 24 页。

造军用铁锹和铁镐。这些镐和锹运到前线,一铲就卷口,一刨就断。上海商人张新根、徐苗新为国营益民公司代购军用罐头的牛肉。他们在牛肉中掺进一半以上水牛肉和马肉,还掺入发了霉的臭牛肉和死牛肉。先后代购牛肉 89 万斤,盗骗国家款项 20 万—30 万元。汉口私营福华电机药棉厂经理李某承制志愿军救急包和三角巾,领来好棉花 0.5 万公斤,竟全部换成废烂棉花,其中还有 500 公斤是从捡破烂与拾荒货的人那里收购来的。他承制的 12 万个救急包中,不仅分量不足,而且都未经漂白、脱脂和消毒,含有大量化脓菌、破伤风菌和瓦斯坏疽菌,并以高价卖给志愿军,从中牟利 18 亿元。[①] 上海有的不法资本家,大量制造伪劣假药,有的资本家销售过期失效、甚至变质有毒的药品,有的资本家甚至在针剂中掺入自来水,[②] 造成许多志愿军战士致残甚至断送了性命。

三是有的不法资本家秘密结社,对国家实行有组织、有计划的进攻。

如在重庆,一些行业的资本家分别以"聚餐会"、"座谈会"、"联谊会"、"技术研究会"之类名目纠集在一起,定期或不定期地开会、碰头,交换经济情报,策划哄抬物价、操纵市场,图谋向国家索取更多的工缴费,密谋同国家机关、国营企业作斗争。他们都有各自的进攻对象。如盐业"星二聚餐会"进攻对象是盐务局。液体燃料业的"星期聚餐会"进攻对象是国营石油公司、信托公司、液体燃料市场管理委员会。钢铁机器业的"星四聚餐会",成员有重庆 12 家较大的钢铁机器厂,他们进攻的对象主要是西南工业部所属 101 厂。他们收买这个厂的生产科长、外包工程师等 20 余人,充当内奸,里应外合地盗窃国家经济情报、加工订货计划,哄抬承包和加工价格,偷工减料,虚报运费,共攫取国家资财 200 多亿元。[③]

不法资本家的"五毒"罪行,激起了广大人民的公愤,同时也引起了中央的高度重视和警惕。1950 年 12 月 31 日,薄一波向毛泽东汇报工作,当提及资本家利用回扣的办法收买、拉拢国家采购人员的情况时,毛泽东说:"这件事不仅要在机关检查,而且应在商人中进行工作。过去

---

① 中共湖北省委党史研究室:《建国初期湖北的"三反""五反"运动》,湖北人民出版社 2010 年版,第 24 页。

② 孙瑞鸢:《三反五反运动》,新华出版社 1991 年版,第 38 页。

③ 同上书,第 38—39 页。

土地改革中，我们是保护工商业的，现在应该有区别，对于不法商人要斗争。"① 毛泽东说，刚进城时，大家对资产阶级都很警惕。1950 年上半年，党内曾有一个自发、半自发的反对资产阶级的斗争，这个斗争是不妥当的，也是错误的。但在后来的一年多时间内大家对资产阶级不够警惕了，资产阶级过去虽挨过一板子，但并不痛，在调整工商业中又嚣张起来了，特别是在抗美援朝加工订货中赚了一大笔钱，政治上也有了一定地位，因而盛气凌人，向我们猖狂进攻起来。现在已到时候了，要抓住资产阶级的 "小辫子"，把它的气焰整下去。如果不把它整得灰溜溜、臭烘烘的，社会上的人都要倒向资产阶级方面去，"这是一场恶战"②。

1952 年 1 月 5 日，毛泽东在为中央转发北京市委关于三反斗争的报告所写的批语中，发出了《关于反贪污反浪费反官僚主义斗争中惩办犯法的私人工商业者和坚决击退资产阶级猖狂进攻的指示》，要求各大中小城市 "一定要使一切与公家发生关系而有贪污、行贿、偷税、盗窃等犯法行为的私人工商业者，坦白或检举其一切违法行为"，"将此项斗争当作一场大规模的阶级斗争看待"③。

1 月 26 日，中共中央又发出了《关于首先在大中城市开展五反斗争的指示》，号召全国 "向着违法的资产阶级开展一个大规模的坚决的彻底的反对行贿，反对偷税漏税，反对盗骗国家财产，反对偷工减料和反对盗窃国家经济情报的斗争"④。此后，"五反" 运动首先在各大城市展开，随后迅速地扩展到中小城市。一场针对不法资本家的 "五反" 斗争开始了。

二　"五反" 运动中民族资本家的心态转变

"五反" 运动是新中国成立后为打击不法资本家严重违法行为而采取的一项重大决策，也是一场对资产阶级的改造运动。从政治的角度看，"五反" 运动是为了进一步解决谁服从谁的问题，这必然对民族资本家的心理产生重大影响。

---

① 薄一波：《若干重大决策与事件的回顾》上卷，中共中央党校出版社 1991 年版，第 162 页。

② 同上书，第 165、166 页。

③ 《建国以来毛泽东文稿》第 1 册，中央文献出版社 1987 年版，第 21—22 页。

④ 《建国以来毛泽东文稿》第 3 册，中央文献出版社 1989 年版，第 97 页。

（一）从恐慌到情绪安定

"五反"运动之前，"三反"运动的形势并没有引起工商界资本家的足够重视，"工商界摸不透底，有点观望"①，据河北省委统战部向河北省委汇报保定市工商界反贪污行贿运动的初步情况时说："自我省开展'三反'运动以来，特别是北京工商界开展反贪污反行贿运动之后，一般工商业户大部分引起了一定程度的注意，但是不了解真相，认识很模糊，表现出观望闻风，有的说：'共产党还有贪污的，工商界有什么？''工商界根本没有什么行贿，应酬是为了作买卖。'又有的说：'行贿是当了贪污的工具，还吃了哑巴亏。'也有的希望幸免混过去，则说：'叫整就整，反正共产党整什么就是紧一阵，过去就完了。'"②然而"五反"运动来势凶猛，绝非他们想象的轻松，因而一度陷入恐慌。

资本家之所以恐慌，原因是多方面的：

一是担心共产党对待资本家的政策变了。一般工商界认为今后"有公无私"、"有劳无资"，怀疑党对资产阶级的政策变了，特别是所得税，认为中国共产党经过"三反"、"五反"，再通过所得税搞光他们。如浙江嘉兴工商界认为"自己迟早要被搞垮，还是卖光吃光，关店完事好"。绍兴市工商代表反映："缴完所得税，五反也不用反了。"③在浙江其他地区的工商业者也认为共产党用"三反"（指追赃）、"五反"及征所得税来实行社会主义，抱着"吃光"、"用光"、"卖光"的态度，对目前生产经营上的暂时困难悲观失望，无心振作，对政府工作中存在的某些缺点（如追赃失实、所得税评得过高等）深怀不满，想来省"申冤诉苦"；未曾"五反"的城市，则很恐惧，乘机来杭打听"行情"。④还有人在政治上认为"五反就是商改"，"五反要消灭资产阶级"，"共产党不要资产阶级了"，"资产阶级在政治上是地主隔壁"⑤。

---

① 《中国资本主义工商业的社会主义改造·北京卷》编辑组：《中国资本主义工商业的社会主义改造·北京卷》，中共党史出版社 1991 年版，第 78 页。

② 何永红：《"五反"运动研究》，中共党史出版社 2006 年版，第 115 页。

③ 中共浙江省委党史研究室、中共浙江省委统战部：《中国资本主义工商业的社会主义改造·浙江卷》（上），中共党史出版社 1991 年版，第 144 页。

④ 同上书，第 133 页。

⑤ 中共浙江省委党史研究室、中共浙江省委统战部：《中国资本主义工商业的社会主义改造·浙江卷》（下），中共党史出版社 1991 年版，第 143 页。

沈阳新昌薄记工厂经理说："早进城，晚进城，早晚都进城（意指社会主义将要到来，工厂早晚要收归国有）。"① 就连刘鸿生也认为"如今国家有了前途，共产党在经济问题上也很有办法，不要我们资本家这个朋友了"②。

二是经济上的担忧。有的资本家在经济上认为"三反五反还不是政府要钱"，"商人迟完早完总是完"；有的还认为"今后生意不好做了，赚了钱就是五毒嫌疑，要来二次五反"③。上海某茶行老板资金有16亿，"五反"前打算到杭州开分行，"五反"后他改变了主意，原因是"不开分行可以吃到社会主义，若去开设分行就吃不到了"④。正因为有这样的担忧，许多资本家将工厂低价兑给国有企业。如沈阳兴国铁工厂有职工18人，拔丝机2台，电滚6台，生产仍能维持，但以800万元的低价出兑给国营荣建机电厂。据说，这位私营业主原打算将工厂献给国家，国营工厂因考虑到党的政策最终以现金形式低价收购。又如德升铁工厂有机器10多台，房屋26间，厂房面积813平方米，尚在生产中，但以6000万元出兑给国营荣建机电厂。将工厂低价出兑给国家企业的不在少数，南市区十四委路一条街上就有9户。⑤

三是对个人前途的担忧。如刘鸿生担心，像他这样做过各种各样事情的人，早晚是要被清算掉的。有的资本家认为自己是两不如："一不如反革命判刑还留生活出路，二不如地主土地还分一份，我们赚了钱算暴利，赔了本职工要斗争"，因此不愿再做资本家。如浙江磐安县工商联主任关店去考大学；杭州的资本家胡海秋计划去教法文。"国家前途光芒万丈，个人前途暗淡无光"是杭州市资本家的普遍心态。⑥

① 陈立英、陈雪洁：《社会主义改造与沈阳资本主义工业的历史变迁》，东北大学出版社2008年版，第129页。

② 上海社会科学院经济研究所：《刘鸿生企业史料》下册，上海人民出版社1981年版，第468—469页。

③ 中共浙江省委党史研究室、中共浙江省委统战部：《中国资本主义工商业的社会主义改造·浙江卷》（下），中共党史出版社1991年版，第143页。

④ 中共浙江省委党史研究室、中共浙江省委统战部：《中国资本主义工商业的社会主义改造·浙江卷》（上），中共党史出版社1991年版，第141页。

⑤ 陈立英、陈雪洁：《社会主义改造与沈阳资本主义工业的历史变迁》，东北大学出版社2008年版，第129页。

⑥ 中共浙江省委党史研究室、中共浙江省委统战部：《中国资本主义工商业的社会主义改造·浙江卷》（上），中共党史出版社1991年版，第148页。

尤其是随着运动的深入开展,群众的热情日趋高涨,许多地方都出现了较为出格的批斗行为。不少工厂、商店纷纷召开检举坦白大会和"劳资见面会",多数资本家没经历过来势凶猛的批判运动,惊慌失措,不知所终。许多资本家"吃不下饭,睡不着觉",他们"一怕过不了'五反'关,二怕下不了台,三怕企业完蛋"。柴炭业老板×××,号称"八面威风,三不相信",劳资见面后,就"不再威风,相信工人阶级的力量"了。[①]

"五反"运动来势凶猛,是一些资本家始料未及的。如一些地方的斗争已经超出了"五反"的内容,变成了"六反"、"七反"、"八反",甚至不管违法不违法,只要是资本家,就要斗,就要反。一些地方还采取了过激行为,出现了"逼供信",错捕错判问题严重;有的地方采用了土改中对待地主的斗争方式,把人到处"游批斗",戴高帽子;有的地方多罚、多补、多没收,大有趁势挤垮一切私营工商业的劲头。[②] 这些超出了"五反"政策界限的行为使得民族资本家人人自危,惴惴不安。上海的一位资本家曾这样描述他当时的心情:"日子一天比一天不好过。每天睁开眼睛,打开报纸,头条新闻不是'万恶奸商暗害志愿军'、'资产阶级坐探打入国营公司,盗窃经济情报',就是'丧心病狂的奸商已被逮捕'、'高级职员检举老板不法行为',连篇累牍,触目惊心。走上街头,到处是'打退资产阶级的猖狂进攻'、'坚决与资产阶级划清界限'的标语和喇叭里的喊话:'你坦白了没有?!'踏进企业,看到的是职工纷纷召开检举大会,斗争情绪激昂。回到家中,如果我们有参加家属学习班的妻子、站稳立场的儿女,还会经常听到委婉的劝导。总之,背着沉重的包袱,还在抗拒和坦白的道路上彷徨苦闷的工商界,当时颇有四面楚歌,空前孤立,天罗地网,如坐针毡之感。"[③]

在上海从事钢笔产业的"金笔汤"汤蒂因看到"打退资产阶级猖狂进攻","坦白从宽,抗拒从严"的大标语、大字报密密麻麻,吓得心惊肉跳。"打倒雌老虎"的大字报就贴在她写字台后面的墙上,汤后

---

① 中共浙江省委党史研究室、中共浙江省委统战部:《中国资本主义工商业的社会主义改造·浙江卷》(上),中共党史出版社 1991 年版,第 123 页。

② 张玉瑜:《过渡时期中国民族资本主义的历史命运》,学林出版社 2012 年版,第 90页。

③ 《上海工商联十年》油印本,第 28 页。

悔自己不早听朋友的劝而当上老板，"我本来是职工，可以当武松，而现在是武松不做当老虎，要挨打了，后悔也来不及"①。天津达仁堂老板乐松生在当年的"思想汇报"中写道：看到工商户违法的严重性，唯恐自己经营的企业亦有问题，遂抱着彻底坦白的决心，一发现问题，不论大小，就写坦白书。实际上问题只有些小额漏税，或不明会计手续的小型错误。但当时越查不出问题越着急，生怕还有重要的违法事情自己不知道。经过苦思追索，还是没有，请本柜工人同志帮助，才明白问题确实是没有了，这才把情绪安定下来。

在这样强大的心理压力之下，资本家除了坦白之外，没有其他出路。"许多资本家逃不过去，胡乱交代，或者揭发别人。有的人实在没办法，就把自己的盈利算做偷工减料交代。"② 在交代问题时，"个别资本家神色突变，说话结结巴巴，举止惶惶张张，有时发抖"③。有一些资本家没经历过这样来势凶猛的批判运动，被吓坏了，由于受不了压力，选择了自杀。以上海为例，"据上海从 1 月 25 日至 4 月 1 日的不完全统计，因运动而自杀者就达到了 876 人，平均每天的自杀人数几乎都在 10 人以上，其数字已相当惊人。而且有不少资本家更选择夫妻一同自尽，甚或带着孩子一同自杀，更足见这场运动之激烈和对资本家精神冲击之巨大"④。

由于资本家在"五反"运动中受到极大震慑，对党和政府的政策产生了怀疑，从而降低了他们的投资热情。"五反"后，资本家无心从事生产和经营，多采取观望的态度，因而在短短两三个月中，大批私营工商业处于停业或半停业状态。根据上海、天津、北京、武汉、广州、重庆、西安、沈阳、济南、青岛、南京、归绥、石家庄、开封、南昌、成都、大连及乌兰浩特 18 个城市的统计，1952 年 1—2 月份私营工商业开歇业总户数从开多歇少转变为歇多开少。与 1951 年相比，1952 年开业总户数减少 64.7%，而歇业总户数则增加 19.2%。⑤ 此外，由于职工普

---

① 陆和健：《上海资本家的最后十年》，甘肃人民出版社 2009 年版，第 192 页。

② 中国人民政治协商会议全国委员会文史资料研究委员会：《工商经济史料丛刊》第 3 辑，文史资料出版社 1983 年版，第 136 页。

③ 胡其柱：《抑制与抗争：建国初期的政府与私营工商界（1949—1952）》，《晋阳学刊》2005 年第 2 期。

④ 杨奎松：《建国前后中共对资产阶级政策的演变》，《近代史研究》2006 年第 2 期。

⑤ 中国社会科学院、中央档案馆：《1949—1952 中华人民共和国经济档案资料选编·工商体制卷》，中国社会科学出版社 1993 年版，第 726 页。

遍感觉在私营企业工作不光荣，因而存在缺乏劳动热情，且劳动纪律涣散、片面福利观点、不听从资本家指挥的现象。劳资关系的不正常，也大大地影响了私营工商业的生产经营。

然而，"五反"的目的绝不是要消灭民族资产阶级，而是要达到彻底查明私营工商业的活动以团结和控制资产阶级，进行国家的计划经济建设等目的。① 随着资本家自杀人数的增加和全国经济受到很大的影响，中共中央高度重视运动中出现的问题和偏差，并及时指示各大城市必须注意政策，采取措施，加强控制，注意维持经济生活的正常进行，生产、运输、金融、贸易均不能停顿，并提出"五反"最终要达到群众拥护、市场繁荣、生产有望、税收增加的结果。

为使"五反"运动按正常轨道健康发展，3月5日，中共中央批准北京市委的建议，发出《关于在"五反"运动中对工商户分类处理的标准和办法》。毛泽东在为中央起草的批语中，就若干政策问题作了新的补充规定，指出：对工商户的处理，要掌握过去从宽，将来从严；多数从宽，少数从严；坦白从宽，抗拒从严；工业从宽，商业从严；普通商业从宽，投机商业从严的原则。在"五反"目标下划分私人工商户的类型，应分为五类，即守法户、基本守法户、半守法半违法户、严重违法户、完全违法户五类。毛泽东指示，在大城市中，前三类占资本家总数的95%，后二类只占5%左右。② 检查违法工商户必须由市一级严密控制，各机关不得自由派人检查，更不得随便捉人审讯。

在对违法户的判决中，各地按中央精神普遍贯彻了"坦白从宽、抗拒从严"的原则。如1952年4月11日，北京市人民法院首次开庭，对被捕的61户违法工商户宣告判决。列席旁听的有各区工人店员代表和行业同业公会代表100多人，另外还有各区尚未处理的严重违法的工商户500多人。这次判决的61户违法工商户，都是完全违法户，违法行为都很严重，而且在运动初期多方抗拒抵赖，市人民政府即依法予以逮捕。但在逮捕后，经过教育，一般都愿意悔过自新，彻底交代自己的违法事实，有的检举立功，因此得到降一级或降两级，而按严重违法户或半守法半违法户从宽处理，免予判刑，宣布释放。例如永安茶庄经理李

---

① 《建国以来毛泽东文稿》第3册，中央文献出版社1988年版，第353—355页。
② 同上书，第118页。

瑞棠，解放三年来，经常地、大量地偷税漏税，情节十分严重，但被逮捕后能彻底坦白，因此减轻一级，按严重违法户处理，免予刑事处分。又如裕丰纸行经理吕均丰，是个五毒俱全的完全违法户，但在逮捕后，不但能彻底坦白，并且检举了其他违法户的违法事实 20 多件。在扣押期间，还动员其他大盗窃犯坦白交代了问题，因此不但不判刑，而且减轻两级按半守法半违法户处理。

针对运动中一些资本家惶恐不安的情况，中国共产党通过多种渠道做工作。1952 年 3 月 15 日，毛泽东在同黄炎培谈话时，重申了公私兼顾、劳资两利的政策，并对资本家所获之"利"作了具体分析。他说："资本家唯利是图，人家说是不好，但'利'可以分析一下：一部分是国家的利，一部分是工人的利，其余一部分是资本家的利。如果唯利是图的资本家，他们所图的利，三方面都能够顾到，正希望他们、需要他们来'图'，只是不能让他们光图私人的利。"他还说："五毒俱全的，完全违法的，一定不要，守法的及基本守法的要争取；半守法半违法的也要争取。要教育改造他们，中间还要特别重视工业，劝导大家在人民政府领导下，依据国家经济需要，有步骤地把商业资本转向工业，于国家是有利的。商业中间特别是投机商，于国家人民全无益处，绝对不要。"他强调："这次运动是为了团结，斗争是为了团结，这次运动的成功，应该是增进了团结"，特别要做好团结大资本家的工作。①

此外，毛泽东、周恩来、陈云等党和国家领导人在各种场合发表谈话，强调"五反"运动是在《共同纲领》原则下进行的，目的是更好地实现《共同纲领》。他们呼吁通过政协全国委员会，号召各界认真学习《共同纲领》，以打消资产阶级的顾虑。与此同时，政府还提出了加工订货中的合理利润界限，实行"先活后补"，对困难企业适当增加贷款，并针对"五反"运动后出现的工商业萎缩、市场萧条等情况，在新的基础上开展以调整商业和税收为重点的第二次工商业调整。如在工业方面调整公私关系，主要是扩大加工订货和产品收购，适当上调工缴费和成品收购价格，使资本家在正当合理的前提下，每年获得 10%—30% 的利润。在商业方面，适应扩大私人经营零售和贩运业务的范围；

---

① 国防大学党史党建政工教研室：《中共党史教学参考资料》第 19 册，国防大学出版社 1986 年版，第 540 页。

同时，降低放款利率30%—50%。

由于对资本家采取了从宽的政策以及对工商业的再次调整，很多人"背了半年的包袱一晚上解掉了"，纷纷表示"今后要好好从事正当经营，再不敢犯'五毒'了!""再犯简直对不起良心"，"再犯了罪该万死"①。西安市委写给中央的《关于处理守法户和基本守法户的报告》列举了资本家听到自己被宣布为守法户和基本守法户后，"已'完全把心放下'，'喊一万声毛主席万岁'，'给毛主席磕一千个头''再也不敢欺骗政府了'"。资本家纷纷表示"知宽感恩"、"高呼万岁"。杭州市委在《关于"五反"运动中的综合报告》中说:资本家在结束"五反"后，人心大定，相互奔走报喜，"这样的处理，真像吃了凉西瓜，定心了"。"政府、工人对我们这样宽大，料想不到。"有的当即向毛主席像行三鞠躬礼。② 当河南郑州市增产节约委员会"五反"办公室宣布了对各类工商户的定案结果后，很多工商户都感到出乎意料。振兴市场新兴布店经理×××（基本守法户）说:"今天的处理，使我完全相信政府的政策了，若按我的违法事实，五类户叫我挑，说啥我也不能报成基本守法户。"新生榨油厂资方×××说:"我违法好几亿，第二期又没交代彻底，我想我一定是属于'少数从严'和'抗拒从严'之列了;但是最后宣布我为基本守法户，我内心有说不出的感激。我除在运动中已经拿出来的6亿资金外，还准备把我的不动产（估计值10亿元）卖掉，投入生产，来报答政府的宽大。"③ 可见，当资本家认识到"五反"运动并不是要消灭资产阶级时，他们的情绪逐渐安定下来，心里充满了感激。

（二）从抵触到服从

"五反"运动实际上是过渡时期中国共产党与私人资本主义进行的第二次限制与反限制的斗争。由于党对民族资本主义的消极因素加以限制，就不可避免地遭到私营工商业资本家的抵制和抗争。一些不法工商

---

① 中共山西省委党史研究室:《中国资本主义工商业的社会主义改造·山西卷》，中共党史出版社1992年版，第96页。
② 中共浙江省委党史研究室、中共浙江省委统战部:《中国资本主义工商业的社会主义改造·浙江卷》（上），中共党史出版社1991年版，第123页。
③ 中共河南省委党史研究室:《"三反"、"五反"运动·河南卷》，中共党史出版社2006年版，第210页。

户互相包庇，拒不交代。"逮捕是吓唬人呢，没口供也就放了。"一部分不法工商户进行抵抗、破坏，如歇业、解雇、停发薪水以致打死、逼死店员。还有一部分较大的工商户和新中国成立后有政治地位的上层分子是顾虑多，怕丧失政治地位，怕丢脸，怕补税、坐牢，怕倾家荡产，因而采取各种形式进行破坏。其具体手法包括：

一是采用恐吓、收买、拉拢等手段阻止工人、职工检举和揭发。如有的资本家对店员工人进行威胁、利诱，或者收买和压制店员工人，不准暴露他们的行贿、欺诈、偷税、盗窃经济情报的犯罪行为。有的给店员开会，让店员不要检举，许诺生意做好了多给几个钱。如有的经理指使儿媳以向会计拢账为名，暗中拉拢会计；有的经理使其小孩认工人为干亲，又使其老婆以色相诱，收买工人；有的经理使老婆加紧伺候工人，服侍得无微不至，因此工人要求退出工会；有的经理叫工人接家眷，表示"吃、穿、住、路费由我负责，今后彼此要多照顾"；有的经理给工人吃好饭、买东西并每月增加工资三斗米。有的资本家甚至用停业、停工、停伙等手段威胁职工不准检举。有的厂店"五反"开始时，给工人吃白面，看到拉拢不成时，改给工人吃棒子面；有的威胁说："经理跳了井，你们负责任！"[①]

二是通过销毁账册、撕毁票据来掩盖罪证，或者转移财产，逃避检查。如上海银行经理资耀华，一面高喊"拥护"，表示"很是兴奋"，一面却匆忙地把保险库和仓库的后账烧毁。[②]

三是装聋作哑，拒不交代罪行。在一些资本家上交的坦白书中，大都不认真进行自我检讨，内容无非是交代一些请客吃饭、送小礼、走后门、占蝇头小利的鸡毛蒜皮的小事儿。如"拿工会七十五支光灯泡一只"；"受过许会计师年糕一盒……工友香烟一条，橘子一篓"；"贪污工会的邮票三次"；"挪用肥皂叁块"；"与同业吃饭吃咖啡有十次之多"；"私取工会报纸二十张左右，食盐四份，邮票1200元"之类。其中严重些的，也不过是曾"私放拆息款二十万元"[③]。

四是四处活动，组织"攻守同盟"。如中国医药公司东北区公司采

①　何永红：《"五反"运动研究》，中共党史出版社2006年版，第119页。

②　江横：《打垮不法资本家的狂妄抵抗》，《人民日报》1952年2月28日。

③　杨奎松：《1952年上海"五反"运动始末》，《社会科学》2006年第4期。

购科科长戴某与采购员刘某，他们与当时号称"沈阳西药四大家"之一的顺天西药房大老板、奸商王某勾结。收受贿赂的戴某经常向王某透露公司采购计划等秘密商业情报，王某总能够按照公司需求，以远远高于市场价格的价钱将药品顺利卖给公司。仅以王某卖给公司的 10 种药品计算，国家的损失就达到 44.2 亿元旧人民币。而国家机关干部戴某和刘某分别从奸商王某处得到金元宝 32 个和价值数千万元的"好处费"，并且双方订立攻守同盟，发誓"掉了脑袋也不说"①。扬州油米厂奸商吴××与同业六个奸商组织攻守同盟，吴为行贿、盗窃经济情报，组织联营逃避资金，进行投机倒把的主谋者。"五反"后，吴对其他奸商说："宁愿刀架在头上，不能坦白行贿的事。"②

针对上述情况，全国各地根据中共中央的指示精神，采取"利用矛盾、实行分化、团结多数、孤立少数"的策略，组成和扩大"五反"统一战线，以"争取绝大多数资本家拥护我们"③。

一是通过发动工人、店员检举揭发工商业户的不法行为。"五反"运动之初，一些工人有顾虑：（1）怕坦白了丢人，怕别人检举了受处分，想谈不敢谈；（2）和资本家关系最密切的，怕谈了伤感情，怕牵连自己，怕退赃；（3）认为"多一事不如少一事"、"再跟资本家吃两年就算了"；（4）历史上有些问题的，怕"整完了资本家整自己"④。针对工人的心理，各地普遍加强对工人的宣传教育工作，广泛宣传"五反"的意义，深入个别发动，启发诉苦，推动串联。在控诉资本家的罪行中，把个人苦提高到阶级苦，明确"谁养活谁"的道理，提高了工人的阶级觉悟。广大工人、店员被发动起来，纷纷检举资本家的不法行为。从当时的材料上看，各地工人、店员检举和揭发材料的数量极为惊人，仅上海市从运动开始到 4 月 14 日，全市 20 个区接受的各种材料已达 874045 件，到 7 月 5 日更是高达 1212357 件。高峰时期，全市每天

---

① 陈丽英：《社会主义改造与沈阳资本主义工商业的历史变迁》，东北大学出版社 2008 年版，第 121 页。

② 中共江苏省委党史工作办公室、江苏省档案馆：《"三反"、"五反"运动·江苏卷》，中共党史出版社 2003 年版，第 183 页。

③ 《建国以来毛泽东文稿》第 3 册，中央文献出版社 1989 年版，第 118 页。

④ 中共河南省委党史研究室：《"三反"、"五反"运动·河南卷》，中共党史出版社 2006 年版，第 98—99 页。

形成的各种材料可达 10 万件以上，① 从而打破了不法资本家企图蒙混过关的幻想。

二是耐心做资本家家属的思想工作，从家庭内部对资本家进行分化和瓦解。各地普遍采取大会教育、小会说服、个别访谈等方式，向资本家家属宣传政策，目的是通过家属规劝资本家坦白交代。河南许昌×××和他的老婆一起开会，回家时他老婆说："你不坦白，我跟你丢人，咱们走背街回家吧！"×××的女儿也威胁他说："你不坦白，下次大会见。"拒不坦白的资本家的家属在街道学习也感到孤立。×××埋怨丈夫说："我在街道站不上队，都因为你不坦白。"② 在家属的压力下，资本家大都能坦白自己的罪行。还有一些资本家家属组成劝说团，如在广州，资本家的爱人、子女就组织了 1000 多个规劝小组，劝告自己的亲人彻底坦白，③ 起到了很好的效果。

三是团结绝大多数资本家，孤立和打击少数。根据私营工商业的表现，各地将资本家分为守法户、基本守法户、半守法半违法户、严重违法户和完全违法户五类，并注意控制打击面，先以主要精力调查和处理"五毒"较轻的工商户，对最大多数违法行为不太严重和经济作用不大的工商户，均给以半守法半违法户、基本守法户和守法户的结论。据北京、天津等八大城市的统计，守法户占 22.9%，基本守法户占 58.6%，半守法半违法户占 13.6%，严重违法户占 2.45%，完全违法户占 0.45%。④ 对于守法户和基本守法户，以团结教育和思想改造为主，对其违法所得，一般免退，不给处分；对于半违法半守法户，实行只退不罚。这样的处理，团结了大多数资本家。许多资本家感激人民政府对他们的宽大处理，绝大多数私营工商业者放下包袱，纷纷揭发其他不法资本家的"五毒"行为和贪污分子的犯罪行为，从而使少数真正的顽固分子受到孤立。

在"五反"运动中，各地还通过报刊、广播电台、大字报、黑板报

① 张忠民：《"五反"运动与私营企业治理结构之变动》，《社会科学》2012 年第 3 期。
② 中共河南省委党史研究室：《"三反"、"五反"运动·河南卷》，中共党史出版社 2006 年版，第 95 页。
③ 中共广东省委统战部、中共广东省委党史研究室：《中国资本主义工商业的社会主义改造·广东卷》，中共党史出版社 1993 年版，第 47 页。
④ 中国社会科学院、中央档案馆：《中华人民共和国经济档案资料选编·综合卷（1949—1952）》，中国城市经济社会出版社 1990 年版，第 525 页。

等媒介大张旗鼓地开展宣传活动,揭露不法资本家的"五毒"行为。一时间,"万恶奸商"、"凶恶的家伙"不绝于耳,使资本家不寒而栗。职工的检举、同行的揭发、家属的规劝、舆论的声势,给资本家的心理带来了巨大压力。

此外,各地还召开专门会议,向资本家反复宣传党的"五反"方针政策。经过宣传,以及与在补退处理中贯彻了"处理从宽"的原则,又在"五反"运动后对工商界进行了贷款、加工、订货,号召工人店员团结资方,搞好生产,大力开展城乡物资交流,使得工商界认识了"五反"运动是为了清除"五毒",为私营工商业的发展开辟了前进的道路,在新民主主义时期,私人资本在国营经济的领导下,在有利于国计民生的经营方面还是有其发展前途的,同时也认识了过去"五毒"行为的可耻,许多人都表示:今后一定要在工人阶级的领导下,清除"五毒",努力经营,搞好生产。

这些举措,使得不法资本家纷纷缴械投降,交代了自己的不法行为。资本家经过"五反"运动的再次较量后,已清醒地认识到,无论是在政治上还是在经济上与共产党对抗,注定失败,只有服从共产党的领导,走《共同纲领》所指引的道路,才有光明的前途。多数资本家改变了过去不服从国营经济领导的态度,纷纷表示"今后决心在工人阶级、人民政府的领导下积极经营生产,诚心诚意永远跟共产党走"[1]。荣毅仁在解放初曾说:我赞成共产党只举一只手,如果两只手都举起来,那是投降。"五反"后,他说:举一只手赞成共产党是我错了,现在要举起双手拥护共产党。

(三)从自负到自卑

新中国成立后,由于绝大多数工商资本家都有一些生产技术或者经营管理经验,因而"在生产方面占很高的地位","社会上很多的必需品,吃的、穿的、用的、鞋子、袜子、牙刷、牙粉……要他们供给,他们是社会上的一个很大的生产力,这个生产力是很重要的,今天没有他们还不行"[2]。正是意识到"没有他们还不行",中国共产党采取了政治上团结

---

① 中共广东省委统战部、中共广东省委党史研究室:《中国资本主义工商业的社会主义改造·广东卷》,中共党史出版社1993年版,第47页。
② 薄一波:《若干重大决策与事件的回顾》上卷,中共中央党校出版社1991年版,第52页。

和争取民族资产阶级，经济上"利用、限制"民族资本主义的政策。

1949 年 4 月至 1950 年 2 月，在经历了与共产党的首次较量之后，工商资产家败下阵来，对共产党开始由衷地佩服。然而"由于资本主义经济在整个国民经济中起着巨大的作用，工人阶级还没有对资产阶级进行激烈的斗争"，资产阶级"还保持着很大的威风"①。"特别是在抗美援朝加工订货中赚了一大笔钱，政治上也有了一定地位"②，他们的心情比以往任何时候都要舒畅。一位女传记作家以文学家的笔调这样描述一个资本家家庭所度过的那段黄金岁月："日后，要是让戴西拿放大镜看照片里儿子那时有多高，女儿的辫子那时有多长，她一时还不能确定这张照片的年代。她常常分不清这是解放前还是五十年代初的照片。在她的记忆里，那些年没有很大区别，只是国民党的青天白日旗变成了共产党的五星红旗，而他们从来就不那么注意旗帜的不同。""那年他们在上海与香港之间来来往往，从来没有觉得有什么必要要一去不回来。这里，他们真的与全国人民一起认同，五十年代是金色的年代。"③ 上海资本家胡厥文曾这样描述心中的不甘："解放以后听到人说工人阶级的高尚品质，只有工人阶级才是革命的，才配领导，而资产阶级竟被看作一文不值，我内心并不同意。"④ 可见，资本家由于自身的经济地位和政治上所受的待遇，他们极为满意自己所扮演的"资本家"角色，对工人阶级的领导地位并不认同，对本阶级的社会地位及历史责任颇感自负。

然而"五反"运动中干部、职工的一些过激做法，却给了资本家一记响亮的耳光。如天津出现了工人、店员开始对资本家颐指气使，"反对资本家'不劳而获'，要资本家洗碗扫地；要'按劳取酬'或'按人分红'；给资本家评定薪水，不许在柜上长支短借，不许经理用柜上的钱去退'五反'的款，要资本家从自己家里拿，不许经理的老婆孩子在柜上吃饭。把资本家赶到地下室去，资本家的住室改作工人宿舍，要资本家降低生活不许吸好烟等"⑤。在苏北，干部普遍认为资

① 中共中央文献研究室：《建国以来重要文献选编》第 8 册，中央文献出版社 1994 年版，第 149 页。
② 薄一波：《若干重大决策与事件的回顾》上卷，人民出版社 1997 年版，第 165 页。
③ 陈丹燕：《上海的金枝玉叶》，作家出版社 1999 年版，第 112 页。
④ 胡世华等：《胡厥文回忆录》，中央文史出版社 1994 年版，第 128 页。
⑤ 中国社会科学院、中央档案馆：《中华人民共和国经济档案资料选编·工商体制卷（1949—1952）》，中国社会科学出版社 1993 年版，第 900 页。

产阶级是"成事不足，败事有余"；"资产阶级是满身污毒，有百害，无一利，还要团结他干什么呢?"因此不愿去和资产阶级打交道，对待资产阶级有"宁左勿右"的情绪。有的说："我看到资产阶级就生气，以后和资产阶级打交道，要把态度放狠一些。"① 扬州市天生堂国药店工人，将卖的钱抵工资，不给资方，并要老板家里人不在店里吃饭。对一些严重违法户，工人不准老板管账，说："老板违法太多，没有资格管账。"有些布店工人强调，进货不许资方动用账内资金缴税，要老板拿后账去缴。有些厂店劳动纪律松懈，"五反"以来，天天开会，在厂店工作时间减少。扬州市牙刷业有一工人"五反"以来，整天不做事，吃饭、打康乐球、卖钱上腰包。木器业把临时工人改为固定工人，按件工资改为按时工资。牙刷业原来最高工资为一石二斗米，最低为二斗，"五反"期间一律改为一石五斗，名为"打虎工资"②。

"五反"运动中，资本家不仅基本丧失了对企业的权力，包括财产所有权、经营管理权和人事调配权，其政治地位和社会声望大大降低，正如某资本家所说的："走到哪里也没人理我，见到人一点头就过去了。"③ 上海沪江大学化学系四年级学生中，"五反"前有1/3的同学毕业后想当资本家，"五反"后只剩下两名想当资本家。到合营前夕，就连资本家自己的子女都觉得"剥削可耻，劳动光荣"。大多数青年人感到资产阶级的出身很不光彩，希望早日去掉资产阶级子女的"帽子"④。"五反"后，资本家不再有往日的威风，"有钱人"、"私有财产"、"资本主义"成了罪恶的代名词，变得遭人唾弃。这使得工商资本家备受打击，原来的自负心理荡然无存，取而代之的则是精神上的自卑感。有的当了十几年、二十年的副经理，在经历"五反"运动后说什么也不想干了，只愿当工程师或其他职员；有的工厂主干脆收起买卖去做工人；有的工商资本家申请为小生产者，未被批

---

① 中共苏北区委宣传部:《给华东局宣传部的报告》，江苏省档案馆藏档，3001—1—72。

② 中共江苏省委党史工作办公室、江苏省档案馆:《"三反"、"五反"运动·江苏卷》，中共党史出版社2003年版，第240页。

③ 中国社会科学院、中央档案馆:《中华人民共和国经济档案资料选编·工商体制卷（1949—1952）》，中国社会科学出版社1993年版，第899页。

④ 中共上海市委统战部等:《中国资本主义工商业的社会主义改造·上海卷》，中共党史出版社1992年版，第962页。

准就要耍赖不干。①　可见，"五反"运动直接导致了资产阶级对自身价值判断的变化，他们不再认为自己是社会上受尊重的人，不再认为自己是新政权中不可或缺的力量，"五反"运动前的自信和自重完全被自卑感所取代。②

　　"五反"运动的目的是打击资产阶级的非法行为，划清合法与非法的界限，从而把私人资本主义的发展限制在《共同纲领》的范围内。因此，中共中央在运动初期就强调：这次运动是为了团结，斗争是为了团结，③要注意采取利用矛盾、实行分化、团结多数、孤立少数的策略。但由于各地将这一运动看成是一场严重的阶级斗争，并采取了群众运动斗争方式，致使在运动中出现了过火行为和斗争扩大化趋势，给资本家的心理带来了前所未有的冲击。因为并不是所有的资本家都是利欲熏心、自私自利，"五反"运动中的过"左"情绪和做法，固然能够摧毁不法资本家的心理防线，但同时也会伤害守法资本家的情感，并进而影响资本家为利润而进行生产经营的心理动力。然而不容否认的是，经过"纠偏"之后，"五反"运动的成绩是巨大的，它不仅打击了资产阶级的不法行为，巩固了人民民主政权，而且它改变了阶级力量的对比，"作为一个阶级来说，资产阶级已被工人群众和工人阶级所领导的国家威力所压倒了"④。同时，"五反"运动也使资本家受到了一次极其深刻的教育，他们经历了从恐慌到情绪安定、从抗拒到服从、从自负到自卑的复杂心理嬗变之后，已然认识到了工人阶级的力量，"除了接受社会主义改造已没有别的选择"⑤。这为后来资本家和平接受社会主义改造做了心理上的准备。

第三节　社会主义改造与民族资本家的心态嬗变

　　20世纪50年代的社会主义改造，是中国历史上最伟大最深刻的社会变革。社会主义改造的基本完成，不仅确立了社会主义基本经济制

---

①　李立志：《变迁与重建：1949—1956年的中国》，江西人民出版社2002年版，第257页。
②　何永红：《"五反"运动研究》，中共党史出版社2006年版，第212页。
③　李维汉：《回忆与研究》（下），中共党史资料出版社1986年版，第728页。
④　中共中央文献研究室：《建国以来重要文献选编》第8册，中央文献出版社1994年版，第150页。
⑤　薄一波：《若干重大决策与事件的回顾》上卷，人民出版社1997年版，第189页。

度，同时也推动了中国社会阶层结构的变迁。在这场深刻的社会变革中，民族资本家经历了由剥削者到自食其力劳动者的脱胎换骨的转变过程，这给他们的内心世界带来了巨大震荡，资本家大体经历了一个震惊—不满—对抗—服从的过程。

一　过渡时期总路线的公布与资本家的心理变化

（一）过渡时期总路线的提出

实现社会主义是中国共产党从创建之初就确立的目标，但中国的国情决定了中国革命的特殊性，即首先完成新民主主义革命，然后才能进行社会主义革命。

经过全国人民的艰苦奋斗，到1952年下半年，国内、国际形势发生了重大变化，具体表现在：政治上，通过实行土地改革、镇压反革命、"三反"、"五反"运动等一系列民主改革和社会政治斗争，巩固了人民民主专政，为进行社会主义改造奠定了政治基础；经济上，通过没收官僚资本，加强金融管理，稳定物价等一系列改革措施，国民经济得到全面恢复，社会主义经济因素大大增长，公有制经济的地位和作用大大加强，如在全国工业（不包括手工业）总产值中，国营工业从1949年的34.2%上升到1952年的52.8%（合作社营、公私合营工业占8.2%），私营工业从63.3%下降到39%。在社会商品批发总额中，国营商业从1950年的23.2%上升到1952年的60.5%，私营商业则从76.1%下降到36.3%（只是在零售方面，私营商业仍占57.2%）。这些变化的实质是，社会主义性质的国营经济在整个国民经济中的领导地位更为增强，不仅控制着有关国计民生的重要行业和产业部门，而且在现代工业中超过私营工业占据了优势，并在批发商业中占明显优势，能够有力地调控重要商品的价格和供求关系，从而使国营经济成为中国逐步过渡到社会主义的主要物质基础；[①] 从国际形势看，朝鲜战争在和谈的主要问题上与美国达成协议，战争可望不久结束，这为我国赢得了进行和平建设的外部条件。

"五反"运动后，国家在税收、价格、经营范围等方面，基本实现

---

① 中共中央党史研究室：《中国共产党历史》第2卷（1949—1978）上册，中共党史出版社2011年版，第184页。

了对市场环境的控制。这一变化导致了国家控制资本家行为能力的增强，其直接后果便是加工订货范围的扩大。上海市 1952 年一年的加工订货产值较 1951 年增加了 50% 以上，同国家保持加工订货关系的资本主义工厂，也由 1950 年的 1300 多家扩展到 1952 年的 7000 多家。而在上海居于重要地位的棉纺织行业则已有 99.87% 被纳入了初级国家资本主义的轨道。[①] 通过这些国家资本主义的初级形式，国家基本上控制了私营企业的原料供应和产品销售，私营企业在生产和经营方向、活动范围、剥削程度、产品价格和市场条件等方面受到一定的限制，并逐步纳入国家计划之中。尽管在此期间，国营经济与私人资本主义经济之间的矛盾和冲突仍然存在，但中国共产党依据有利的政治经济条件，保证了国家资本主义的健康发展，私人资本主义要想完全摆脱国家资本主义已不可能，他们除了接受社会主义改造，已经没有别的道路可以选择。

另外，由于此前私人投机资本在市场上兴风作浪，不法资本家对抗美援朝物资偷工减料，以及偷税漏税、盗骗国家资财等活动，使党内很多人动摇了对民族资产阶级的既定政策，产生了提早消灭资本主义的思想。中共高层的态度也发生了明显转变。1952 年 6 月，毛泽东在中共中央《关于民主党派工作的决定（草稿）》上批示："在打倒地主阶级和官僚资产阶级以后，中国内部的主要矛盾即是工人阶级与民族资产阶级的矛盾，故不应再将民族资产阶级称为中间阶级。"[②] 这表明，毛泽东已决定要把解决资产阶级和资本主义的问题提上议事日程。

1952 年 9 月，中共中央书记处召开会议，主要讨论"一五"计划的方针问题。毛泽东在会上发表讲话，提出现在就要开始用 10 年到 15 年的时间基本上完成社会主义过渡，而不是或者以后才开始过渡。从现在就要开始向社会主义过渡和立即着手消灭资本主义，标志着党对中国民族资产阶级的政策发生了战略性转移。

1953 年 3、4 月间，中央派统战部部长李维汉率领工作组到上海、武汉、南京等地进行调查研究。5 月，工作组向中共中央提交了关于《资本主义工业中的公私关系问题》的调查报告。报告提出要积极发展

---

① 桂勇：《私有产权的社会基础——城市企业产权的政治重构》，立信会计出版社 2006 年版，第 102 页。

② 《毛泽东文集》第 6 卷，人民出版社 1999 年版，第 231 页。

国家资本主义,尤其是其高级形式的公私合营,并通过国家资本主义来实现对资本主义所有制变革的建议。报告明确提出,国家资本主义是我们利用、限制私人资本主义,将私营工业逐步纳入国家计划轨道的主要形式,也是改造资本主义工业使它逐步过渡到社会主义的主要形式;是我们利用资本主义工业来训练干部、并改造资产阶级分子的主要环节,也是我们同资产阶级进行统一战线工作的主要环节。

这份调查报告受到了党中央和毛泽东的高度重视。1953 年 6 月,中共中央政治局召开了两次扩大会议进行讨论。在 6 月 15 日的中央政治局会议上,毛泽东正式提出:"党在过渡时期的总路线和总任务,就是要在 10 年到 15 年或者更多一些时间内,基本上完成国家社会主义工业化和对农业、手工业、资本主义工商业的社会主义改造。这条总路线是照耀我们各项工作的灯塔。不要脱离这条总路线,脱离了就要发生'左'倾或右倾的错误。"① 同年 9 月,中国共产党在庆祝中华人民共和国成立四周年的口号中,正式公布了党在过渡时期的总路线,号召全国人民"为在一个相当长的时期内逐步实现国家的社会主义工业化,逐步实现国家对农业、手工业和对资本主义工商业的社会主义改造而奋斗"。1954 年 2 月,党的七届四中全会通过决议,正式批准过渡时期总路线。同年 9 月召开的第一届全国人民代表大会,把这条总路线作为国家在过渡时期的总任务载入中华人民共和国第一部宪法。

过渡时期总路线的制定和公布实施,标志着中国共产党对民族资产阶级和资本主义经济的政策发生了重大变化,即由团结资产阶级转到消灭资产阶级并将资产阶级分子改造成为自食其力的劳动者;由利用和限制资本主义经济转到采取各种形式的国家资本主义,逐步把资本主义私有制改造成为社会主义全民所有制。

(二) 民族资本家对过渡时期总路线的反映

过渡时期总路线公布后,全国私营工商界普遍感到震动和不安,用毛泽东的话形容,是"十五个吊桶打水,七上八下"②。对于共产党要消灭私有制,许多资本家是有着比较清醒的认识的,但对中共会如此快

---

① 薄一波:《若干重大决策与事件的回顾》上卷,中共中央党校出版社 1997 年版,第 224 页。

② 《毛泽东文集》第 6 卷,人民出版社 1999 年版,第 495 页。

地消灭私有制，他们却大感意外，觉得"未免太快了一点"。① 因此，过渡时期总路线一公布，犹如投石激水，给资本家带来了强烈的思想震撼。

一是既不满又无可奈何的矛盾心态。"五反"运动之后，虽然不法资本家的投机活动被遏制，但追逐利益的本性，使他们中的一些人仍然不惜以身试法，大肆进行投机活动。在私营工商业中，仍然普遍存在着偷税漏税、投机倒把、虚报成本、偷工减料、抬价压价、扣斤压两、掺杂使假、以假充真等违法行为，甚至有的不服从国营经济领导，不愿意接受加工订货、统购包销任务，有的粗制滥造加工订货产品。如黑龙江省 1953 年偷税漏税的私营工商业，占全省私营工商业的 85.2%，齐齐哈尔市抽查 91 户私营工商业，其中 85 户偷税漏税，占 93%。据当时总结出的偷漏税的方式和手段共有 30 多种，其中有些是有代号的，如卖主开票买主不要，再卖同样货物时顶替，这就叫"金蝉脱壳"；卖钱开票不全在存货账上硬销，这就叫"燕子过海"；开发票的卖钱款不走账，这就叫"瞪眼漏"；外埠销货不报，这就叫"空中飞"②。在一些人的影响下，一些工业资本家也纷纷逃避或拒绝国家的加工订货，设法到自由市场中去牟取暴利。其结果是，同 1952 年相比，1953 年私营工业总产值增加 25%，资金增加 10%，而利润率却增加 146%，出现了"大户大赚，小户小赚"的"满堂红"局面。③ 资本家兴高采烈，打算再展宏图。然而过渡时期总路线的提出，无异于给他们泼了一盆冷水，他们的不满情绪高涨起来。有些工商业者认为实行总路线就是"向工商界要钱"，"要把工商界挤净弄光"。他们说："大规模经济建设，工商界不拿钱是不行的"，"过渡到社会主义的路相当长，公家没路费，就得资本家拿"，"政府每天是在想点要钱"④。南京的资本家撒某某认为："总路线是资本家趋向灭亡道路的里程碑"；梅某某认为："总路线对资本家来说是黑暗无光的，把我们从有产阶级变为无产阶级，共产党的总

---

① 中共湖北省委党史研究室、中共湖北省委统战部：《中国资本主义工商业的社会主义改造·湖北卷》，中共党史出版社 1993 年版，第 19 页。

② 元仁山：《黑龙江资本主义工商业的社会主义改造简史》，黑龙江人民出版社 1993 年版，第 153 页。

③ 吴序光：《中国民族资产阶级历史命运》，天津人民出版社 1993 年版，第 320 页。

④ 李青、陈文斌等：《中国资本主义工商业的社会主义改造·河南卷》，中共党史出版社 1992 年版，第 195 页。

路线实质是逼迫资本家把生产资料交出来。我认为总路线是资产阶级没落的标志";宋某某认为:"拥护共产党,主要是在新民主主义时代,共产党和我们资本家联合,主要是利用我们斗争国民党,现在感觉真像上了贼船,谁还真心拥护共产党?"① 武汉有的资本家说:"利用我们的钱,限制我们不拿钱,改造我们不做生意";有的人甚至把过渡时期总路线诬蔑为"过刀时期总路线"②。虽然资本家对过渡时期总路线不满,但他们却又深感"船在河中,只好认头"。上海资本家对"难忘的1953年"记忆犹新,他们中的许多人对新民主主义社会的优越性有一种难以割舍的情结,以致有人感叹:"让我们多喊几声新民主主义万岁吧!""多喊几声新民主主义万岁",与其说表达了资本家对新民主主义的留恋,不如说如实地反映了他们对总路线与社会主义改造的无奈。③ "总路线就是社会主义潮流,水要往东流你非往西走,早晚淹死","谁不接受社会主义改造,谁就玩不转"④,正因如此,许多资本家虽然舍不得自己的企业,但大势所趋,只能在无奈中接受社会主义改造。

二是犹豫和观望心态。有这种心态的资本家占大多数。虽然资本家认识到社会主义改造已是大势所趋,但是如果将自己辛苦打拼开办起来的企业交出来,实在又不甘心。一些人因此而犹豫、彷徨,感到"内心搅拌,矛盾很大"。如上海伊斯兰医疗器械厂的资本家认为"一生心血,付之东流",竟忧虑成疾。有一些资本家犹豫和观望则是出于"怕"的心理,怕社会主义改造后,自己无出路,子女没前途,怕以后生活有困难,等等。山东资本家艾鲁川说:"我愿意跟共产党走,可企业是我的命根子,国家要对资本主义工商业实行社会主义改造,怎么个改造法、改造后是什么样子? 心里不踏实。老是担心企业和个人的命运。"⑤ 还有一

<hr>

① 朱翔:《从民族资本家的心态转变看党的社会主义改造政策——以南京市为考察中心》,《党的文献》2010 年第 6 期。

② 中共湖北省委党史研究室、中共湖北省委统战部:《中国资本主义工商业的社会主义改造·湖北卷》,中共党史出版社 1992 年版,第 147 页。

③ 参见陆和健《社会主义改造中上海资本家阶级的思想动态》,《华中师范大学学报》2007 年第 2 期。

④ 《中国资本主义工商业的社会主义改造·北京卷》编辑组:《中国资本主义工商业的社会主义改造·北京卷》,中共党史出版社 1991 年版,第 198 页。

⑤ 《中国资本主义工商业的社会主义改造·山东卷》编辑组:《中国资本主义工商业的社会主义改造·山东卷》,中共党史出版社 1992 年版,第 436 页。

些资本家虽然表面上镇静，实际上是处于观望状态。有人来省开会抱着观望态度，想来探探风声，摸摸底，如情形不好即打算回去歇业不干。另一方面则表现叫苦、发牢骚，要求解决资金、原料、货源等经营上的困难。①荣毅仁到北京去时，有点紧张，回来后却很镇静。对工会说："不能盲目冒进，申新要北京来决定"。他自己不提合营，而是积极地抓企业的三班制，抓生产。还有一些资本家，尤其是中小资本家随大流，想着"别人怎样走，我就怎样跟"。

三是悲观和疑虑心理。过渡时期总路线公布后，一些资本家对私营商业和个人前途感到迷茫，悲观失望。之所以有这种心态，一是资本家对个人前途表示担忧，认为"个人前途黑漆一片"。如河南信阳专区工商界表现有三怕四愁，三怕是怕富、怕罚、怕所得税。四愁是愁没前途、愁生活无着、愁没资金、愁没货源。②"去年五反，今年自查补报，现在又来了总路线"，"老账没还清，新账又来了"，"五反没洗净，自查补报又洗了一次，现在再洗一次，洗净了就可以进社会主义大门了"，"这一'社'就把咱'社'完了"。因此他们感到已临"穷途末路"，"前途是芦席两条"（意即死了连棺材也买不起）。看见工作人员则说："我们已成过渡时期的人了（意即快死亡的人了），还找我们干什么！"③悲观失望之情，溢于言表。二是对社会主义改造感到疑惑和恐惧。如一些工商业者对总路线不摸底，"不知到底如何过渡"，"怎样才算正常"。多数商人顾虑重重，恐怕"难以过去"，他们说："这么多的商户，公家怎能都合起来，一定有人上不了船被挤下水。"④南京一位邓姓的资本家说："总路线公布时，听到报告，说是要消灭资产阶级，心中恐惧共产党要夺取我的生命了，甚至夜不成眠。特意到新华书店购买苏联在革命时期对待资本家的一些书籍阅读，但仍不能打破我的顾虑，我认为共产党将要采取和苏联一样的办法来对待资本家。"⑤

四是消极和抵触的心理。有人说："不跟着总路线走就是犯法，只

---

① 李青、陈文斌等：《中国资本主义工商业的社会主义改造·河南卷》，中共党史出版社1992年版，第203页。

② 同上书，第202页。

③ 同上书，第195—196页。

④ 同上书，第196页。

⑤ 朱翔：《从民族资本家的心态转变看党的社会主义改造政策——以南京市为考察中心》，《党的文献》2010年第6期。

有附和潮流,拖到什么时候,就算什么时候。"① 于是开始挥霍浪费,消极抵抗,每天洗澡看戏,钓鱼游逛,无意经营。还有人认为:"我的财产迟早都是共产党的,不如乘机先捞一把。只要可以抽逃资金,都要设法下手,可以办货为名,虚报旅费,把自己的父母、兄弟、妻子、儿女也都弄到店里支取薪水。"② 有些私商则计划以大化小,分散紧缩,抽资解雇,或歇业关门。他们说,"生意里的钱一'社会'就不由自己了,不留'后路'不行",货栈业杨××将资金抽出一部分去二区盖小房,准备生意被没收后自己到小房里生活。五金业同太公与大兴号共有资金5亿多元,计划两家合并之后拿几千万元买机器"转工业",其余的钱拿回家作为"生活资料"。甚至有的资本家企图收买工人,与政府对抗。如河南郑州德诚药房除将资金抽出一部分与工人大量分红外,将工资由每月20万到24万元提至29万元至34万元,并说:"公家用政治,我用经济。"大新五金号将工资由每月24万元到30万元,一律提高到30万元,并说:"多给工人几个工资还落个好,将来叫国家没收了,什么也不落。"③ 河南南阳专区工商界叫嚣三紧三光,三紧是总路线压得紧,税局查漏税查得紧,国营、合作社挤得紧。三光是手工业钱光,面缸里面光,染房里靛光,有的甚至提出反限制口号:"巩固商联会,孤立税务局,进攻合作社。"④

五是拥护总路线的心态。持这种心态的主要有四类人,第一类是一些中上层中长期同共产党合作的资本家。他们认为总路线是"大势所趋","自动走吧,何必让人用鞭子赶呢?"⑤ "晚合不如早合",合营"可以当国家干部"。他们关心的是三件事:一是财产估价要"公平合理";二是人事怎么安排,要求有职有权,但又怕负担实际责任;三是如何保障有利可得,分取利润,怕人说落后,怕工人不愿意,不分利

① 中共湖北省委党史研究室、中共湖北省委统战部:《中国资本主义工商业的社会主义改造·湖北卷》,中共党史出版社1992年版,第147页。
② 朱翔:《从民族资本家的心态转变看党的社会主义改造政策——以南京市为考察中心》,《党的文献》2010年第6期。
③ 李青、陈文斌等:《中国资本主义工商业的社会主义改造·河南卷》,中共党史出版社1992年版,第196页。
④ 同上书,第202页。
⑤ 吴序光:《中国民族资产阶级历史命运》,天津人民出版社1993年版,第328页。

润，于心不甘。① 第二类是一些资本家代理人。这些人早已厌倦了"资本家"的头衔，希望通过改造成为劳动人民的一员。如南京资本家赵庆杰说："我几十年来，一直为资本家所雇佣，现在要为国家做一些好事了。""合营后如政府要我干，一定尽力而为之。"② 于是，总路线刚刚公布，便提出了公私合营的申请，一心向共产党靠拢。第三类是加工订货较多的工业、手工业户。他们普遍认为自己"走对了路"，"比别人离社会主义近了一步"；生产比较正常的工业、手工业户也感到"大有希望"③。第四类是一些规模小、处境艰难的小企业主和资本家。由国家包下来的"合营"，对他们而言无疑是一种经济上、政治上甚至是心理上的解脱，因此，他们认为晚合营不如早合营。此外，还有少数资本家抱着无所谓的态度，因为他们的企业规模和资金都比较小，自认为总路线与自己无关，手工业搞合作化还可以干几年，万一没有出路，可以敛起棉袄打倒轮，再当工人。

综上可见，过渡时期总路线公布后，资本家的心态是极其矛盾和复杂的，特别是疑虑和不满占了绝大多数。

为了宣传党在过渡时期的总路线，1953 年 9 月 7 日，毛泽东约请李济深、陈叔通、章伯钧、章乃器、李烛尘、盛丕华、张治中、程潜、傅作义等民主党派、工商界领导人和无党派人士座谈，发表了《改造资本主义工商业的必经之路》的重要讲话，阐明实行国家资本主义的方针政策和方法步骤等问题。毛泽东说："有了三年多的经验，已经可以肯定：经过国家资本主义完成对私营工商业的社会主义改造，是较健全的方针和办法。"④ "国家资本主义是改造资本主义工商业和逐步完成社会主义过渡的必经之路"，但要"稳步前进，不能太急。将全国私营工商业基本上（不是一切）引上国家资本主义轨道，至少需要三年至五年的时间，因此不应该发生震动和不安"⑤。他指出："占有大约三百八十万工人、店员的私营工商业，是国家的一项大财富，在国计民生中有很大的

① 王炳林：《中国共产党与私人资本主义》，北京师范大学出版社 1995 年版，第 334 页。
② 朱翔：《从民族资本家的心态转变看党的社会主义改造政策——以南京市为考察中心》，《党的文献》2010 年第 6 期。
③ 李青、陈文斌等：《中国资本主义工商业的社会主义改造·河南卷》，中共党史出版社1992 年版，第 195 页。
④ 《毛泽东文集》第 6 卷，人民出版社 1999 年版，第 291 页。
⑤ 同上。

作用。私营工商业不仅对国家供给产品，而且可以为国家积累资金，可以为国家训练干部。""私营商业亦可以实行国家资本主义，不可能以'排除'二字了之。""实行国家资本主义，不但要根据需要和可能（《共同纲领》），而且要出于资本家自愿。因为这是合作的事业，既是合作就不能强迫，这和对地主不同。""至于完成整个过渡时期，即包括基本上完成国家工业化，基本上完成对农业、对手工业和对资本主义工商业的社会主义改造，则不是三五年所能办到的，而需要几个五年计划的时间。"毛泽东在讲话中还提出了国家资本主义企业的利润分配方法，即企业所得税占 34.5%，福利费占 15%，公积金占 30%，资方红利占 20.5%。[1]

随后，即 9 月 8 日至 11 日，全国政协召开第 49 次常委扩大会，邀请部分工商界代表人物参加。针对资产阶级对社会主义改造的思想疑虑，周恩来系统阐述了中国社会主义改造的方针步骤，以及资本主义工商业的前途等问题。周恩来指出：国家资本主义是改造资本主义工商业逐步完成向社会主义过渡的必经之路。实行国家资本主义，生产资料的私人资本主义所有制是要受到限制的，但并不是取消私人所有制，并不是取消利润。利润分配是"四马分肥"，资本家还有一份。要使全国私营工商业走上国家资本主义轨道，至少需要三年至五年的时间。对于资本家提出的前途和如何实现国有化的问题，周恩来说：社会主义改造是采取逐步过渡的办法，只要引导上国家资本主义，就可以"因势利导"，"水到渠成"。资本家按照国家的方针政策办事，不投机倒把，不搞"五毒"，其任务也是光荣的，就基本上走上了为国计民生服务，部分地为资本家谋利的国家资本主义的轨道了。"资本家只要尽职尽力，不是唯利是图，政府和工人阶级就应使资本家有职有权，有利可得。""人们在过渡时期对国家尽了力，将来就会得到应有的报酬。这种过渡，会是'阶级消灭，个人愉快'的。"[2] 毛泽东、周恩来的讲话，对于稳定工商资本家上层人士动荡不安的情绪和提高他们的认识起了极大的作用，许多人表示愿意拥护总路线和国家资本主义的方针。

1953 年 10 月至 11 月，中华全国工商业联合会第一次会员代表大会

---

① 《毛泽东文集》第 6 卷，人民出版社 1999 年版，第 292—293 页。
② 《周恩来选集》下卷，人民出版社 1984 年版，第 106 页。

在北京举行，宣告全国工商业联合会正式成立。10月26日，李维汉在大会上发表重要讲话，系统阐述了党在过渡时期的总路线和对私营工商业实行利用、限制、改造政策的内容、意义和步骤。李维汉指出，拥有380万工人和店员的私营工商业，是国家的一项重要经济因素，在一定时期内对国计民生可以起相当大的作用：不仅可以对国家供应产品，帮助物资交流，而且可以为国家积累资金，训练企业的技术和管理的干部。因此，国家对其一切有利于国计民生的部分，必然要依据需要和可能尽量地加以利用。但是，从半殖民地半封建社会成长起来的中国资本主义工商业，在生产上、经营上、管理上一般带有不同程度的落后性，因此在利用时不能不区别对待，不能不促进其改革。同时，资产阶级唯利是图的本质必然对国计民生起破坏作用，因此国家又必须对之采取必要的限制，才能使之有利于国计民生而不致危害国计民生。他说：国家对于资本主义工商业的社会主义的改造，第一步是鼓励其向国家资本主义发展，经过国家资本主义的道路，逐步完成其由资本主义转变到社会主义的改造。中国人民政治协商会议共同纲领所规定的国家资本主义，是在社会主义经济直接领导下的社会主义成分与资本主义成分的经济联盟。国家资本主义企业也就是社会主义成分同资本主义成分按照不同条件，采取各种形式，而在不同程度上进行联系或合作的企业。把资本主义推向国家资本主义轨道，在不同程度上使它们原有的生产关系或经营关系有所改变，适当地处理它们内部的劳资关系，促使他们进一步接受社会主义经济的直接领导，从而使生产力提高一步，使工人群众对于自己的劳动感兴趣，愿意提高劳动生产率，增加产品的数量，提高产品的质量，降低产品的成本，以供应国家和人民的需要，这无论从哪方面来说，都是有利的。接着，李维汉又着重介绍了实行国家资本主义企业与私人资本主义企业相比有五大好处：第一，国家资本主义企业在不同程度上有了适应国家计划建设的条件，可以逐步纳入国家计划的轨道。它们在不同程度上便利于国家的统筹兼顾，因此，就有可能进一步地改善公私关系，而使那些为国计民生所需的设备，可以逐步发挥其潜在力，供、产、销可以逐步平衡。第二，由于企业是为国家的需要而生产或经营，或主要是为国家的需要而生产或经营，又由于企业利润是采取国家所得税、工人福利奖金、企业公积金及资本家的股息、红利等四个方面合理分配的原则，这就使得工人的劳动主要是为人民服务，只有一较小部分是为资本家谋利，这就改变了资本主义企业过去那种唯利是图的情况，因此就更有可能改善劳资关系，使劳资双方合力改进企业的生产和经营。第三，在公私关系和劳资关系改进的基础上，企业的生产、经营和管理可以逐步改进，并有可能争取向同类性质和相近规模的国营企业大体看齐，其中一部分企业还可能获得改建或扩建。第四，在以上基础上，不但首先使企业对国计民生有益，而且可以做到企业有利可图，资本家有利可得，代理人的物质待遇有适当保证，职工的生活可以逐步提高。第五，资本家与资本家代理人获得充分贡献与发展其经营管理才能或技术的机会，并在与社会主义成分合作中逐步受到教育，为最后完成社会主义改造准备条件。国家资本主义的高级形式为公私合营企业，因属半社会主义性质，又比国家资本主义的其他形式具有较大的优越性，更有利于发展生产，稳步完成社会主义的改造。[①]

这次大会，使许多资本家上层人士认清了私营工商业的光明前途和努力方向。河北省工商业代表高振生说："现在不糊涂了，对走社会主义道路是明确了，只要私营工商业者接受改造，积极经营，自己是有前途的。"[②] 黄炎培在谈到学习总路线的体会时说：资产阶级只要接受改造，就将是"风又平，浪又静，平平安安地到达黄鹤楼"[③]。对于个人前途问题，许多资本家认识到只要遵循国家的总路线，将来可以稳步进入社会主义，可以"过文昭关"，不但将来有工作而且可以保留消费财产，从而大大解除了他们的顾虑。许多人的情绪由原来的疑惧、怕挨整而转变为开朗。[④]

针对一般资本家的消极疑惧心理，全国各级党委根据中央的指示精神，在资本家及其家属中系统地进行过渡时期总路线的宣传和教育。

一是进行党的资本主义工商业政策的宣传。如中共上海市委统战部召集上海工商界和民主党派组织的代表开会，传达党在过渡时期的总路线，并由出席政协全国委员会会议和中央人民政府委员会会议的上海代

---

① 李维汉：《在中华全国工商业联合会会员代表大会上的讲话》，《人民日报》1953 年 11 月 10 日。

② 新华社：《中华全国工商业联合会会员代表大会讨论国家过渡时期总路线》，《人民日报》1953 年 11 月 10 日。

③ 转引自李维汉《回忆与研究》（下），中共党史资料出版社 1986 年版，第 752 页。

④ 李青：《中国共产党对资本主义和非公有制经济的认识与政策》，中共党史出版社 2004 年版，第 205 页。

表传达毛泽东对工商界和民主党派代表人士谈话的精神，提高他们的思想认识，然后分地区、分行业传达到广大的工商业者。针对资本家最关心的"资本主义经济将何时被消灭和怎样消灭"的问题，总路线的宣传教育系统地向他们阐明了党对资本主义经济的利用、限制、改造政策，经过国家资本主义逐步实现资本主义经济社会主义改造的具体道路，以及党对资本家的团结、教育和改造政策。经过教育，大多数资本家认识到：走国家资本主义的道路是他们接受社会主义改造，拥护和贯彻过渡时期总路线的行动方向。国家将根据政策逐步赎买他们的生产资料，并适当安排他们的工作；资本家在接受经济方面的社会主义改造的同时，还必须加强自己的政治思想的改造，以便在资本主义经济消灭以后，可以依靠劳动逐步改造成为劳动人民，过社会主义的幸福生活。[①]特别是听到中共对私营工商业的改造是和平改造的方式，将来不但有工作，还可保留消费财产之后，更不用为子女担心，"一块石头落了地"。

二是国家的社会主义前途教育。通过宣传告诉资本家：社会主义革命的目的就是要使我国成为一个伟大的、富强的社会主义国家，然后再过渡到共产主义去，只有社会主义才能救中国。社会主义和资本主义这两种截然相反的经济成分，在一个国家里互不干扰地平行发展是不可能的，社会主义必然战胜资本主义，这是社会发展的规律，是任何人都阻挡不了的。通过学习，打破了资本家企图长期保持资本主义所有制的妄想，使他们认识到了祖国的伟大，意识到个人利益和局部利益应服从国家和人民利益的道理；认识到了人民是历史的主人，世界是由劳动创造的，进而纠正了"资本家养活工人"等错误观点；此外，很多资本家还认识到了私有制的危害，对社会主义取代资本主义有了进一步的理解。

三是爱国守法教育。针对总路线公布前后，一部分资本家在企业的生产经营方面存在的不同程度的违法行为，以及一些资本家公开扬言"爱国容易守法难"、故意把守法和爱国对立起来的错误思想，党和政府以及有关单位结合总路线的公布，加强了爱国守法教育，向他们指出：资本家如果愿意爱国、走社会主义的道路，那么政府的政策法令并

---

① 上海社会科学院经济研究所：《上海资本主义工商业的社会主义改造》，中共党史出版社1994年版，第158页。

不难守。他们也有可能从事正当的生产经营，按照政府指示的方向前进；反之，他们的生产经营活动，必然同政府的政策法令相抵触、相违背。所以，守法难易的关键在于是否真心爱国，是否愿意走社会主义道路。爱国、守法和接受社会主义改造是一致的，而不是对立的。[①] 尤其是 1954 年宪法公布后，积极组织资本家进行学习和讨论，使他们中的很多人进一步认清了社会主义的远大前景，更加明确了自己的地位和努力方向。与此同时，对于资本家抽逃资金、危害生产等抗拒总路线的违法行为进行严肃处理，一般的予以批评教育，对于情节特别恶劣、坚决抗拒改造的少数顽固分子，则交由法院给予法律制裁。经过总路线的宣传教育和对抗拒总路线的违法行为的处理，资本家阶级中违反总路线的错误观点受到了批评，一些混乱思想得到了初步的澄清，许多违法行为得到了纠正。

对资本家的宣传和教育主要采取报告会、座谈会、短期学习等形式。上海是私营工商业聚集的地方，"自 1953 年 11 月至 1954 年初，上海私营工商业者举行总路线的报告会达 90 次，参加者 8 万余人，有些还组织探讨会"[②]。北京市自 1954 年 3 月到 12 月，共组织工商界活动分子和经济作用较大的工商业资本家 2100 多人进行了系统的学习，共作了 18 次大报告（其中关于总路线报告 8 次，爱国守法报告 6 次，宪法报告 3 次，时事报告 1 次），每周学习讨论两次。[③] 此外，中共还对资本家的家属、子女进行了教育，以发挥他们在推动资本家接受社会主义改造中的助力作用。

1954 年 9 月 20 日，第一届全国人民代表大会第一次会议审议通过了《中华人民共和国宪法》。这是新中国成立后的第一部宪法，是一部具有伟大历史意义的划时代的国家根本大法。《宪法》正式颁布以后，《人民日报》于 11 月 18 日发表了题为《加强守法教育》的社论。社论指出：把我们国家建设成为一个繁荣幸福的伟大的社会主义国家，是我

---

① 上海社会科学院经济研究所：《上海资本主义工商业的社会主义改造》，中共党史出版社 1994 年版，第 158—159 页。

② 中共上海市委党史研究室：《上海社会主义建设五十年》，上海人民出版社 1999 年版，第 127 页。

③ 《中国资本主义工商业的社会主义改造·北京卷》编辑组：《中国资本主义工商业的社会主义改造·北京卷》，中共党史出版社 1991 年版，第 197 页。

国广大人民的共同愿望，也是我国宪法所规定了的我们国家的奋斗目标。全体工人阶级和其他劳动人民都必须努力教育自己，使自己成为遵守人民法律的模范，成为遵守和执行人民政府的一切法令的模范。同时也应该在遵守劳动纪律等方面做出好的榜样。对于违反劳动纪律的行为也必须予以严肃的处理，决不应该忽视。此后，全国各地开始组织资本家学习宪法。宪法用法律的形式对过渡时期总路线做了规定，所以宪法的宣传实际上是又一次对总路线进行了宣传。

通过学习和教育，许多资本家逐步解除了疑虑，思想有所转变：

一是认识到社会主义已是大势所趋。"总路线就是社会主义潮流，水要往东流你非要往西走，早晚淹死"，"谁不接受社会主义改造，谁就玩不转"①。南京资本家洪瑞瑾说："我过去对走社会主义道路的必要性和优越性是不大了解的，经过这一阶段学习，使我看到了社会主义的远景。"朱振宇说："旧中国走资本主义的道路，大家没饭吃，何况世界上的资本主义国家已经发展到帝国主义阶段，我们要走资本主义道路，帝国主义国家也是不容许的。"资本家杨穆说："我过去根本不懂得为什么要走社会主义一条路，通过学习，根据中国近百年来的历史证明，我们国家走资本主义道路是走不通的。"②可见，资本家已经认识到只要接受改造，就将是"风又平，浪又静，平平安安地到达黄鹤楼"③。

二是认识到中共对私营工商业的改造是和平改造的方式，只要遵循总路线，就可以"过文昭关"，有工作可做，个人也才有前途，进而使一些资本家消除了怕"剥夺"、"流血斗争"和"劳动改造"等的顾虑和恐惧。

三是认识到了国家前途和个人前途的关系，只有把个人前途和国家的前途结合起来，才可以实现自己的光明前途。如申新第四纺织公司、福新第五面粉公司经理李国伟说：我办了几十年工厂，过去常受军阀、国民党匪帮、地痞、流氓的气，办吧，工厂朝夕不保，不办，有点舍不

---

① 《中国资本主义工商业的社会主义改造·北京卷》编辑组：《中国资本主义工商业的社会主义改造·北京卷》，中共党史出版社1991年版，第198页。

② 朱翔：《从民族资本家的心态转变看党的社会主义改造政策——以南京市为考察中心》，《党的文献》2010年第6期。

③ 转引自李维汉《回忆与研究》（下），中共党史资料出版社1986年版，第752页。

得，像孤儿一样。新中国成立后，在国营经济领导下，企业发展了，我自己的经历教训我要一边倒，倒向社会主义。河北省工商业代表高振生说：现在不糊涂了，对走社会主义道路是明确了，只要私营工商业者接受改造，积极经营，自己是有前途的。经过讨论，使我认清了祖国的前途，我非常兴奋，今后我要努力改进经营，为国家和人民多效劳。①

四是初步明确了爱国守法是私营工商业者接受社会主义改造的起码条件，澄清了"爱国容易，守法难"，"积极经营与爱国守法有矛盾"等错误思想，加强了爱国守法观念。②

应当说，资本家思想上的转变，为中国共产党进一步在资本主义工商业中进行社会主义改造奠定了思想基础。

二　公私合营中民族资本家态度的分化

(一)　有计划地扩展公私合营

公私合营是国家资本主义的高级形式，它是社会主义经济和资本主义经济在企业内部的联合，即在私营企业中增加公股，国家派驻干部(公方代表)负责企业的经营管理，企业基本上按照社会主义方式和国家计划进行经营。公私合营形式在解放初期就已出现，国营企业通过加工、订货、统购、包销、公私合营等形式广泛地与私人企业合作，推动了国家资本主义的发展。当时的公私合营企业大多是由原有官僚资本投资或有敌伪财产的企业改变而来。据统计，1949年公私合营工业企业193户，职工10万余人，产值2.2亿元，占全部工业总产值的2%。③过渡时期总路线提出以后，随着社会主义建设的深入开展和国民经济计划化的日益加强，国家对资本主义工业的改造，就不能停留在初级的国家资本主义阶段，而必须根据可能的条件有计划地在它们当中发展高级形式的国家资本主义即公私合营，以适应社会生产力发展的要求。

1953年底，将私营企业改造为公私合营企业的条件已经成熟。一方面，工人阶级的政治优势和经济优势日益壮大，公私合营的优越性日

---

① 新华社：《中华全国工商业联合会会员代表大会　讨论国家过渡时期总路线　许多私营工商业者认清了今后的努力方向》，《人民日报》1953年11月10日。
② 吴序光：《中国民族资产阶级历史命运》，天津人民出版社1993年版，第331页。
③ 中共中央文献研究室、中央档案馆《党的文献》编辑部：《共和国走过的路——建国以来重要文献选集1953—1956》，中央文献出版社1991年版，第152页。

益显著，总路线的宣传起更大的推动作用；另一方面，资本主义的体系
日益被割裂和打乱，私营工业矛盾百出，资产阶级日趋孤立，大势所
趋，资本家只有走这条路。而走这条路，对他们的现实和前途都有利，
所以出现了一批进步分子，愿意公私合营的日渐增多。据统计，到
1953 年，"公私合营工业的户数、职工人数分别从 1949 年的 193 户、
10.54 万人增为 997 户、24.78 万人，分别增长 4 倍多和 1 倍多。在全
部工业产值中，公私合营工业的比重从 1949 年的 2% 增为 5%；在公私
合营、私营工业全部产值中，公私合营的比重从 1949 的 3.1% 增为
11.5%"。在公私合营、私营工业全部资本额中，公私合营的比重从
1949 年的 9% 增为 24.5%。著名的南洋兄弟烟草公司、唐山华新纺织
厂、秦皇岛耀华玻璃厂、徐州贾汪煤矿、南通大生纺织公司、永利化学
公司及宝鸡市申新纺织公司都实行了公私合营。[1]

　　在此形势下，1953 年 12 月，政务院财政经济委员会（中财委）
召开了全国扩展公私合营工业计划会议。会议经过讨论，形成了《中
财委（资）关于有步骤地将十个工人以上的资本主义工业基本上改造
为公私合营企业的意见》。《意见》指出，要在今后若干年内，积极又
稳步地将国家需要的、有改造条件的，十个工人以上的私营工厂，基
本上（不是一切）纳入公私合营的转道，然后在条件成熟时，将公私
合营企业改造成为社会主义企业。《意见》提出，发展公私合营的方
针，是要以国家投入的少量资金和少量干部，去充分利用原有企业的
资金、干部和技术来改造资本主义工业。循此方针，采取"驴打滚"、
"翻几番"的方法，发展一批作为阵地，加以巩固，再发展一批，经
过几滚几翻，将有十个工人以上的资本主义工业基本上纳入公私合营
轨道。

　　1954 年 9 月，政务院第 223 次会议通过了《公私合营工业企业暂
行条例》，阐明了在合营企业中公私双方的地位，并对合营企业的清产
核资、人事安排、经营管理和盈余分配等都作了明确规定。条例规定：
对资本主义企业实行公私合营，应当根据国家的需要、企业改造的可能
和资本家的自愿。合营企业中，社会主义成分居领导地位，私人股份的

---

　　[1]　沙健孙：《中国共产党和资本主义、资产阶级》（上），山东人民出版社 2005 年版，第
608—609 页。

合法权益受到保护。合营企业应当遵守国家计划。合营企业的盈余,在依法缴纳所得税后的余额,应当就企业公积金、企业奖励金和股东股息红利三个方面,加以合理分配。股东的股息红利,加上董事、经理和厂长等人的酬劳金,可占全年盈余总额的25%左右。《条例》公布后,全国各地又组织资本家进行学习。

以上海为例,1954年11月5日至26日,上海市工商联组织已经公私合营的60户企业的资本家295人,学习《公私合营工业企业暂行条例》、《关于〈公私合营工业企业暂行条例〉的说明》以及1954年9月6日《人民日报》社论《把有利于国计民生的资本主义工业有步骤地改变为公私合营工业》,[①] 并且运用各种具体事例,采取各种方式反复强调把资本主义企业改变为公私合营企业的必要性和重要性。通过学习,有不少资本家对于实行公私合营的思想认识有了提高。他们从有关公私合营企业人事安排和清产核资的规定中,认识到私营的合法权益是受到国家切实的保护的,同时,也初步认识到社会主义成分在公私合营企业中必须居于领导地位,这是党和政府坚定不移的政策;认识到《公私合营工业企业暂行条例》贯彻了国家鼓励与指导资本主义工业转变为公私合营形式的国家资本主义工业的改造精神;认识到社会主义改造,是采取双重改造形式,一方面是对企业进行改造,一方面是对人进行改造,因而情绪逐步安定下来。此后,全国各大城市开始有计划地以"吃苹果"的方式,即在雇工10人以上的私营工商企业中开展扩展公私合营工作。

(二)公私合营中民族资本家态度的分化

尽管党对资本家进行了总路线、《宪法》以及《公私合营工业企业暂行条例》的学习和教育,但当公私合营全面开始实行的时候,资本家的态度还是发生了分化。

大部分资本家拥护改造,主动申请公私合营。如"猪鬃大王"古耕虞,早在新中国成立前就明确表示,愿将公司和全部家产统统捐献给新中国,其中包括"虎牌"商标也交给国家使用。孙孚凌是北京最大的私营福兴面粉厂经理,1953年底,他积极响应党的号召,主动申请公私合营。孙孚凌认识到"改变私有制不像梅兰芳唱戏,台前后台

---

① 《上海工商社团志》,第422页。

各一套，而是要脱胎换骨"。他说："我得先走一步，不然怎么带头？"1954年12月29日，他在同有关部门签订协议后，正式宣布合营，孙孚凌被任命为厂长。① 北京同仁堂国药店经理乐松生，深感同仁堂过去尽管有其经营管理上的特点，但也存在明显的弊病。可是，他又想到同仁堂从清朝康熙七年创办至今已有300多年历史，把传家的"乐家老铺"交出去实行合营又不大舍得。经过学习，他认定了一条道理：要使民族工商业得到发展，关键是私营企业必须走社会主义道路，所以在1953年底，他带头申请公私合营，是首都也是全国中药界走上公私合营的第一家。有人反对他甚至辱骂他，有些对共产党政策不理解的资本家说："乐松生出风头，弄了一官半职，出卖了我们。"然而，乐松生毫不动摇，他理直气壮地说：这是顺应时代潮流，不能墨守成规，同时利用各种机会耐心帮助那些有不同意见的资本家。他的决心和胆略博得人们的赞赏，当时被人们赞誉为"挣脱羁绊的骏马"②。

工商界上层进步资本家积极响应社会主义改造，对一般资本家的影响很大，中小资本家也纷纷提出了公私合营的申请。

上海根据1954年1月中央确定的"巩固阵地、重点扩展、作出榜样、加强准备"的方针以及按照国家需要、企业改造可能和资本家自愿原则，在全市分期分批、逐步展开公私合营工作。首先进行了14个工厂的合营试点工作，然后逐步扩展，坚持做到根据资本家自愿，准备充分，成熟一个，合营一个，到1954年底，上海公私合营工业企业共244家。与1952年比较，上海公私合营工业在全市工业中的比重：户数由0.3%增至0.9%。

1954年3月，天津一区、五区区委召开公私合营工作会议，根据市委合营计划，采取了"先少后多，先大后小，先慢后快"的方法，按照"四马分肥"的办法，解决企业利润分配问题，推动了仁立毛呢纺织厂、东亚毛麻纺织厂、新安电机厂、中天电机厂、达生纱厂、新民化工厂、华北造钟厂、元兴工具厂、东南雨衣厂等一批工业企业实现公

① 《中国资本主义工商业的社会主义改造·北京卷》编辑组：《中国资本主义工商业的社会主义改造·北京卷》，中共党史出版社1991年版，第509—514页。
② 吴序光：《中国民族资产阶级历史命运》，天津人民出版社1993年版，第338页。

私合营。到 1954 年底，通过对商业的初步改造，把粮食、食油、面食、果子、豆食和棉布、服装等行业共 2860 户纳入了国家计划，建立起小白楼、黄家花园、贵阳路等多处中心市场，对稳定物价和供应起了很大作用。

这些中小资本家拥护公私合营的原因除了中共政策的宣传和教育外，主要还有如下几个方面：

第一，从业已实行公私合营的企业看到了合营的前景。民生轮船公司是航运业第一个实行公私合营的，这个多年未分股息、红利的公司，合营后在 1953 年分了股息、红利，引得没有合营的资本家羡慕不已，说："民生轮船公司坐软席过了关，既有名又有利，是我们的榜样。"①上海资本家周锦水曾这样描述公私合营的好处：一是人事问题不要再操心；二是生产任务有保障；三是资金周转无问题；四是股息红利有保证；五是可以扩大工厂发展生产；六是本人可以成为国家的工作人员。②浙江华丰造纸厂资方代理人金志朗在工商界座谈会上也说："合营后好处很多，第一公私关系有了改进，合营后也纳入国家计划轨道，在原料供应、运输和产品销售方面问题都能解决了；第二劳资关系有了改善；第三自己能在公股代表领导下，得到教育和改造。"温州西山窑业厂经理吴百亨从自己工厂由私营改组为公私合营后企业即由亏本转为盈余的这一变化中深有体会地说："当我拿到这些股息红利时，使我深深体会到私营工商业只有走国家资本主义道路，才是唯一的道路。"因此不少资本家表示愿意接受公股领导与支持，接受工人监督，倾听群众意见。如"六一"棉织厂资本家在华东公私合营工业座谈会上发言说："现在才使我认识到我的资产阶级患得患失思想情绪是严重的，这对个人的改造来说是一个主要障碍，只有虚心接受改造，正视自己的阶级本质来改造自己。"③

第二，受中共政策的感召。如政府不搞强迫命令，是否实行合营由资本家自己决定；国家在经济上通过国家资本主义来改造资本主义私有

① 中共湖北省委党史研究室、中共湖北省委统战部：《中国资本主义工商业的社会主义改造·湖北卷》，中共党史出版社 1992 年版，第 23 页。

② 陆和健：《上海资本家的最后十年》，甘肃人民出版社 2009 年版，第 254 页。

③ 中共浙江省委党史研究室、中共浙江省委统战部：《中国资本主义工商业的社会主义改造·浙江卷》（下），中共党史出版社 1992 年版，第 244 页。

制，给资本家安排一定的工作；在政治上联合民族资产阶级，对资产阶级分子及其代表人物在政治地位、政治权利等方面给予安排和保证。特别是 1954 年 9 月第一届全国人民代表大会第一次会议通过的《中华人民共和国宪法》，给资产阶级吃了三颗定心丸："一、和平过渡到社会主义；二、保护资产阶级的财产所有权；三、对资本主义工商业逐步地实行利用、限制、改造。"①

第三，新中国成立后中国政治经济的发展，使资本主义工商业发展的空间越来越小。资本家在经历了"难忘的 1953 年"后，自 1954 年起私营工商业发展开始下降，据统计，1954 年私营工业生产较 1953 年下降 21%，1955 年又较 1954 年下降 30%。② 相比之下，实行公私合营后，企业的发展速度有了极大提高。如上海的一些私营公司实行公私合营后，与 1952 年比较，到 1954 年底，总产值由 5.6% 增至 20.3%；全员劳动生产率，以 1952 年不变价格计算，公私合营工业平均每人从 1952 年的 12892 元提高到 1954 年的 15924 元。1954 年，合营工业的劳动生产率比私营工业提高 82.45%。③ 武汉申新四厂 1954 年的合营时期与 1953 年的私营时期相比较，总产值增加了 94.7%，劳动生产率提高 40.5%，32 支棉纱单位成本降低 5.7%，利润增加 410.3%。企业实行公私合营，为资本家带来了更多的利润。1954 年，公私合营后的第一年，资本家分得的净利比合营前的 1953 年增长两倍以上。④ 资本家在比较当中选择了走社会主义道路。

公私合营企业利润分配形式为"四马分肥"，即在企业利润分配时，国家所得税一般占利润总额的 30% 左右，企业公积金一般占 10%—30%；职工福利奖金一般占 15%；股息红利（包括董事、监事和厂长、经理的酬劳金）一般占 25% 左右。⑤ 由于合营后工人的积极性大增，生产发展较快，利润有了大幅度增长，资本家的红利也比合营前

　　① 章乃器语，转引自李维汉《回忆与研究》（下），中共党史资料出版社 1986 年版，第 796 页。
　　② 国家统计局：《国民经济统计报告资料选编》，统计出版社 1958 年版，第 75 页。
　　③ 中共上海市委统战部、中共上海市委党史研究室、上海市档案馆：《中国资本主义工商业的社会主义改造·上海卷》（上），中共党史出版社 1993 年版，第 24 页。
　　④ 许维雍、黄汉民：《荣家企业发展史》，人民出版社 1985 年版，第 315 页。
　　⑤ 吴序光：《风雨历程——中国共产党认识与处理资本主义和资产阶级问题的历史经验》，北京师范大学出版社 2002 年版，第 438 页。

高得多。然而公私合营工作的具体问题毕竟已经触及到了资本家的实际利益,如公私合营以后,企业的生产关系发生了重要的变化,首先是企业的生产资料所有制发生了变化,即企业由原来的资本家所有改变为公私双方共有。公私合营以后,资本家所有的资产经过清理核算成为合营企业的私股,国家投资则作为公股。私股部分仍然具有资本的性质,公股部分则同于全民所有。但是,这两种不同的所有制在企业中并不居于同等的地位。由于国家政权的无产阶级专政的性质和社会主义国营经济在国民经济中的领导地位,在企业中居于领导地位的不是资本主义成分,而是社会主义成分。资本家的私股尽管还没有失去资本的性质,但已失去了独立的地位,服从于社会主义资金的运动。因此,仍有一些资本家对其抱着抵触和拒绝的态度。有的资本家认为"企业的财产早晚是公家的",因而就想尽各种方法抽逃资金、滥分盈余、转移物资、变生产资料为生活资料。还有人借口"调整机构"安插亲信,拉拢控制高级职员和技术人员,并隐匿账外财产,企图在万不得已实行公私合营时多保存个人的权益。在生产经营方面,有虚报成本、偷工减料、对抗加工订货等手段。有少数资本家疯狂诽谤政府的政策,挑拨工人和政府的关系,甚至以"停工、停伙、停薪"、破坏生产等手段来反抗社会主义改造。

从各地反映的情况看,资本家的心态的确非常复杂。如上海工业资本家当时对待公私合营的态度大体上可以分作三类。第一类:表示愿意接受改造,主动申请公私合营。在这一类中,除极少数人对政府的政策有正确的认识,愿意接受改造外,绝大多数人是根据个人打算而抱有各种不同的动机;有的鉴于大势所趋,认为迟合营不如早合营,想借公私合营来提高自己的政治地位;有的是企图通过公私合营解决企业的困难;有的怕其他的同业实行公私合营后,影响到自己企业的业务,因此不得不申请公私合营。第二类:对实行公私合营存在一些疑虑和抵触。这一类人在当时占绝大多数。他们疑虑的主要是公私合营企业的权益问题。他们计较企业公私合营以后自己再也不能当家做主了,顾虑清产核资中私股会吃亏以及以后再也不能自由支取股息红利了,如此等等。第三类:坚持拒绝改造,进行破坏活动,这类人在资本家阶级中是极少数,他们眼看资本主义所有制即将被改造,有的用非法手段从企业中抽逃大量资金,有的则故意向职工寻衅闹事,个别人甚至进行各种破坏生产的违法活动。①

　　再如广西的工商界也普遍存在三种情况：一是一部分资本家看得见国家的光明前途和个人的光明前途，比较懂得国家利益与个人利益一致的道理，比较懂得个人利益应服从国家利益、暂时利益应服从长远利益的道理，在行动上拥护政策；二是一部分人由于学习不够，对政策的认识还很模糊，对前途还有怀疑和顾虑，对于适应社会主义改造、纳入国家资本主义轨道，还缺乏自觉性和积极性，因而，对社会主义改造不是采取欢迎的态度，而是观望、等待或者希图逃避，思想苦闷，情绪不安，经营消极，不理厂店，拒绝加工订货、统购包销或存心要挟，借口多端，减少进货或不愿向国营公司进货，挥霍浪费，多购生活资料等等，这种情况，是比较普遍的；三是还有一部分人对总路线和政策思想抵触较大，不愿学习、不求改造，甚至投机违法，追求暴利，或者扩大开支，抽走资金，偷工减料，抢购套购，偷税漏税，随便解雇店员，掺杂使假，短斤缺两等不法行为。②

　　对于资本家的复杂心理，党和政府一方面在资本家中反复进行党对私营工商业政策的宣传和教育，使他们认识到只要积极生产经营，爱国守法，走社会主义改造的道路，个人是有光明前途的。同时对私营企业职工进行教育，提高他们的阶级觉悟，以加强其对资本家抽逃资金等违法行为的监督；另一方面，对严重违法的资本家进行制裁，如北京市仅在 1954 年上半年就召开大会公开处理了 36 户偷漏税数额很大、情节严重恶劣的违法资本家，使资本家深受教育。会后有的资本家反映："这样的一个大会比学习 15 次还解决问题"③，进而规范了不法资本家的行为。

三　社会主义改造高潮中资本家的积极态度

　　1954 年，扩展公私合营工作取得了很大进展。"到 1954 年底，全

---

①　上海社会科学院经济研究所：《上海资本主义工商业的社会主义改造》，中共党史出版社 1994 年版，第 187—188 页。

②　《中国资本主义工商业的社会主义改造·广西卷》编辑组：《中国资本主义工商业的社会主义改造·广西卷》，中共党史出版社 1992 年版，第 83—84 页。

③　《中国资本主义工商业的社会主义改造·北京卷》编辑组：《中国资本主义工商业的社会主义改造·北京卷》，中共党史出版社 1991 年版，第 161 页。

国公私合营工作的户数已增至 1746 户，虽然只占当年全国公私合营和私营工业总户数的 1% 强，但职工人数为 53.3 万人，占全部公私合营和私营工业职工总数的 23%；产值 50.86 亿元，占全部公私合营和私营工业产值的 33%。公私合营工业产值在全部工业产值中的比重已由 1952 年的 5% 上升到 1954 年的 12.3%，而私营工业则由 38.6% 降为 24.9%。私营工业总产值下降了 21.1%，而在 1953 年以前是逐年上升的。"①

在扩展公私合营工业的过程中，首先合营的是规模较大的有关国计民生的重要企业。如津沪二市 500 人以上的私营工厂共有 92 户，1954 年合营的有 54 户。企业公私合营后，劳动生产率大大提高，当年产值就超过了过去几年全部公私合营企业的总和。私营工业产值在全国工业总产值中下降到 24.9%。公私合营企业在合营前后的变化，在私营企业中产生了很大影响。

1954 年 12 月，全国第二次扩展公私合营工业计划会上，各地代表纷纷发表意见，说中央光吃"苹果"不吃"葡萄"，把一大堆"烂葡萄"甩给地方，又小又烂，怎么办？面对这样一些问题，周恩来在会上作了指示，他说：资本家的企业在人民民主专政下应该受到照顾。生产的东西也是在国内用嘛。工人阶级只有一个，没有两个。国营企业的工人是工人阶级，资本家工厂的工人也是工人阶级。你只照顾大的公私合营企业，那小企业的工人干什么？周恩来指示，对国营、公私合营和私营工业的生产，一定要统筹兼顾，要"统一领导，归口安排，按行业改造，全面规划"。陈云在会上作了《解决私营工业生产中的困难》的报告，确定统筹兼顾、调整公私关系的方针，指出对私营工业应在保证社会主义成分稳步增长和国营经济领导下，采取统筹兼顾、各得其所的方针进行合理安排，既要有所不同，又要一视同仁。反对资本主义无计划地盲目发展，克服资本主义的自发势力，逐步将各种经济纳入国家计划的轨道。只顾国营、不顾私营，只看到有所不同，不看到一视同仁，是不对的。他指出，私营工业的工人和国营工人都是中国的工人阶级，必须同等看待。

根据党中央和国务院的指示，1955 年 1 月，扩展公私合营工业计

---

① 苏星：《新中国经济史》，中共中央党校出版社 2007 年版，第 225 页。

划会议确定了"统筹兼顾、归口安排、按行业改造"的方针。具体做法是：由国营企业让出一部分原料和生产任务给私营企业，解决公私矛盾；按照奖励先进、照顾落后、淘汰有害的原则，解决先进与落后的矛盾；采取维持上海、天津，照顾各地的办法，解决地区间的矛盾。在扩展公私合营的方式上，要求按行业作通盘规划，统一安排。区别情况，或实行个别合营，或采取以大带小、以先进带落后的办法实行联营合并或公私合营。这样，既解决了光吃"苹果"不吃"葡萄"的矛盾，又为加快对资本主义工业的改造找到了途径。

1955 年下半年，农业合作化高潮一浪高过一浪，轰动全国，接着手工业合作化高潮也来了。从 1955 年下半年到 1956 年初，我国资本主义工商业的社会主义改造进入了一个新的阶段，即由个别企业公私合营转向全行业公私合营阶段。

对于全行业公私合营，许多资本家采取了比较积极的态度。许多上层进步资本家比较了解政策，看清了国家和世界的前途，愿意拥护和平改造，争取公私合营，走社会主义道路。刘鸿生所经营的企业多数已经走上了国家资本主义的高级形式。有人问他："你一生费尽心血创办的企业，一个个走上公私合营，心里是否有些舍不得？"刘鸿生回答：如果说当我在抗战时期辛苦经营的两个毛纺织厂——重庆中国毛纺厂和兰州西北毛纺厂最先实行公私合营的时候，我思想上还是有些模糊的，以为"大势所趋，不得不然"。现在我学习了国家过渡时期总任务，又参加了宪法草案的讨论，又亲眼看到了公私合营后的生产发展情况，过去认为"大势所趋"，现在认为"非改不可"[①]。上海资本家强锡麟说："中国工商界太幸运了，和平改造，有政治地位，有工作，'赎买又有利息'。"协大祥棉布号曹实禄说："批准公私合营，首先是有利可得，其次是生活有了保障，第三是人民由国家包了。"卷烟业张春申说："'五反'以后同业颇为困难，由于骨干分子的推动，同舟共济，全业16 家业务均稳定下来，今天的骨干分子就是要在改造中起骨干作用。"许多中小企业资本家也对全行业公私合营表示拥护，尤其是小户和困难户则很兴奋，甚至责怪同业公会是"小脚女人走路"，落在其他行业后面。不少资本家过去认为"企业小，资金少，公私合营没希望"，甚至

---

① 刘鸿生：《个人改造的初步体会》，《人民日报》1954 年 9 月 26 日。

发"有前途,没中途,等不到社会主义就已光了"的消极论调。但看到上海绒线、棉布、制笔等业全行业合营后,极为兴奋。他们说:"过去是丑媳妇见不得公婆面,不敢对人说要求公私合营,而且也没有人想过公私合营,这次也能合营,做梦也想不到。"上海机器制造业奚生煜说:"过去企业困难,度日如年,现在觉得有了信心和希望,都在想办法克服困难,工作也积极了。"①

根据中共北京市委于 1955 年 12 月对 588 户资本家的思想状况所作的调查,其中积极要求公私合营的约占 37%,能够接受的约占 58%,不肯接受或有严重抗拒行为的只占 5%。② 根据中共南京市委的报告,南京资本家中的积极分子也增多了,其比例大约达到 45%—50%,有 2100 多人自愿参加了合营工作队;中间分子许多转为积极,或倾向积极,许多落后分子也都卷入运动。就申请合营的自愿程度看,以秦淮区 3 个商业行业 76 户为例,自愿要求合营的占 74%,随大流来的或思想不完全想通、有些勉强的占 25%。鼓楼区 6 个商业行业 234 户中自愿合营的占 87%,随大流的或比较勉强的占 13%。③ 根据中共上海市委的报告,在社会主义改造高潮中,上海资本家中的积极分子增多了,其比例根据估算大约达到 48%—50%,有 3700 多人自愿参加了合营工作队;中间分子许多转为积极,或倾向于积极,就是工商界中的落后分子,许多都卷入运动。就申请合营的自愿程度看,以卢湾区 2 个商业行业 96 户为例,自愿要求合营的占 74%,随大流来的或思想不完全通、有些勉强的计 25 户,占 26%。邑庙区 6 个商业行业 253 户中自愿合营的占 87%,随大流来的或比较勉强的 34 户,占 13%。④ 可见,资本家的积极态度还是主旋律。

虽然不是所有的资本家都愿意接受改造,如有少数资本家对公私合营还有很大的顾虑,怕合营后自己资产减少,地位不稳,生活水平降低等。也有极少数不愿接受改造的资本家通过抽逃资金、制造假账等方式

---

① 陆和健:《上海资本家的最后十年》,甘肃人民出版社 2009 年版,第 257 页。
② 吴序光:《中国民族资产阶级历史命运》,天津人民出版社 1993 年版,第 356 页。
③ 朱翔:《从民族资本家的心态转变看党的社会主义改造政策——以南京市为考察中心》,《党的文献》2010 年第 6 期。
④ 中共上海市委统战部、中共上海市委党史研究室、上海市档案馆:《中国资本主义工商业的社会主义改造·上海卷》(上),中共党史出版社 1993 年版,第 681 页。

进行斗争。但历史的潮流已不可逆转，全行业公私合营浪潮正以汹涌澎湃之势席卷全国。

全行业公私合营高潮始于北京。1956 年 1 月 1 日，北京的资本主义工商业者率先提出了实行全行业公私合营的申请。元旦刚过，各区就日夜锣鼓喧天，要求实行公私合营的彩旗队、腰鼓队一队接一队地在大街上游行，各大街上的私营厂、店，几乎家家挂上了"迎接公私合营"的红旗，大街的左右两边就像两条绵延不断的"长虹"。① 1 月 8 日，全市有 20 个行业、800 多家私营企业被批准实行公私合营。1 月 10 日，北京市人民委员会召开资本主义工商业公私合营大会，宣布工业 35 个行业的 3990 家工厂，商业 49 个行业的 13973 户坐商，共 17963 户全部被批准实行公私合营。这一天，北京全城像过年过节一样，大街小巷到处张灯结彩，锣鼓喧天，鞭炮声不断。6 万多名职工、资本家和他们的家属分别举行盛大的游行和游园联欢大会，庆祝全市资本主义工商业按行业实行公私合营的伟大胜利。

在北京市公私合营高潮的影响下，全国其他地区也纷纷效仿。1 月 15、16 日两天内，南京市的工商业者争先恐后地向政府申请公私合营和合作，热烈情况是历史上所没有的。有的工商业者为了要争取"坐第一列车到社会主义"，申请前夕兴奋得连觉也不睡了。天刚破晓，已经有许多行业的工商业者抬着"快马加鞭，奔向社会主义"、"放弃剥削，学会本领，争取做一个自食其力劳动者"等各种标语，在锣鼓声、鞭炮声、欢笑声中，浩浩荡荡地去申请合营，一些年老的工商业者和家属也参加了队伍。17 日，南京市举行万人大游行庆祝社会主义改造的胜利。②

1956 年 1 月 20 日，上海市举行了资本主义工商业公私合营大会。上海市资本主义经济 203 个行业，88093 家，其中工业 94 个行业、25853 家（包括带进公私合营的个体手工业户 7647 家），商业（包括饮食、服务业）96 个行业、58978 家，运输、建筑等 13 个行业、3262家，一次全部被批准实行公私合营。③ 这一天，上海全市都披上了节日的盛装，南京东路上、黄浦江边，都悬挂起"庆祝上海进入社会主义社

① 吴序光：《中国民族资产阶级历史命运》，天津人民出版社 1993 年版，第 356 页。
② 《南京市公私合营高潮的阶段的情况报告》，南京市档案馆藏档，6005—1—432。
③ 上海社会科学院经济研究所：《上海资本主义工商业的社会主义改造》，中共党史出版社 1994 年版，第 244 页。

会"的巨幅大红标语,到处张灯结彩,就连商店的橱窗也都布置得焕然一新。马路上,报喜队伍川流不息,锣鼓声、爆竹声震耳。[①]

到 1956 年 1 月底,私营工商业集中的上海、天津、广州、武汉、西安、重庆、沈阳等大城市,以及 50 多个中等城市,相继实现了全行业公私合营。到 1956 年 3 月底,除西藏等少数民族地区外,全国基本上实现了全行业公私合营。到 1956 年底,全国私营工业户数的 99%,私营商业户数的 82.2%,资金的 93.3%,分别纳入了公私合营或合作社的轨道。如此惊人的发展速度,以及民族资产阶级如此争先恐后地加入全行业公私合营,是中共中央始料未及的。正如陈云所说的:"企业的私有制向社会主义所有制的改变,这在世界上早已出现过,但是采用这样一种和平方法使全国工商界如此兴高采烈地来接受这种改变,则是史无前例的。"[②]

资本家之所以对全行业公私合营采取比较积极的态度,其原因是多方面的。

第一,农业合作化高潮的影响。1955 年下半年在全国掀起的农业合作化高潮,消灭了广大农村的个体和私有经济,使得资产阶级已不能通过自由市场取得原料。这就割断了城乡资本主义的联系,使私人资本主义工商业处于空前孤立的境遇。加之资本家企业内部工人再也不愿意忍受资本家的剥削,他们通过工会不断向政府送申请书,希望早日实行公私合营。在此情况下,资本家感到社会主义已是大势所趋,"早上船能有好座位",因此主动要求公私合营。对此,周恩来曾这样分析:"这几年,我们已经造成了这个形势,把私人工商业的大部分纳入了国家资本主义的轨道。凡是入这个轨道的企业就有希望;没有纳入这个轨道的,原料、生产、销路、运输就有困难。社会主义是大势所趋。现在资本家一只脚已经踏入社会主义的门槛,另只脚不跟进来也不行了。"[③] 毛泽东的话更是一语中的,他说:"资本家赞成社会主义改造,敲锣打鼓,那是因为农

---

① 新华社:《上海市社会主义改造取得全面胜利 广州市私营工商业全部实行公私合营》,《人民日报》1956 年 1 月 21 日。

② 《陈云文选》第 2 卷,人民出版社 2006 年版,第 309—310 页。

③ 陈文斌等:《中国资本主义工商业的社会主义改造·中央卷》(下),中共党史出版社1993 年版,第 917—918 页。

村的社会主义高潮一来，工人群众又在底下顶他们，逼得他们不得不这样。"① 可见，资本家除了加入全行业公私合营，已没有其他出路。

第二，资产阶级核心进步分子的推动作用。工商界的核心进步分子，在资本主义工商业的社会主义改造中具有重要的带头和示范作用。因此，党和国家非常重视在资产阶级分子中间培养一批核心进步分子。毛泽东说："我们有这样一个基本的要求，希望每一个大城市有几十个、几百个核心人物。在工商界里面，这些人比其他的人要觉悟一些，要进步一些，经过他们来教育其他的人。"②

1955 年 10 月 27 日和 29 日，毛泽东两次邀请工商界的代表人物谈话。在 29 日的座谈会上，毛泽东针对资产阶级在社会主义改造中动荡不安的心理，系统地阐明了党的和平改造和赎买政策，殷切希望资产阶级要认识社会发展规律，主动掌握自己的命运，进一步接受社会主义改造。工商界代表人物对毛泽东亲自出面对他们做工作，都很兴奋，对毛泽东的话，表示很拥护，纷纷表示只有跟着共产党走，才有光明前途。

1955 年 11 月 1 日至 21 日，全国工商联举行一届二次执委会。胡子昂曾这样回忆这次会议的情况：参加执委会的都是各地工商界代表人士，"大家回顾了自己的亲身经历，对比新旧两个社会、两种制度，深感在旧社会，谁要失去生产资料就意味着谁将陷入贫困、破产的悲惨境地；而在新社会，工商界的生产资料实现国有化，结束了阶级剥削制度的历史，进一步解放生产力，使国家富强，人民富裕，工商界也同样可以过幸福的生活。因此，许多同志认为，放弃剥削不怕共产，前途无限光明；一张选票，一个饭碗，安排十分周到，我们感激不暇，还有什么吊桶放不下呢？"③ 与会人员普遍表示，要把自己的命运和国家的社会主义前途结合起来，坚决走社会主义的道路，主动地掌握自己的命运。"我们工商业者当前的首要任务是应该坚守爱国守法的立场，积极接受社会主义改造。"④ 这次会议之后，这些工商界核心进步人物带头申请

---

① 《毛泽东选集》第 5 卷，人民出版社 1977 年版，第 323—324 页。

② 陈文斌等：《中国资本主义工商业的社会主义改造·中央卷》（下），中共党史出版社 1993 年版，第 900 页。

③ 寿充一：《走在社会主义大道上》，中国文史出版社 1988 年版，第 28—29 页。

④ 中华全国工商业联合会：《资本主义工商业改造工作的新阶段》，人民出版社 1955 年版，第 47 页。

全行业公司合营，在他们的带动、动员、说服和组织下，各地争先恐后地走上全行业公私合营的道路。

第三，强烈的爱国情愫和对中国共产党引导走社会主义道路的信心。关于这一点，上海资本家荣毅仁的心态就很有代表性。在上海市私营工商业全部申请公私合营的前夕，新华社记者访问了荣毅仁。当记者问他："作为一个资本家，为什么选择社会主义的道路"时，荣毅仁说："是的，我是一个资本家，但是我首先是一个中国人，我想应该先从作为一个中国人谈起。"荣毅仁说道："解放前夕，我们一家对于共产党的到来是感到惶恐的。我们几个兄弟中，有的跑到泰国去办工厂，有的躲到香港去了。我的父亲因为恨透了帝国主义和国民党，坚决不愿意离开祖国。我也不愿做白华，和他一道留下来了。我们企业的流动资金当时已经枯竭，解放以后又受到美国和国民党的封锁和轰炸。这个时期申新能够维持生产，全部依靠爱护民族工商业的中国共产党和人民政府的贷款、加工和收购，依靠职工群众的团结和积极生产。政府帮助我们建立了总管理处，统一领导过去分散经营的各个工厂，并且指导我们逐步改进经营管理。生产因此得到发展，纱锭的生产率提高了40%以上，从1951年起盈利逐年增加，1953年的盈利就达到资本总额的1/4以上。初级的国家资本主义形式，就使我们的企业完全摆脱了解放初期的窘迫局面。而我的弟弟在泰国办的工厂却破产了。""在经济最困难的时候，在局势最紧张的时候，党的每一次分析，党的每一个政策，毛主席的每一句话，周到又全面，稳重又果敢，说到了就做到了。农村土地改革的结果，棉花产量超过了历史最高水平，我们的纱厂不再依靠外国的棉花了。抗美援朝的胜利，打破了我们曾经有过的对帝国主义的畏惧。接着，五年计划开始了，全国兴建了许多大工厂，各地进行了大规模的建设，一切实现得比梦还要快，多么令人鼓舞！没有共产党，不走社会主义的道路，哪能有今天?"① 刘鸿生在1956年9月，也同记者谈了同样的心境。他说："你问我为什么拥护共产党？我是一个企业家，我的企业，无论是水泥、毛纺、火柴、煤矿、银行业目前都在发展着，规模远较过去大得多。共产党能推动企业，能使中国变成工业化的国家，这是我过去50年的梦想，我为什么不拥护它？解放以后，我和我

---

① 徐中尼:《访上海资本家荣毅仁》,《人民日报》1956年1月22日。

的家属生活仍然和过去一样。今年第一届人民代表大会第三次会议上，陈云副总理在报告中提出私营企业的定息制度，私营企业的资方有5%的定息。我的章华毛纺厂和水泥业、火柴业、码头及其他企业已先后拿到了定息。这笔定息的数字从我们的生活需要看来是相当大的。""我拥护共产党还有一个最主要的原因：我是一个中国人，中国资本家。现在我身体不好，不能陪你去黄浦滩头看看。在过去几十年中，从杨树浦到南码头，沿着黄浦江一带是各国的码头，一长串的外国兵舰插着各式各样的国旗。人们走过这里，会不知道这儿究竟是哪国的土地？我自己是搞码头企业的，往往站在码头上摇头。如今呢，这一带地方每个码头上都是五星红旗迎风飘扬，你想想看：一个看过上海50年变迁的中国人，他心中会不高兴吗？"①

第四，党和政府的政策使资本家感到有出路。如在清理资产时采取"从宽"、"从了"方针。由于清产核资直接触及资本家的切身利益，一些资本家对此颇有顾虑，估价低了怕自己吃亏，估价高了怕别人说自己有意抬高估价。为了消除他们的疑虑，各地根据1956年1月中央发出的《关于私营企业实行公私合营的时候对资产清理估价中若干具体问题的处理原则的指示》精神，采取"从宽"、"从了"方针，按照"公平合理、实事求是"的原则，在工人监督之下，由资方自估、自报，同行业资本家评议，行业合营委员会核定的方式进行清产核资工作。对于清产核资结果，资本家基本上表示满意。他们反映："在合营前，对'公平合理、实事求是'，总有点不相信，经过清产估价后，才深深体会到了。"②

在清产核资的基础上，对公私合营企业实施定息。所谓定息，就是企业在公私合营期间，不论盈亏情况，国家根据清产核资核定的私股股东的股额，一律按固定息率发给股息。1956年7月，国务院在《关于对私营工商业、手工业、私营运输业的社会主义改造若干问题的指示》中正式规定：全国公私合营企业的定息户，不分老合营、新合营，统一规定为年息五厘。这大大超出了资本家"坐三（厘）望四（厘）"的预

---

① 翟昌民：《回首建国初——从新民主主义向社会主义过渡的回顾与思考》，中共中央党校出版社2005年版，第461—462页。

② 《中国资本主义工商业的社会主义改造·北京卷》编辑组：《中国资本主义工商业的社会主义改造·北京卷》，中共党史出版社1991年版，第164页。

期。有的资本家说:"规定定息五厘,是超出了一般人的希望,定息比公债利息还高,真是'高价赎买'。"特别是亏损户、困难户更是感激党和政府对他们的照顾。① 资本家虽然喜出望外,但定息多长时间呢?资本家表示担忧。同年12月,陈云在工商联第二届会员代表大会上宣布,从1956年起定息七年,从而给了资本家一颗"定心丸"。

公私合营后,如何安排他们的工作是资本家普遍关心的问题。对此,党的政策是企业要改造,阶级要消灭,人要"包下来"。各地根据中央的指示精神,在政治待遇上,给予一般资本家公民的政治权利;对一部分有影响的资产阶级代表人物,则在政府有关部门给予一定的领导职务。在工作待遇上,根据"包下来"的方针和"量才使用、适当照顾"的原则,给他们一定的工作安排,以发挥其专长。得到安排的资本家喜出望外,认为"这一下子当上了国家干部",感到"非常光荣",互相道喜祝贺。许多资本家说:"这真是梦想不到的事","凭我们的德才,哪一点也不够格"。纷纷表示:"感谢党和政府的培养教育,今后一定好好学习,好好工作。"② 在生活福利待遇上也安排得很好。国务院规定:资方人员的疾病和病假工资,凡在国家机关和国营企业工作的,一律按干部或职工同等待遇;凡在合营企业工作,核定股金在2000元以下的资方人员,本人的疾病医疗按所在企业职工待遇办理;核定股金在2000以上的,如确有困难,也可按职工待遇办理,资方人员的病假工资,不论股金多少,一律给予本人工资的50%—70%。上述政策,资本家普遍感到对自己有好处,可以接受,于是便踊跃地投入到了全行业公私合营高潮的洪流中。

不可否认的是,虽然资本家对公私合营采取比较积极的态度,但思想却是极其复杂的。面对全行业的公私合营,真要把自己或几代人苦心经营的工厂、商店交给国家,他们的内心自然是痛楚的。如有人白天敲锣打鼓迎接公私合营,晚上回家一家子抱头痛哭。荣毅仁是全国第一号资本家,他在一个地方讲,自己的阶级应该消灭,可是在另外一个地方碰到人家跟他说:你祖宗三代辛辛苦苦地搞了这点工厂,在你手里送出

① 吴序光:《风雨历程——中国共产党认识与处理资本主义和资产阶级问题的历史经验》,北京师范大学出版社2002年版,第441页。

② 《中国资本主义工商业的社会主义改造·北京卷》编辑组:《中国资本主义工商业的社会主义改造·北京卷》,中共党史出版社1991年版,第393页。

去实在可惜呀！闻此言他直流眼泪。①　这种又接受和平改造，又感到痛苦的表现，如实地反映了中国工商业者的真实心态。"自己使用多年的一件器物忽而不归自己所有，在情绪上都要发生波动；自己甚至几代人苦心经营的企业一朝易主，在感情上产生一定的痛苦，是不难理解的。"②　虽然在社会主义改造中工商业资本家的心态有过波动，但毕竟在没有发生社会动荡的情况下，最终还是接受了社会主义改造。正如薄一波在总结这一点时说："一九五五年冬天，敲锣打鼓、申请公私合营的滚滚人流中，虽然心情复杂，难于一概而论，但是希望用社会主义代替资本主义却是许多人的共识，这是抹杀不了的。"③　资本主义工商业的社会主义改造的顺利进行，从一定程度上说，正是资本家顺应时代潮流，在巨大的社会变迁面前不断进行心理调适的结果。尽管其中有过动摇或反复，但最终都选择了社会主义，走上了社会主义道路。

社会主义改造是20世纪中国历史上最伟大最深刻的社会变革，在这场社会变革过程中，不仅生产关系方面发生了由私有制到公有制的转变，而且资产阶级也走向了消亡，这无疑对工商业资本家的心理触动是极其巨大的。资本家在国家前途与个人命运之间，在物质利益和政治命运之间，难免有疑惧和不满，矛盾与苦闷，无奈与挣扎，表现出种种复杂的心态，但总的说来，毕竟在没有发生社会动荡的情况下，最终实现了社会主义改造。这和党的资本主义工商业政策紧紧抓住民族资本家的心理不无关系。

第一，照顾资本家的合法权益，从心理上争取他们对党的向心力。大多数资本家愿意走社会主义道路，但他们的内心却是矛盾的。资本家上层代表性人物和较大的资本家主要是顾虑今后的政治地位和工作岗位，一般资本家特别是中小资本家则更多顾虑生活问题。针对他们的顾虑，毛泽东曾多次谈到对资本家"一个是工作岗位，一个是政治地位，要通统地安排好"④。陈云也强调，"所有的资方实职人员，应该全部安

---

① 薄一波：《若干重大决策与事件的回顾》上卷，中共党史出版社1991年版，第429页。

② 同上。

③ 中共山西省委党史研究室：《中国资本主义工商业的社会主义改造·山西卷》，中共党史出版社1992年版，第428页。

④ 《毛泽东文集》第6卷，人民出版社1999年版，第499页。

置","都安置起来,就要给他们饭吃","他们的工资怎么办? 一般地(不是所有的人)不降低"①。根据中央的指示,全国 71 万在职私方人员和 10 万资方代理人,全部安排了工作。在公私合营过程中,资本家虽然交出了自己的企业,但是在处理私股财产、定息、人事安排等方面,都受到了优待。大诚绸厂资本家宋保林说:"国家对我们这种无微不至的照顾,真比父母对待儿女还要体贴入微,我们资产阶级如果还不抛弃个人发财、众人倒霉的思想,那就绝不能获得全国广大人民的谅解,也不能获得自己儿女的同情。"②"共产党把我们全包下来了,对我们的照顾真是天高地厚,这是从小保险到大保险,最后到大包干,我们的生活和前途都有了。"③ 可见,适当照顾资本家的合法权益,给他们以生活的出路,从而在心理上拉近了多数资本家与党的距离,这是推进社会主义改造得以顺利进行的重要因素。

第二,培养资本家的进步骨干分子,以发挥其积极的示范效应。对此,毛泽东曾指出:"需要有计划地培养一部分眼光远大的、愿意和共产党和人民政府靠近的、先进的资本家,以便经过他们去说服大部分资本家。"④ 刘少奇也说:"要使资产阶级内部起变化,就要在资产阶级里面产生那么一部分人,他们积极赞成社会主义。这样事情就好办。他们内部没有这个分化,没有产生这样的人,这就难办。""同志们必须清楚,资本家中间的积极分子能够起一种作用,这种作用是共产党员和工人阶级中的积极分子起不了的。"⑤ 后来的事实证明,工商界核心进步人士的积极响应,特别是他们通过自身的转变,努力宣传党的方针政策,极大带动了众多的资本家中间分子加入到社会主义改造的洪流,成为协助党和政府推进社会主义改造的一支重要力量。这正如 1979 年邓小平在全国政协五届二次会议上所评价的,"资本家阶级中的进步分子和大多数人在接受改造方面也起了有益的配合作用"⑥。

第三,加强思想教育,以促进资本家思想上的转变。改造私营工商

① 《陈云文选》第 2 卷,人民出版社 2006 年版,第 287 页。
② 季音、习平:《踏上了决定性一步》,《人民日报》1956 年 1 月 22 日。
③ 《中国资本主义工商业的社会主义改造·北京卷》编辑组:《中国资本主义工商业的社会主义改造·北京卷》,中共党史出版社 1991 年版,第 380 页。
④ 《毛泽东文集》第 6 卷,人民出版社 1999 年版,第 292 页。
⑤ 《刘少奇选集》下卷,人民出版社 1985 年版,第 181 页。
⑥ 《邓小平文选》第 2 卷,人民出版社 1983 年版,第 186 页。

业，变生产资料私有制为公有制，必然引起资本家的各种不安、疑虑、抵触，甚至是反抗。因此，有必要对资本家进行广泛的思想教育，以教育和引导他们走上社会主义道路。如果"不承认资本家这个阶级的绝大多数（90%以上）有用教育的方法加以改造的可能"，"是完全错误的"①。在资产阶级队伍中，一般地存在着进步的、中间的和落后的这样三个部分。针对资本家的不同情况，党采取了不同的教育方法。如对待进步分子，通过教育使其思想不断巩固提高，鼓励其积极表现；对中间分子，通过进步分子的现身说法，打消他们的多种顾虑；对落后分子，则通过教育、批评，制止其不良行为。党通过组织工商业者参加各种形式的政治理论学习，参加企业的改造实践，参加工作和劳动以及各项政治社会活动，使多数资本家认清了社会主义的发展方向，懂得了必须掌握自己的命运，走历史的必由之路，进而为资本家自觉接受社会主义改造创造了条件。

总之，资本主义工商业社会主义改造的顺利进行，一方面是资本家顺应时代潮流，在巨大的社会变迁面前不断进行心理调适的结果。另一方面，"中国共产党和国家的政策起了决定的作用"②。尽管党在资本主义工商业社会主义改造的指导思想上和实际工作中也存在偏差，以致在长时间里留下一些问题。但这些问题与社会主义改造的巨大成绩相比，是第二位的。在短短几年时间内，党就完成了如此重大的社会变革，这的确是伟大的历史性的胜利。

---

① 逄先知、金冲及：《毛泽东传》（1949—1976）上卷，中央文献出版社 2003 年版，第455 页。

② 中共中央文献研究室：《周恩来经济文选》，中央文献出版社 1993 年版，第 248 页。

第五章　新中国成立初期知识分子的社会心态

　　新中国成立初期，知识分子来源比较复杂，主要有三类：一是在长期革命战争的锻炼中培养成长起来的革命知识分子。这部分知识分子人数不多，但他们都有参加革命战争的经历，接受过战火的考验，是当时我国知识分子的骨干力量；二是从旧社会过来的青年学生。他们虽然没有参加革命工作的经历，但他们对旧中国的黑暗有过直观的了解，怀有一颗爱国之心，有的还参加过解放战争时期的民主运动，可塑性非常大；三是从旧社会过来的在各部门工作过的各类专家、学者、教授以及文艺工作者、医生、工程师、记者、教员等。这些知识分子绝大多数都怀有强烈的民族意识和爱国主义情感，但他们中的部分人身上还或多或少地留有旧社会的痕迹，对执政党和新政权还存在着一些疑虑。这部分知识分子约 200 万人，占当时我国知识分子总数的绝大多数。

　　从旧中国走过来的知识分子，大多具有较高的文化素质，视野开阔，具有敏锐的情绪感受、执着的学术追求和始终不渝的理性信念。在中国共产党团结、改造、利用的政策下，知识分子既是国家建设的重要力量，又是思想改造的主体对象。他们特别的人生经历形成了独特的社会心理。

第一节　新中国成立之初知识分子的心理态势

一　新中国成立前党的知识分子政策

　　民主革命时期，知识分子问题始终是中国共产党面临的一个重大问题。从中共一大起，党就注意到知识分子问题并给予一定的重视。中共一大通过的党纲、党章做出了党内外知识分子无异于产业工人的规定，反对轻视知识分子。这一观点对处于幼年时期的中国共产党而言无疑是难能可贵的。然而到了中共二大，党虽然一方面注意到知识分子在政治上受压迫的境遇，但同时又体现出把知识分子排斥在党的群众基础之外的倾向。如中共二大通过的《关于共产党的组织章程决议案》指出，"我们共产党，不是'知识者所组织的马克思学会'，也不是'少数共产主义者离开群众之空想的革命团体'，'应当是无产阶级中最有革命精神的大群众组织起来为无产阶级之利益而奋斗的政党，为无产阶级作革命运动的急先锋'；我们既然不是讲学的知识者，也不是空想的革命家，我们便不必到大学校到研究会到图书馆去，我们既然是为无产群众奋斗的政党，我们便要'到群众中去'要组成一个大的'群众党'"①。此后，党内围绕知识分子问题进行了两场大讨论，虽然中国共产党人试着运用马克思主义的阶级分析方法去阐释中国的知识分子问题，但否定和排斥知识分子的观点始终在党内占了上风。直到中共四大，党对知识分子的认识才有了重大转变，充分肯定了知识分子在革命中的地位和作用。中共四大第一次以党的决议的形式明确指出："殖民地运动中的智识分子是很值得我们注意的，是可造就之革命战士。"②"引导工业无产阶级中的先进分子，革命的小手工业者和智识分子，以至于乡村经济中有政治觉悟的农民参加革命，实为吾党目前之最重要的责任。"③ 既然要引导知识分子参加革命，就必然涉及知识分子能否入党的问题。对此，1925年10月通过的《组织问题议决案》特别强调，"要扩大自己的党——吸收无产阶级及先进的智识阶级中最革命的分子"④。1927年中共五大通过的《组织问题议决案》再次强调"努力扩大党的数量，并吸收产业工人，进步农民，和革命的智识分子到党的队伍中来"⑤。总之，从建党到大革命失败前的这段时间里，虽然党对知识分子的地位和作用有过争议，也有过认识上的偏差，但党对知识分子特点、作用等问题的认识基本上是正确的，这为党的知识分子政策的形成和发展，奠

---

① 中央档案馆：《中共中央文件选集》第1册，中共中央党校出版社1989年版，第90页。

② 同上书，第376页。

③ 同上书，第379—380页。

④ 同上书，第472页。

⑤ 中央档案馆：《中共中央文件选集》第3册，中共中央党校出版社1989年版，第87页。

定了重要的基础。

大革命失败后，由于受共产国际和国内形势的影响，党在知识分子政策上出现了偏差，对知识分子的革命作用持怀疑和否定的态度。如1927年8月25日《中央通告第八号——关于职工运动》指出，"我们过去做职工运动同志，多数智识分子，高居领袖地位，不懂得工会由工人做领袖的意义，并有些养成官僚资产化习气，以后要纠正从前错点，须要造出工人同志当工会领袖，为工会基础，然后工会可能巩固，因为智识分子，在工会当领袖易招物议，及工人多不大信仰，某一个时期或变迁，他在工会地位必然动摇，甚至倒台"[①]。9月，中国共产党在给共产国际的一份报告中首次提出了以排斥知识分子为目的的改造党的设想。报告说："智识分子在目前整个的革命潮流中或者完全消极，或者公开叛变，我们相信革命继续发展下去，还有许多智识分子都有这个危险。"[②] 11月，中共中央临时政治局扩大会议通过了《最近组织问题的重要任务决议案》，指出："中国共产党组织上的主要缺点：一、有很大的政治意义的——就是本党领导干部并非工人，甚至于非贫农而是小资产阶级知识分子代表。"决议认为，这部分小资产阶级知识分子"仅仅受着最初一时期革命高潮的冲动，并未经过马克思列宁主义理论的锻炼，并不知道国际无产阶级运动的经验，并且是站在工人贫农的阶级斗争之外的，他们不但没有能改造（成）彻底的无产阶级革命家，反而将自己在政治上不坚定，不彻底，不坚决的态度，不善于组织的习性，以及其他种种非无产阶级的小资产阶级革命者所特有的习性，习气，成见，幻想，……带到中国共产党里来"[③]。此后，党内对机会主义的批判带有明显的唯成分论倾向，过分强调单纯工人成分的意义。如1928年中共六大提出了"指导机关工人化"及"创造党的无产阶级基础"的口号，号召党的各级组织，要积极地在工人之中征求党员，继续引进工人积极分子加入党的指导机关，务使指导机关工人化。应当说，

---

① 中央档案馆：《中共中央文件选集》第3册，中共中央党校出版社1989年版，第359页。

② 中央档案馆：《中共中央政治报告选辑（1927—1933）》，中共中央党校出版社1983年版，第9—10页。

③ 中央档案馆：《中共中央文件选集》第3册，中共中央党校出版社1989年版，第469—470页。

在大革命失败后的一段时间内，党在知识分子问题上出现了严重的"左"倾错误，一味排斥和打击知识分子，给党和革命事业带来了严重危害。

遵义会议后，中国共产党开始纠正知识分子问题上的"左"倾错误。1935年12月瓦窑堡会议通过的《目前政治形势与党的任务决议》指出：在"新的反日的民族革命高潮"中，"广大的小资产阶级群众与智识分子，现在又转入了革命"①。"中国工人阶级与农民，依然是中国革命的基本动力。广大的小资产阶级群众，革命的智识分子是民族革命中可靠的同盟者。"② 瓦窑堡会议的召开，标志着中国共产党逐步克服"左"倾冒险主义和关门主义的错误指导思想，在知识分子政策上开始有了重大调整。1939年12月，中共中央作出了《大量吸收知识分子》的决定，强调"全党同志必须认识，对于知识分子的正确的政策，是革命胜利的重要条件之一"，"在长期的和残酷的民族解放战争中，在建立新中国的伟大斗争中，共产党必须善于吸收知识分子，才能组织伟大的抗战力量，组织千百万农民群众，发展革命的文化运动和发展革命的统一战线。没有知识分子的参加，革命的胜利是不可能的"③。在做好大量吸收知识分子工作的同时，中国共产党十分信任和尊重知识分子，实行对知识分子放手使用和大胆提拔的政策。1940年12月，毛泽东在为中共中央起草的对党内的指示中指出："应容许资产阶级自由主义的教育家、文化人、记者、学者、技术家来根据地和我们合作，办学、办报、做事。应吸收一切较有抗日积极性的知识分子进我们办的学校，加以短期训练，令其参加军队工作、政府工作和社会工作；应该放手地吸收、放手地任用和放手地提拔他们。"④ 1941年4月，中央军委发出的《关于军队中吸收和对待专门家的政策指示》中强调指出：对于军事家、工程师、技师和医生等专门家，应该"一律以他们的专门学识为标准，给以充分的责任工作，如工厂厂长、医院院长等等，而不是以他们的政治认识为标准，对他们应有充

---

① 中央档案馆：《中共中央文件选集》第10册，中共中央党校出版社1991年版，第601页。
② 同上书，第605页。
③ 《毛泽东选集》第2卷，人民出版社1991年版，第618、620页。
④ 同上书，第768页。

分的信任"①。正是在党中央大胆提拔和放手使用知识分子干部的方针政策指导下，大批德才兼备的知识分子走上了党军政各级领导岗位，为抗日战争的胜利奠定了坚实的基础。

解放战争时期，中国共产党延续了抗战以来的知识分子政策。1946年5月4日，在刘少奇起草的《关于土地问题》的指示中提出了"对一切可能团结的知识分子，必须极力争取，给以学习和工作机会"。1948年1月，毛泽东在《关于目前党的政策中的几个重要问题》中指出："对于学生、教员、教授、科学工作者、艺术工作者和一般知识分子，必须避免采取任何冒险政策。中国学生运动和革命斗争的经验证明，学生、教员、教授、科学工作者、艺术工作者和一般知识分子的绝大多数，是可以参加革命或者保持中立的，坚决的反革命分子只占极少数。因此，我党对于学生、教员、教授、科学工作者、艺术工作者和一般知识分子，必须采取慎重态度。必须分别情况，加以团结、教育和任用，只对其中极少数坚决的反革命分子，才经过群众路线予以适当的处置。"② 应当说，"团结、教育、任用"这六个字，是对当时的知识分子政策的概括。

此后，随着解放战争的节节胜利，中国共产党加大了对知识分子的争取和保护力度。1948年7月，中共中央宣传部《关于新收复城市大学办学方针的指示》中指出："收复城市后对于原有大学的方针，应是维持原校加以必要与可能的改良……维持原校的好处是学校可以很快办起来，不致过久中断，高级知识分子可以安心，便于争取，这些高级知识分子是国家的重要财富之一。"③ 同时，中共中央也制定了争取国民党军官中的知识分子的政策，规定"首先注意吸收在军事上有较高的学识，可在我军事教育岗位上服务，且在群众中有一定影响，政治上真正愿向我靠拢者，应加以适当教育，分配适当工作"。另外，对于"确有专门的军事技术为我军建设上所必须者，如炮兵、工兵、战车、航空、海军、医务、电讯等人才，即使在社会上没有什么名望，只要政治上不

---

① 中央档案馆：《中共中央文件选集》第13册，中共中央党校出版社1991年版，第84页。

② 《毛泽东选集》第4卷，人民出版社1991年版，第1269—1270页。

③ 中央档案馆：《中共中央文件选集》第17册，中共中央党校出版社1992年版，第240页。

是反动分子，即应吸收他们参加工作"①。1949 年 1 月，《中共中央关于对待民主人士的指示》明确指出："我党对待民主人士的方针应该是彻底坦白与诚恳的态度，向他们解释政治的及有关党的政策的一切问题，积极地教育与争取他们。"同年 4 月，《中国人民解放军布告》规定："保护一切公私学校、医院、文化教育机关、体育场所，和其他一切公益事业。凡在这些机关供职的人员，均望照常供职，人民解放军一律保护，不受侵犯。"② 中国共产党对知识分子实行"团结、教育、任用、保护"政策，对正在追求民主、解放的青年学生和广大知识界人士无疑是极大的鼓舞和鞭策。这些政策对促进广大知识分子向中共靠拢，并以积极的态度迎接新生政权发挥了重要作用。

二　新中国成立前后知识分子的心理态势

中华人民共和国的成立使中国社会发生了翻天覆地的变化。国家的统一和独立，这是鸦片战争以来绝大多数知识分子梦寐以求的愿望，也是知识分子主体意识转换的大前提。这一时期，绝大多数知识分子对新政权是拥护和期待的，但也有人经历了由犹豫、彷徨到普遍认同的转变过程。

（一）对新政权的拥护和期待心态

1949 年 2 月 3 日，北京各大学的教授们，冒着刺骨的寒风，举着小旗，同欣喜若狂的工人、市民一起，到前门欢迎列队入城的解放军。在沸腾的人群里，有许多来自北大、清华、燕京、辅仁等著名大学的教授，如费孝通、钱伟长、张奚若、雷洁琼、周建人、胡愈之、吴晗等人的身影。1948 年当选的"国立"中央研究院第一届院士共 81 人，留在大陆或新中国成立初期回到大陆的有 60 人，占院士总数的 74% 。在新旧社会更替的历史转折点上，知识分子集团的上层终于和它的中下层汇集到一起，选择了共产党。大凡从"旧社会"走过来的人，大多渴望过上安定、幸福的生活，多年来的梦想终于得以实现，他们带着激动而又兴奋的心情来迎接新的开始。③

---

① 中央档案馆：《中共中央文件选集》第 18 册，中共中央党校出版社 1992 年版，第 143 页。

② 《毛泽东选集》第 4 卷，人民出版社 1991 年版，第 1458 页。

③ 刘明明：《中国知识分子在建国初期思想改造运动前后之主动转变及原因》，《社会科学论坛》2010 年第 6 期。

旧时的知识分子亲身体验了在帝国主义侵略和国民党反动统治下，国家和民族遭受的灾难，中国人民蒙受的屈辱，他们或号呼奔走，或参加革命，期冀国家统一和民族独立。因而当新政权建立后，由于怀着对新中国的期望和向往，他们自然欢欣鼓舞。这正如季羡林所说的："多数的旧知识分子都是爱国的，他们渴望自己的国家强盛起来。这种希望在过去一直没能实现。然而今天……毛主席说:'占人类总数四分之一的中国人从此站立起来了'……对知识分子来说，这是一件了不起的大事情。"①

出于对反动腐败的国民党政权的彻底失望，以及对新中国的期许，更出于浓浓的爱国主义情怀，许多知识分子毅然选择留在国内，迎接新生政权。

据著名作家绿原回忆:"1949 年全中国的解放，人民共和国的成立，在广大知识分子身上，包括胡风和他的朋友们在内，激起了热烈、诚挚而持久的感情反应。不像十月革命后俄国同行们纷纷逃往国外，也不像少数国内同行跟着蒋介石的残兵败将撤退到台湾，更不像几十年后所谓'知识精英'，一有风吹草动，就往美国大使馆跑，他们一个个当时不但兴高采烈、欢欣鼓舞地迎接人民解放军进城，还努力寻找机会参加适当的革命工作或者进革命大学学习，积极靠拢新政权。"②

1949 年 6 月，郭沫若在新政治协商会议筹备会上用诗一般的语言抒发了他的感情:我感觉着，今天的新政协筹备会的开幕，正好像在黑暗中，苦斗着的太阳，经过了漫漫长夜的绞心沥血的努力，终于吐着万丈光芒，以雷霆的步伐，冒出地平线上来了。我不能不以满怀的热诚，庆贺这新生的太阳出土。我更不能不以满怀的热诚，庆贺这新生的太阳永远上升，永远不会下降。③

就在北平解放前几天，清华大学教授浦江清在家杀鸡请客，客人有朱自清夫人等。"大家说这一席也许可以永为纪念，并且希望今夜睡一个好觉，到明天醒来，局面已经完全改变，没有战争，而我们已被解放

① 季羡林:《我对知识分子问题的一些看法》,《人民日报》1956 年 1 月 13 日。
② 绿原:《我亲历的文坛往事·忆大事》,人民文学出版社 2004 年版，第 393 页。
③ 杨建新、石光树、袁廷华:《五星红旗从这里升起》,文史资料出版社 1984 年版，第256 页。

了。"对共产党的到来，他们在心底里表示欢迎。① 新中国的成立给他带来了无比的欢欣，他破例写下七言长歌一首，其中有"故都今日作新京"、"西山爽气胡来异"等诗句。他"开始怀着小学生般的热忱"学习马列主义经典著作和毛泽东的著作。②

齐白石本来是个不问政治的人，但多年来，由于身受北洋军阀、日本鬼子和国民党反动派的欺压和敲诈，一直盼望着有太平盛世、政治清明的一天。他听徐悲鸿说北平要和平解放，就日夜盼望着这一天的到来。过去，他被人欺侮惯了，为了保住自己的财产，他把一些金条装在一个袋子里，藏在一个大木箱中，在动乱的年月，他怕这些东西被人偷去，睡觉时便背在身上，直到听说北平要和平解放，他才把袋子卸下，藏进箱底。

还有一些新中国成立时尚在国外的知识分子，当得知新中国成立后备感欢欣鼓舞，纷纷起程回国。据中央教育部统计，截至 1950 年 8 月 30 日，尚在国外的留学生有 5541 人，其中美国有 3500 人，日本有 1200 人，英国有 1443 人。1950—1953 年，约有 2000 名留学生回到祖国，③ 成为发展新中国科技事业的骨干力量。原中研院院士李四光、华罗庚、赵忠尧和著名作家老舍、著名科学家钱学森是这个群体的杰出代表。

地质学家李四光偕夫人许淑彬于 1948 年 2 月赴伦敦参加第 18 届国际地质学会。1949 年 9 月 21 日，中国人民政治协商会议在北平开幕时，李四光被列入政协会议代表名单。正当李四光急着返国时，国民党驻英大使郑天锡接到国民党外交部的密令，要李四光公开发表声明，拒绝接受全国政协委员的职务，不然就有被扣留的危险。但李四光当机立断，从普利茅斯渡过英伦海峡，到达法国，辗转经意大利、香港回到祖国。回想起往日的艰难岁月，那时，社会的黑暗，战争的煎熬，他的心情是多么的郁闷；后来虽然抗战胜利了，顽固派又要打内战，自己想去解放区不能，却跑到了伦敦等待解放。在这样的心情下，当听到东北解

---

① 傅国涌：《1949 年：中国知识分子的私人记录》，长江文艺出版社 2005 年版，第 264 页。

② 同上书，第 262 页。

③ 于凤政：《改造——1949—1957 年的知识分子》，河南人民出版社 2001 年版，第 10 页。

放、平津解放、南京解放……喜讯不断传来的时刻，哪能不激动？而今天回到了新中国，新中国的人民政府正在等候李四光去首都北京，为新中国贡献出自己的力量，这正是他一生最大的幸福和愿望，想到这些，怎能不愉快呢？①

1950 年 2 月，华罗庚抛弃了在美国的财物，登上一艘邮轮归国。在回国途中，华罗庚发出《致中国全体留学生的公开信》，信中说："朋友们！梁园虽好，非久居之乡。归去来兮！""……为了抉择真理，我们应当回去；为了国家民族，我们应当回去；为了为人民服务，我们也应当回去；就是为了个人出路，也应当早日回去，建立我们工作的基础，为我们伟大祖国的建设和发展而奋斗！"② 这些话，绝不仅仅是华罗庚的个人心声，同时也是当时归国知识分子的共同心态。

另据何炳棣晚年回忆，著名历史学家丁则良于 1949 年秋冬之际在伦敦大学给他寄了最后一封信，"内中非常激动地说，英国费边（Fabian）式社会主义福利国家无光无热，就要建国的新政权有光有热，他已急不能待，放弃论文，马上就要回国报效了"③。清华大学政治系研究生罗应荣 1950 年正在美国留学，他的两篇研究班论文皆获 A⁺⁺ 殊荣，博士学位半年至 10 个月可望完成。但当他一听说韩战爆发，立即买了船票回国以图报效。④

新中国成立之前，摆在这些知识分子面前至少还有两条道路可以选择：一是随国民政府迁往台湾，继续从事他们的科学研究和教学工作；二是选择去国外或继续留在国外从事他们的工作。"如果他们愿意去那里工作，外国政府是欢迎他们的，要谋取工作条件优越，工资待遇优厚的职位是完全可能的。"⑤ 那么，是什么力量促使知识分子留下来迎接新中国的诞生？

一是对国民党政府的不满。国民党的独裁统治和政权腐败，使许多知识分子深感失望，因此，当蒋介石败退台湾之前，虽然制订了"抢救大陆学人"计划，但怀着对国民党的反感，多数知识分子并未追随蒋介

---

① 陈群、张祥光：《李四光传》，人民出版社 1984 年版，第 180—181、188 页。
② 王元：《华罗庚》，江西教育出版社 1999 年版，第 158 页。
③ 何炳棣：《读史阅世六十年》，广西师范大学出版社 2005 年版，第 188 页。
④ 同上书，第 179 页。
⑤ 隗瀛涛：《中国知识分子的历史道路》，四川教育出版社 1989 年版，第 242 页。

石，而是选择留下来。如著名语言学家丁声树，南京解放前在中央研究院历史语言研究所工作。有一天，所长傅斯年请丁声树到自己的办公室，又一次要丁跟他一起到台湾，"我哪也不去"，丁声树坚定地说。傅斯年带着威胁的口气问："你有什么政治主张？和共产党有无联系？"丁声树说："我没有什么政治主张，和共产党也无联系。我只知道国民党的腐政已达极点。共产党怎么样，我不了解，总不会比国民党更坏吧，没有什么可怕的。"①

二是拳拳的爱国之情。中国的知识分子有源远流长的爱国主义传统，正是在爱国主义精神感召下，当被凌辱百年的中国人民重新站起来的时候，知识分子心中蕴藏的爱国情感一下子释放出来。如生长在苏门答腊一个富有华侨家庭的青年学生邓云，当无线电波传来的开国大典所奏起的《义勇军进行曲》的雄壮旋律时，两行热泪从邓云的眼眶奔涌而出，他想到了新的祖国，百废待兴，正是需人之际，"红的心，热的血，浑身上下使不完的力气，不献给祖国献给谁呢？理想、抱负、孜孜不倦的追求，只有在天高地广的祖国才可以任其驰骋"。邓云并不是不知道祖国还有许多困难，回国后的生活将会十分艰苦。但是，他想到的不是舒适享乐，不是金钱、汽车、洋楼，而是"当祖国贫穷的时候，一个人在外面享受安乐，他的良心何在？"他说："祖国需要我，我更需要祖国。"②

三是对共产党政策有些了解，觉得留在国内或回归祖国总归会有用武之地。如浙江大学有一位教授说："因为听到一点共产党的风声，我的希望寄托在共产党。我始终认为，一个中国的知识分子，第一，必须爱国，要为中华民族、为中国人民献出自己，尽管到美国去会得到舒服的生活环境，良好的研究条件，但我宁愿留在艰苦中等待解放。"另据北美基督教中国学生会陈一鸣等人回忆，1949年4、5月，南京、上海相继解放，一个人民的新中国诞生在望。6月12日至18日在东部新泽西召开的夏令会，和以后在芝加哥邓肯营召开的有144人与会的夏令会，都以"我们对新中国的信念与行动"为会议的主题。参加者热烈交流了国内情况，研讨今后的方向。普遍反映了这样的信念：新政府和

① 隗瀛涛：《中国知识分子的历史道路》，四川教育出版社1989年版，第241页。
② 同上书，第293页。

反动政府相反,是代表人民和为人民服务的进步的政府,我们回去是学有所用的。①

四是对故土的留恋。如梁漱溟从来没有想过要离开中国,他说:"虽有人来请我去香港,但我主意已定,不论国共两党胜负如何,我作为一个生于斯、长于斯,并自问为中国的前途操过心、出过力的炎黄子孙,有什么理由跑到香港去呢?"②

由上可见,当知识分子在决定留下来或回国为新中国服务的时候,他们或是对党的政策有些许了解;或是对国民党的腐败厌恶之至;或是对祖国怀着浓郁和炽热的爱。

(二) 对共产党和新政权的疑虑和抵触情绪

知识分子希望自己作为一种相对独立的理性批判力量,与现实的政权保持一定的距离,保持独立的学术批判人格。他们中的极少数人虽然对国民党的腐败堕落感到失望和绝望,但"对共产党并不了解,对共产主义也不见得那么向往"③。他们在新中国成立后选择留在大陆,是"表明自己对国民党已经失望,但并不表示自己欢迎共产党",对共产党政治、思想上的集权管理模式,意识形态方面的政治需要支配学术问题的方式,有疑虑或抵触情绪。

陈寅恪一生淡泊政治,只唯学术。新中国成立后,他以"野老"自居,以"屈子"自况,与政治保持很远的距离。1950 年 2 月,陈寅恪在一首诗中写道:"绛都赤县满兵尘,岭表犹能寄此身。……千里报书唯一语,白头愁对柳条新。"④ 一个"愁"字说明了他还没有融入新政权中。

冯友兰谈到新中国成立之初自己的这种心态。他说:"(一) 我认为,我是中国人,人民政府是中国政府,我当然服从,但我不是共产党,党与我没有直接联系。(二) 我既然服从人民政府,当然跟台湾断绝关系,但是不骂台湾,'君子之交,不出恶声'。"⑤ 在这种心态的支

---

① 全国政协暨北京上海天津福建政协文史资料委员会:《建国初期留学生归国纪事》,中国文史出版社 1999 年版,第 23 页。

② 傅国涌:《1949 年:中国知识分子的私人记录》,长江文艺出版社 2005 年版,第 159 页。

③ 季羡林:《我的心是一面镜子》,《东方》1994 年第 5 期。

④ 《吴宓诗集》,商务印书馆 2004 年版,第 452 页。

⑤ 蔡仲德:《冯友兰先生年谱初编》,河南人民出版社 1994 年版,第 350 页。

配下，冯友兰在新中国成立后的几个月中，"一直没有公开表态，说我拥护共产党，毛主席"①。

（三）对共产党和新政权由踌躇彷徨到普遍认同

新中国成立前后，由于一些知识分子对新政权缺乏了解，加之国民党对共产党的错误宣传，他们的心情自然是犹豫踌躇，彷徨迷茫。旧中国的知识分子热切地向往一个新社会，但是，民国以来，他们看多了政局变幻、官场腐败、经济破产和种种欺骗，"共产党怎样呢？除了极少数的先知先觉者以外，对绝大多数的人来说，还是一个谜"②。"几乎每个人脑中都有一个问号，这问号包含了许多具体的疑问：从山沟里走出来的共产党能将国家治理好，让中国强大起来吗？共产党真能让人民当家做主吗？共产党执政以后会不会同国民党一样堕落腐败？……这些疑虑真实地反映了当时一些知识分子的正常心态。因为这些从旧社会过来的知识分子，一方面感到黑暗已过去，新中国已成立，用十分欢快的心情迎接灿烂的黎明；但另一方面他们又对共产党及其知识分子政策不太了解，存在种种疑虑。"③

1949 年 8 月 24 日，张元济从陈叔通信中得知自己被列为即将召开的新政协会议代表时，他马上回信谢绝了。"实有难于应召之处"的理由有五条之多，他"再四踌躇"，恳请陈叔通"善为我辞"。④两天后，上海市政府交际处处长梅达君带着上海市市长陈毅、副市长潘汉年的慰问信登门拜访，请他北上参加政权会议，张元济再次谢绝。他在给陈毅、潘汉年的信中这样说："元济樗栎庸材，涓埃莫效，仰蒙宠召，无任悚惭。迨届衰年，时时触发旧疾，惮于远行……际此残暑，孑身远行，殊感不便。故一时行止尚难决定。"⑤从信中可见，张元济的口气虽有松动，但还在观望犹豫之中。

潘序伦谢绝政府职务邀请时的心情也是犹豫和彷徨的。他认为"担任人民政府的公职，必将使我十分为难。因为必须在表态的场合，用进

①　蔡仲德：《冯友兰先生年谱初编》，河南人民出版社 1994 年版，第 350 页。
②　季羡林：《朗润琐言》，人民日报出版社 2011 年版，第 25 页。
③　潘晔：《中国共产党知识分子政策的变迁与创新》，武汉理工大学出版社 2008 年版，第 100 页。
④　张树年、张人凤：《张元济书札》下册，商务印书馆 1997 年版，第 754 页。
⑤　同上书，第 857 页。

步的口吻来发言,有许多和自己同样处境的会骂我为投机分子,无耻之徒;用落后的口吻来表态,又担心要为自己招致不良后果。我虽没有出来为党工作,但还是关心祖国的会计事业,鼓励和推荐介绍了不少旧同事和学生,到政府机关和企事业单位任职"①。

梁漱溟在回忆新中国成立初期自己的言行思想时说,1950 年 3 月,毛泽东约梁漱溟在中南海颐年堂谈话,邀请梁参加政府的工作。梁有点沉吟,思索了一下答复说,"把我留在政府外边,不好吗?"梁漱溟说这话时有一定的用意,因为他不知道新政权的建立是否说明"中国的大局就能够统一、稳定下来","因为过去中国内战老打不完"②。

西北大学地理系教授夏开儒也有这种观望矛盾的心态:"等到中华人民共和国成立以后,我一方面焦虑,怕自己被祖国遗弃,将永远地漂泊在美国做一个'白华';另一方面又抱着观望的态度,看共产党是不是能把中国搞好,看政府是不是还用留学生。"③

应当说,一些知识分子对共产党及其政权的踌躇和疑虑,并不是拒绝进步,而是在观察共产党能否执好政,是否会如国民党一样走向反动。然而,当"新社会里一切是那么的生机盎然,充满活力,社会风气清新,道德水平大增"④,这些知识分子的心态改变了。这正如季羡林后来回忆的:"解放初期,政治清明,一团朝气,许多措施深得人心。旧社会留下的许多污泥浊水,荡涤一清。我们都觉得从此河清有日,幸福来到了人间。"⑤ 由此,他们对中共和新政权才普感认同。

梁漱溟在国庆一周年时撰文说:"自到京那一天,直到现在,我都在观察、体会、领略这开国气象。尤其是从四月初间到最近九月半,我参观访问了山东、平原、河南各省和东北各省地方,亲眼看见许多新气象,使我不由暗自点头承认:这确是一新中国的开始!"当梁漱溟走到各处看见人们都在各自的岗位上"很起劲地干,乃至彼此互相鼓励着

---

① 潘序伦:《潘序伦回忆录》,中国财政经济出版社 1986 年版,第 51—52 页。

② [美]艾恺采访,梁漱溟口述:《这个世界会好吗:梁漱溟晚年口述》,东方出版中心 2006 年版,第 82 页。

③ 崔晓麟:《重新与思考:1951 年前后高校知识分子思想改造运动研究》,中共党史出版社 2005 年版,第 40 页。

④ 刘明明:《中国知识分子在建国初期思想改造运动前后之主动转变及原因》,《社会科学论坛》2010 年第 6 期。

⑤ 季羡林:《牛棚杂忆》,中共中央党校出版社 2005 年版,第 203 页。

干，有组织配合地干。大家心思聪明都用在正经地方"。他由衷地对共产党感到佩服："共产党大心大愿，会组织，有办法，这是人都晓得的。但我发现他们的不同处，是话不一定拣好的说，事情却能拣好的做。'言不由衷'的那种死症，在他们比较少。他们不要假面子，而想干真事儿。所以不护短，不掩饰，错了就改。有痛有痒，好恶真切，这便是唯一生机所在。从这一点生机扩大起来，就有今天广大局面中的新鲜活气，并将以开出今后无尽的前途。"①

1950 年 11 月，著名画家徐悲鸿致信好友陈西滢，劝说他早点回国。徐悲鸿在信中表达了自己对新政权的看法："解放以来，不通音讯已经一年。弟因曾无违反人民之迹，得留职至今。去年曾被派参加保卫世界和平大会，原想得晤足下及在欧友好，未能进入巴黎，在捷会后即归，不及两月。""兄等须早计，留外终非久法。弟素不喜政治，惟觉此时之政治，事事为人民着想，与以前及各民主国不同。一切问题尽量协商，至人人同意为止。故开会时决无争执，营私舞弊之事绝迹。弟想今后五年必能使中国改观，入富强康乐之途。兄等倘不计，尔时必惆怅无已。"② 从美国归来的老舍在给美国友人的信中也说："北京现在很好，通货膨胀已经过去，人人都感到欢欣鼓舞，食物也充足，人们开始爱新政府了。""对于新中国，有许许多多的事情可以说，总的可以归结为一句话：政府好。"③

应当说，知识分子对共产党和新政权态度的转变，主要有四个方面的原因：

一是新中国成立后社会面貌的变化给了知识分子极大震动。1949 年 3 月，叶圣陶与 27 位民主人士由香港北上，沿途所见所闻，感触良深。他在《北上日记》中记载：在中共华东局党政机关所在地潍县，他"听吴仲超君谈收藏保管文物之情形，头头是道，至为心折"，知"诬共产党往往谓不要旧文化，安知其胜于笃旧文人多多耶"。"即以招待客人而言，秩序以有计划而井然。侍应员之服务关切而周到，亦非以往所能想象。若在腐败环境之中，招待客人即为作弊自肥之好机会，决不能使客

---

① 梁漱溟：《国庆日的一篇老实话》，《人民日报》1950 年 10 月 2 日。
② 转引自李刚《建国初期知识分子的心态》，《徐州师范大学学报》2007 年第 4 期。
③ 《老舍给美国友人的信》，《十月》1988 年第 4 期。

人心感至此也。""来解放区后，始见具有伟大力量之人民，始见尽职奉公之军人与官吏。""无官僚风，初入解放区，即觉印象甚佳。"①

1949年5月初，著名的剧作家、后任上海戏剧学校校长的顾仲彝由上海赴北平出席第一次全国文代会。他在解放区待了一个半月，对共产党的干部赞叹不已。他说：中共各级干部们，给我不可磨灭的印象是热情诚恳，吃苦耐劳，谦虚坦白，坚定乐观。他们穿不大合身的军装，长头发，满腮胡子，大的用草绳缚住的破布鞋，起先给我一种很奇怪而不舒服的感觉，但看惯了，反倒使我油然起敬，肃然羡慕。他们朴素简单的外容正象征着新中国必须从艰苦中建立起来，自力更生，而笔挺的西服和时髦的女装正代表着帝国主义的物质引诱和买办阶级的遗留毒素，而起厌恶之心了。我们老在蒋管区和上等绅士们接触惯了的，初看他们衣不整貌不扬的就发生一种错觉，以为他们真是田沟里来的老粗，但听他们一开口，事理清楚，层次分明，思虑周到，眼光远大，不禁吓了我一跳；尤其一班年轻男女，看样子好像刚认得几斗大字，但听他们说话，其老练与熟谙人情世事，真叫我们咋舌不止。但他们并不骄傲，他们仍然虚心求教，勤劳学习。有时问起他们的待遇，更使我惊奇不已，他们每月所领的钱，只够我们在香港吃一顿点心。他们出门坐不起三轮，有朋友来请不起客，一切的享受跟他们无缘，但他们是很少抱怨的，即有，也给工作的热情和人民大众的利益的想法一下子冲得无影无踪了。②

朱光潜承认，新中国成立前他对共产党的主张与作风的认识"极端模糊隐约"，一向受到国民党恶意宣传的蒙蔽。然而，新中国成立后他的思想迅速地起了变化。他说：自从北京解放以后，我才开始了解了共产党。首先使我感动的是共产党干部的刻苦耐劳，认真做事的作风，谦虚谨慎的态度，真正为人民服务的热忱，以及迎头克服困难的那种大无畏的精神。我才恍然大悟，从前所听到的共产党满不是那么一回事。从国民党的作风到共产党的作风，简直是由黑暗到光明，真正是换了一个世界。这里不再有因循敷衍，贪污腐败，骄奢淫逸，以及种种假公济私卖国便己的罪行。任何人都会感觉到这是一种新兴的气象。从辛亥革命

① 叶圣陶：《北上日记》，《人民文学》1981年第7期。
② 顾仲彝：《到解放区后我学习到了些什么?》，《光明日报》1949年7月2日。

以来，我们绕了许多弯子，总是希望以后失望，现在我们才算是走上大路，得到生机。①

　　新中国成立前，萧乾没在镰刀斧头旗帜下生活过。当他从香港动身赴北平时，发函给所有的朋友，嘱咐别再跟他通信，包括贺年片也别寄。在红色政权下将如何服从政治、怎样生活，他心里七上八下地没有底。当他和家人回到北平前门外西河沿亚洲饭店后，他很想和一道从香港来的年轻党员同桌吃饭。可是不成。他们安排萧乾一家坐到小灶席上，自己却到大灶上去啃窝头。这件事使萧乾心里老大不安，同时，又从这个差别中觉出一种精神：共产党人到底不同。"他们先人后己，礼贤下士，使我感到自己在受到重视。而且他们口口声声称我作'同志'，一点也不见外。"他在心中比较着，忍不住写下这样的诗句："我们没有见过别的国家，可以这样自由呼吸。……这儿的青年都有远大前程，这儿老人到处受到尊敬……"②

　　著名历史学家陈垣，在北平解放前夕断然拒绝国民党接他去南京的邀请，坚决留在北平，迎接解放。1949 年 5 月，他在给胡适的公开信中讲述了思想变化的历程。1948 年，陈垣曾与胡适交谈过几次，内容谈及北平的将来和中国的将来。胡适告诫陈垣："共产党来了，决无自由"，并且举克兰钦可的《我选择自由》一书为证。陈垣说："我以为你比我看得远，比我看得多，你这样对我说，必定有事实的根据，所以这个错误的思想，曾在我脑里起了很大的作用。但是我也曾亲眼看见大批的青年，都已走到解放区，又有多少青年，正在走向这条道路的时候，我想难道这许多青年——酷爱自由的青年们都不知道那里是'决无自由'的吗？况且又有好些旧朋友也在那里，于是你的话在我脑里开始起了疑问，我当时只觉得这问题有应该研究的必要。在北平解放的前夕，南京政府三番两次的用飞机来接，我想虽然你和寅恪先生已经走了，但是青年的学生们却用行动告诉了我，他们在等待着光明，他们在迎接着新的社会，我知道新生力量已经成长，正在摧毁着旧的社会制度，我没有理由离开北平，我要留下来和青年们一起看看这新的社会究

　　①　朱光潜：《自我检讨》，《人民日报》1949 年 11 月 27 日。
　　②　丁亚平：《水底的火焰——知识分子萧乾 1949—1999》，中国人民大学出版社 2010 年版，第 2—3 页。

竟是怎样的。""解放后的北平，来了新的军队，那是人民的军队；树立了新的政权，那是人民的政权；来了新的一切，一切都是属于人民的。我活了七十岁的年纪，现在才看到了真正人民的社会，在历史上从不曾有过的新的社会。经过了现实的教育，让我也接受了新的思想，我以前一直不曾知道过。你说'决无自由'吗？我现在亲眼看到人民在自由的生活着，青年学生们自由学习着、讨论着，教授们自由的研究着，要肯定的说，只有在这解放区里才有真正的自由。""现在我可以告诉你，我完全明白了，我留在北平完全是正确的。"①

由上可见，共产党人廉洁朴素的作风以及新中国成立后社会面貌的新变化，同国民党统治时期的腐败堕落与社会黑暗形成了鲜明的对照，给了知识分子最深刻的印象，从而使一些原本对共产党存有疑虑的知识分子，完全接受了共产党和新政权。

二是通过思想政治教育，使知识分子的思想发生了一定的转变。解放战争后期，随着胜利脚步的日渐临近，中国共产党将改造和培养知识分子的任务提上了日程。1948 年 7 月，中共中央在批转新华社负责人陈克寒"关于新区宣传工作与争取青年知识分子"的电报中指出："争取和改造知识分子，是我党重大的任务，为此，要办抗大式的训练班，逐批的对已有知识的青年施以短期的政治教育，要大规模地办，目的在争取大多数知识分子都受一次这样的训练，训练后，因才施用，派往各种工作岗位，再在实际工作中去锻炼。对于原有学校，要维持其存在，逐步加以必要与可能的改良。""所谓逐步加以必要与可能的改良，就是在开始时，只做可以做到的事，例如取消反动的政治课程，公民读本，及国民党的训导制度，其余一概仍旧，教员中只去掉极少数的反动的分子，其余一概争取继续工作，逃了的也要争取回来。"② 这个文件不但强调要"争取与改造知识分子"，而且确定了对知识分子进行政治训练的方针。

随着京津沪等大城市相继解放，全国普遍开展了知识分子政治学习教育活动。教育方式一般分为三种：一是举办短期的革命大学或专科训

---

① 陈垣:《给胡适之一封公开信》,《人民日报》1949 年 5 月 11 日。
② 中央档案馆:《中共中央文件选集》第 17 册, 中共中央党校出版社 1992 年版, 第 225—226 页。

练班（如华北人民革命大学、华东军政大学、西北人民革命大学等），
招收有志参加革命工作的各种知识分子，进行数月的短期政治思想教
育。二是举办暑假研究会讲习班等，集中大中小学教职员进行政治学
习。三是旧公务人员的训练班，多由接管单位按接管系统分别举办，如
华北人民政府所属 13 个单位的旧人员训练班、华东财经办事处知识分
子训练班等。其中以采用第一种方式训练的人数为最多，华北、华东、
西北三地共约 12 万人。学习的内容各地因情况不同，亦不完全一致。
一般以社会发展史为中心，结合讲解中国革命基本问题及时事政策等。
学习方法均采用理论与实际相结合的原则，具体做法一般是大课报告、
小组讨论、个人自学相互结合进行。小组中随时展开批评与自我批评，
以所学的新思想、新观点批判原有的旧思想、旧作风。

　　以北平高校为例，对学生的政治教育，以政治课为主，配合着暑期
青年学园，参加劳动，参观苏联建设图片展览和其他展览等课外活动，
使学生在思想上有很大的转变：（1）一般接受了"劳动创造世界"的
观点，认识了阶级斗争；（2）对中国革命基本问题、土地改革有了基
本的认识；（3）从怀疑共产党到相信共产党，一般认清了三敌四友；
（4）在国际阵线上多数能分清敌我，认识苏联是我们的朋友。对教员
的思想改造，则以自学为主，结合报告讨论，联系实际，初步运用了批
评与自我批评。暑期前，在教育局和教联的领导下，组织了 16 次时事
政策的大报告，并在各校普遍组织学习小组，学习讨论中国革命基本问
题和时事政策。暑期中，又组织了 5800 人的学习会，以历史唯物主义
为学习内容，着重解决劳动观点和阶级观点，使之初步建立革命的人生
观。暑期学习结束后，又组织了教员的各科业务学习会，以业务学习为
主，结合政治思想教育，以达到进一步提高教师政治水平的目的。

　　通过政治学习，许多青年学生和教师深受教育。如大中学生暑期学
习团学习了"学习态度和方法"、"劳动创造世界"、"阶级斗争"和
"革命人生观"后，都有了显著的进步。一分团六班的关振洁说："我
期望和平。但和平的幻想终于破灭了，我一直担心着中国的前途，觉得
很痛苦，无以自解。但当我学了社会发展史之后，认清了阶级社会里是
必定有阶级斗争，而且正是阶级斗争推动了阶级社会历史的发展。今
天，我认清了资产阶级建立在私产权上的自由与民主，是充分表现了剥
削阶级的无耻和卑鄙。"最后他激动地说："过去的错误，完全是受了

资产阶级社会科学理论的影响，经过了两个礼拜的学习，我被解放了。我衷心拥护马列主义，拥护共产党。"来自农村的冯明照，虽然表面上没有什么瞧不起农民，但骨子里却轻视劳动。因为自己是知识分子，受了国民党的影响，对政治不感兴趣，念大学，想做教授，觉得做教授很清高，可以脱离现实。听了几次报告，知道了一个人是不能脱离现实的，应该了解社会发展的规律，同时认清了不仅政治经济有阶级性，思想、道德都有阶级性，每一个人都有阶级立场，而阶级斗争也是客观存在的事实。[①]

这次政治学习活动对许多教育界和科学界人士也都有很大触动。朱光潜、冯友兰、费孝通、吴晗等人纷纷在报纸上发表文章检讨自己的思想。检讨的内容涉及个人的家庭背景、教育背景、政治历史、政治思想、人生观等许多方面，重点在政治层面，集中检查原来的自由主义知识分子中间广泛存在的"超阶级"、"超政治"思想，检讨作为这些思想之基础的个人主义的人生观。通过政治学习和检讨，初步清算了知识分子的优越感和超阶级思想，以及对美帝国主义的错误看法，初步建立了阶级观点和劳动观点，开始建立了为人民服务的人生观。

三是出于对共产党知识分子政策的感激。解放战争时期，随着人民解放战争的节节胜利，人民政府接管一切公私学校、医院、科研机构和文化教育机关等，接收了200多万知识分子。中国共产党对他们采取了一律"包下来"的政策，即"对于国民党的旧工作人员，只要有一技之长而不是反动有据或劣迹昭著的分子，一概予以维持，不要裁减。十分困难时，饭匀着吃，房子挤着住。已被裁减而生活无着者，收回成命，给以饭吃"[②]。根据这一政策，共产党对绝大多数知识分子都量才适用，给以适当的工作；对于著名的知识分子更是尽量使他们过上优裕的物质生活。1950年6月，毛泽东在七届三中全会上的讲话中指出："必须认真地进行对于失业工人和失业知识分子的救济工作，有步骤地帮助失业者就业"[③]，并把这项任务作为争取国家财政经济状况基本好转而必须做好的八项工作之一。1950年7月25日，周恩来发布《关于

---

① 周流:《巩固扩大学习成果　总结改造思想经验》,《人民日报》1949年8月4日。
② 《建国以来毛泽东文稿》第1册,中央文献出版社1987年版,第115页。
③ 《毛泽东文集》第6卷,人民出版社1999年版,第71页。

救济失业教师与处理学生失学问题的指示》，要求各省市人民政府除尽可能维持公立学校外，应积极维持各地城市中现有的私立学校；适当增加公立学校的人民助学金名额；尽可能举办中小学师资训练班，吸收失业的中小学教师；应在大城市举办各种短期训练班、补习班及夜校等，吸收大中学失业青年及知识分子入学；对失业知识分子进行登记。[①] 到1952年，失业的知识分子都重新获得了职业或得到安置，给他们安排了适当的工作，使得他们由为旧社会服务转到为新社会服务、为人民服务。

在政治上，党和政府也给予知识分子代表人物以应有的地位，这极大地调动了广大知识分子的积极性，使他们以饱满的爱国热情，投入到新中国的建设事业当中。

总之，通过"包下来"的政策，中共变成了知识分子最重要的衣食父母，很多知识分子对此心存感激，知遇之恩溢于言表。朱光潜曾担心过共产党把他关进监狱甚至砍头，他回忆道："我当过国民党的中央常委，这是尽人皆知的……北京解放，我呆在北大宿舍里怀着焦急的心情坐待处理。其实，并非如此，解放后，共产党不但让我留在北京任教，而且还给我很高的政治待遇和物质待遇……从此我逐渐向共产党靠拢。"[②]

四是参加土地改革，使知识分子的思想发生了重大变化。1949年年底至1951年年底，在毛泽东的直接倡导下，数十万知识分子作为土改工作队员，参加了土地改革运动。通过参加土地改革，知识分子们目睹了中国的落后，了解了封建制度的危害以及地主对农民的剥削程度之深，进而加深了对农民的感情，初步改变了自己看问题的立场、观点和方法。"过去我们对于研究工作，常从兴趣出发，以后应当从人民的需要出发，更加踊跃地投入人民的队伍，与人民齐一步伐，与人民的伟业打成一片。"[③] 北京大学医学院副院长吴朝仁在土地改革工作当中，访问了许多贫农、雇农，听了他们的诉苦，看到他们过着牛马生活，参加了十几次斗争会，看到了地主的顽固、狡猾和抵赖，"我才清楚地认识

---

① 马齐彬等：《中国共产党执政四十年》，中共党史资料出版社1989年版，第19—20页。

② 朱光潜：《朱光潜自传》，江苏文艺出版社1998年版，第218页。

③ 吴景超：《参加土改工作的心得》，《光明日报》1951年3月28日。

了地主对农民的残酷的剥削和压迫，以及他们在经济上、政治上的种种
罪恶。农民弟兄对地主斗争那么剧烈，敌我界线那么分明，这些都坚定
了我的革命立场，加强了我对地主阶级的仇恨和斗争意志。因此在情感
上我很容易地很自然地和农民结合起来。农民对我们是那么亲切、直
率、坦白。在街上，在田野中，在他们的家里农民都是亲热地招呼我
们。晚上，我们在村里开会到深夜回家时，农民自卫队总要送我们到镇
上才放心。这些阶级友爱的表现，十分感动我，增强了我的为人民服务
的意志"①。1950年底到1951年，贺麟先后在陕西的长安和江西的泰和
参加土改运动。土改过程中，他的思想和感情都发生了较大变化。1951
年4月2日，贺麟在《光明日报》发表《参加土改改变了我的思想》
一文。他说，过去以为唯心论注重思想，唯物论不重思想，现在看到共
产党的辩证唯物论也非常注重思想，一个坏干部犯错误，要找出思想上
的原因，而且做思想工作，要使人从思想上转变过来。他说，因参加土
改使他由比较趋于静观世界的超阶级的想法，改变为深入参加变革现实
的实践态度，并争取由变革现实的实践中以认识现实，改造自我，而使
自己靠拢人民，靠拢无产阶级。这是贺麟对辩证唯物论和唯心论的立场
和态度上的转变。

　　许多知识分子参加土地改革工作后，深感土地改革政策的正确，对
中国共产党和马克思主义有了更进一步的认识。如北京大学工学院院长
马大猷说："两年的工作和学习使我的思想有很大转变，尤其是参加土
地改革工作的经验，使我更加认识了人民政府一切政策的正确性，对阶
级立场、群众路线等也有了进一步的体会。"② 中央美术学院艾中信教
授说："在掀天动地的土改浪潮中，谁也不能视若无睹，充耳不闻，我
们或者是被诉苦所感动，引起了阶级仇恨；或者从清算封建剥削启发了
斗争情绪；或者看到了农民的高度觉悟而兴奋；或者从老干部的工作态
度——全心全意为人民服务的忘我精神，加深了对共产党的热爱。这一
切新的事物跑进我们的头脑里，挤走了旧的观念。"③ 北京大学教授朱
光潜说：从解放以来，我虽然从书报上学习了人民政府的一些政纲政策

---

　　① 吴朝仁:《土地改革教育了我》,《人民日报》1951年11月19日。
　　② 马大猷:《从我的思想谈到北京大学的工作　努力改造思想，做一个新中国的人民教
师》,《人民日报》1951年11月19日。
　　③ 《土地改革与思想改造》,《光明日报》1950年3月21日。

和实施的情形，约略知道中国确已翻身站起来了；但是我还没有机会，能直接看到某一级干部进行某一部门工作的内部真相，所以我对于新中国的认识究竟是片面的，肤浅的，模糊的。这次参观西北土地改革，我第一次有了机会接触到人民政府从中央以至乡村的各级干部，亲眼看到他们怎样进行土地改革这件大工作，我的模糊的认识于是具体化了，明确化了，从前听到的一些名词如"民主专政"，"群众路线"，"阶级立场"，"统一战线"之类，也有丰富的内容了。① 1950 年初，冯友兰参加了北京郊区的土地改革。尽管时间不长，但用他自己的话讲，"在我的一生中，是很有意义的"②。"在一个多月的工作中，我了解了一个哲学名词：'具体的共相。'这个名词是海德格尔哲学系统中的一个名词，表示辩证法中的一个要义，照我向来的习惯看，这一个名词是自相矛盾的。是共相就不可能是具体，是具体就不可能是共相。在土改工作划分阶级的时候，每一个与土地有关的人都给他一个阶级成分，或是地主，或是贫农等等。有些人是地主，可是每一个地主的特殊情形都不相同。有许多人是贫农，可是每一个贫农的特殊情形却不相同。这样看，每一个人，都是一个具体的共相。具体的共相，就是共相与具体的结合，也就是一般与个别的结合了。了解了这个名词，我开始了解我以前的哲学思想的偏差。马列主义注重共相与具体的结合，一般与个别的结合；而我以前的哲学思想，则注重共相与具体的分离，一般与个别的分离。这个启示，对于我有很大的重要性。"③

　　通过参加土地改革，知识分子深刻地认识了自身的缺点，因而都增加了改造自己的决心。如燕京大学历史系教授侯仁之说："在土地改革中我首先发现了自己的思想感情和劳动人民的思想感情是有着很大距离的。除非我能够从思想上把自己彻底加以改造，否则我就不可能很愉快地生活在今天的人民中国，更说不到全心全意为人民服务了。"④ 北大法律系教授汪宣说，土改"对于知识分子，实在是理想无比的思想改造的好机会，就我个人来说，它将是我思想改造过程中的里程碑"⑤。

----

① 朱光潜：《从参观西北土地改革认识新中国的伟大》，《人民日报》1951 年 3 月 27 日。
② 冯友兰：《三松堂全集》第 14 卷，河南人民出版社 2001 年版，第 403 页。
③ 同上书，第 407—408 页。
④ 楚序平、刘剑：《当代中国重大事件实录》，华龄出版社 1993 年版，第 496 页。
⑤ 汪宣：《我在土改工作中的体验》，《光明日报》1950 年 4 月 2 日。

　　可见，广大知识分子在土地改革中获得了马克思主义的阶级观点、群众观点和劳动观点，加深了对工农群众和执政党的感情，并开始初步树立了为人民服务的思想。用他们自己的话说是"从井底跳出，看了一次大世面"，"深刻体会到阶级立场和为人民服务的观点是改造社会的先决条件"①。

　　（四）自责和愧疚的心态

　　自责和愧疚心态是知识分子把自己和外部世界变化进行比较的结果。与来自解放区的革命知识分子相比，来自统区的知识分子因为过去的思想和行为而深感自责和愧疚。在思想改造运动前，就有许多知识分子开始自我检讨，向共产党表态，站到人民的队伍中来。然而一些学者尤其是海外的一些学者认为，这些知识分子之所以认同和接受共产党和新政权，接受马克思主义，是迫于外在的压力而采取了"迎合当局"的实用主义态度。不可否认，当时的确有些人如此，但这并不都是事实，真心自责和检讨的人还是占多数。那么是什么原因造成了知识分子的自我反省呢？

　　一是因未曾给共产党和新政权做出过贡献而不安。如季羡林回忆自己在解放初的这种心理时说："反观自己，觉得百无是处。我从内心深处认为自己是一个地地道道的'摘桃派'。中国人民站起来了，自己也跟着挺直了腰板。……我享受着'解放'的幸福，然而我干了什么事呢？我做出了什么贡献呢？我确实没有当汉奸，也没有加入国民党，没有屈服德国法西斯。但是，当中华民族的优秀儿女把脑袋挂在裤腰带上，浴血奋战，壮烈牺牲的时候，我却躲在万里之外的异邦，在追求自己的名利事业。天下可耻事宁有过于此者乎？我觉得无比地羞耻。连我那一点所谓学问——如果真正有的话——也是极端可耻的。""我左思右想，沉痛内疚，觉得自己有罪，觉得知识分子真是不干净。我仿佛变成了一个基督徒，深信'原罪'的说法。""就这样，我背着沉重的'原罪'的十字架，随时准备深挖自己思想，改造自己的资产阶级思想，真正树立无产阶级思想。"② 著名进步文化人士许杰也说：虽然过去自己的存在可能会使国民党感到不快，但"我没有什么成绩贡献给人民政府

---

　　① 金善宝：《从土地改革谈到卫生事业》，《光明日报》1951年9月15日。
　　② 季羡林：《牛棚杂忆》，中共中央党校出版社2005年版，第203—204页。

与人民文化，我这多少年来只是为着生活，躲在蒋管区下面，畏首畏尾地活着，真是太对不起那些为人民解放事业而吃苦、流血、流汗的同志们"①。

二是受党的知识分子政策的感化。旧时知识分子的境遇并不是很好。学者许纪霖曾这样描述新中国成立前知识分子的生活状态：20 世纪 40 年代以后通货膨胀就更厉害了。知识分子一沦为赤贫，就开始和国民政府离心离德。堂堂大教授闻一多，不仅要到中学兼课，还要自己刻图章来赚一点零花钱。抗战胜利以后，他们的生活不仅没有改善，到了后来还要靠美国面粉来救济。像朱自清这些有民族骨气的知识分子，对蒋介石很不满，就不去领美国救济粮。打内战打到这种程度，最后只能靠人家的洋面粉，这是国耻。后来这么多知识分子倒向新政权，和国民党"烂掉"也有关系。② 而中共对知识分子采取"包下来"的政策，不仅解除了他们生活上的困难，而且给予一定的政治地位。新旧政权下境遇的比照，使得他们自然地对过去自己的思想和行为感到愧疚。著名作家沈从文写信给香港的侄儿黄永玉，希望他回大陆工作，并告之："我当重新思考和整顿个人不足惜之足迹，以谋崭新出路。我现在历史博物馆工作，每日上千种文物过手，每日用毛笔写数百标签说明，亦算为人民小作贡献……我得想象不到之好工作条件，甚欢慰，只望自己体力能支持，不忽然倒下，则尚有数十万种文物可以过目过手。"③

三是受新中国成立后翻天覆地的变化之影响。1951 年 6 月 30 日，冯友兰在《光明日报》上发表《共产党领导下的新中国底奇绩》一文，描述了新中国成立后的巨大变化：新中国成立虽然还不到两年，但做了很多大事，"在朝鲜我们的志愿军打败了自命为世界第一强国的美帝国主义者底号称最精锐的部队。西藏回到了我们的民族大家庭。几百万人治淮，从根本上解决多少年来的水灾旱灾问题。在中国过去历史上，与此相类的事，只要有一件，就算'丰功伟烈''惊天动地'的了。在中国历史上，只要有一件与此相类的事，就会弄到'民不聊生'。可是我们现在呢？各种的大事同时进行，而公私事业，又是一天一天地繁荣；

① 许杰：《光荣、欣幸和惭愧》，《文汇报》1949 年 6 月 21 日。
② 许纪霖：《60 年来知识分子的命运沉浮》，http：//news. qq. com/a/20090918/001036. htm。
③ 黄永玉：《比我老的老头》，作家出版社 2003 年版，第 82 页。

人民的生活，也是一天一天地提高"①。正因为许多知识分子"亲眼看到共产党在建国上种种成功，往昔我的见解多已站不住脚，乃始生极大惭愧心，检讨自己错误所在，而后恍然中共之所以对"②。

第二节　思想改造运动与知识分子的心理嬗变

一　思想改造运动的发动

新中国成立初期，知识分子处于一个比较特殊的阶层。他们从半殖民地半封建的旧中国走过来，对积贫积弱的旧中国受帝国主义压迫深有体会，对自身受到帝国主义、封建主义和官僚资本主义的压迫深感痛苦，同时也对蒋介石政权统治深为不满，具有一定的革命性。他们中的绝大多数是爱国的，对于新中国寄予莫大的希望。全国解放以后，大多数学有所成的知识分子不愿跟随国民党反动派逃亡而留在大陆迎接解放；有的在中国共产党的帮助下，经过香港转移到解放区；还有以李四光、老舍为代表的知识分子，克服了重重阻力，毅然回国参加建设。应当说，新中国的成立，让他们看到了实现国家富强的希望，他们愿意在中国共产党的领导下为民族的振兴贡献力量。然而，由于长期生活在旧社会，他们的思想意识不可避免地带有旧社会的痕迹。如有的人以清高超脱自居，存在着超阶级超政治的观点；有的人存在着为了学术而做学术；有的人盲目崇拜西方资本主义制度，存在着深厚的崇美、亲美、唯美的思想；有的人还对中国共产党、人民政府存在着某些偏见和疑虑，对党制定的方针、政策表示不理解，持怀疑、观望的态度，留恋资本主义或封建主义的东西；有的人轻视劳动人民，看不到劳动群众的伟大力量，看不起工农出身的革命干部；还有的人存在着严重的个人主义倾向，一切从个人利益和个人兴趣出发，患得患失。正如南开大学校务委员会主席杨石先所说：凡是有成就或有声誉的人，常常摆架子，耍脾气，提出甚苛要求，"事不关己，高高挂起，事如关己，坚持到底"③。这些不正确的思想观念，与新体制下的社会主义革命和建设事业格格不

---

① 冯友兰:《三松堂全集》第14卷，河南人民出版社2001年版，第447—448页。
② 梁漱溟:《梁漱溟自述》，河南人民出版社2004年版，第139页。
③ 楚序平、刘剑:《当代中国重大事件实录》，华龄出版社1993年版，第494页。

入，进而在很大程度上影响了他们的进步，也直接影响了他们在新中国经济文化建设中发挥应有的作用。

如前所述，1949—1950 年全国各地已通过办各种学习班、训练班，设立革命大学、军政大学等形式，组织知识分子学习社会发展史、历史唯物主义、新民主主义论和时事政策等内容，并组织他们参加抗美援朝和土地改革等社会改革实践，使他们在实际斗争中接受了教育，初步确立马克思主义的阶级观点、群众观点和劳动观点，树立了为人民服务的思想。但是要知识分子系统地掌握马克思主义的理论、观点和方法，彻底清除资产阶级思想和各种不正确的思想，还需要继续对他们进行思想改造。

为了使知识分子能够尽快适应新社会的需要，1951 年 8 月，周恩来在为全国 18 个专业会议代表和中央人民政府各部负责人所作的题为《目前形势和任务》报告中，提到了知识分子思想改造问题。他指出：知识分子"要为新中国服务，为人民服务，思想改造是不可避免的"。"因为我们过去的思想不是受着封建思想的束缚，就是受着帝国主义奴化思想的侵蚀。只要我们有些知识，就要受到这些影响。""这就需要我们每一个人不断地在思想上求得改造，以适合我们今天新中国的需要，适合于人民的利益。"因此，"进行学习，来改造我们的思想是很值得的"①。

周恩来的讲话立即得到刚上任三个月的北京大学校长马寅初的呼应。马寅初是名副其实的"老北大"。1916 年，经蔡元培举荐，学成回国的马寅初在北京大学担任经济学教授。1919 年 4 月，任北京大学第一任教务长。此次出任北大校长，马寅初深感身上所肩负的改造旧北大的责任重大。经过与师生的谈话和了解，马寅初感到"北京大学到底是北京大学，学生与大部分教员思想都很有进步"，"大家都愿意使北京大学不断进步，成为新中国人民的大学"。但"北京大学不是没有缺点的，自由散漫就是我们的缺点。这和我们的教职员工居所分散也有关系，但这种自由散漫的作风却有更重要的思想根源，必须加以克服。其中最明显的是职员思想水准和主人翁的自觉都不高"。于是，他征求了汤用彤、罗常培等人的意见，决定举办暑期职员政治学习会。暑期职员

---

① 金冲及：《周恩来传》（三），中央文献出版社 1998 年版，第 1188 页。

政治学习班为期40天,学习方法是听报告、读文件、联系本人思想和学校情况,开展批评与自我批评。暑假学习收到了明显的效果,"开学后工作效率提高不少","所得收益是出乎意料,思想未改者开始转变,已改者提高了一步"①。

暑期学习所取得的成效,使马寅初等校领导切身感到了思想改造的重要。9月7日,马寅初代表汤用彤、张景钺等12位北大有新思想的教授给周恩来写信,邀请毛泽东、刘少奇、周恩来、彭真等领导人到北大作报告。马寅初的请求,得到党中央的高度赞扬和有力支持,并决定将这一次学校运动推广到京津高校,在取得经验的基础上,然后辐射到全国各地。

9月29日,周恩来在中南海怀仁堂为京津20所高校3000多名教师作了题为《关于知识分子改造问题》的报告。报告共讲了七个问题:(1)立场问题;(2)态度问题;(3)为谁服务问题;(4)思想问题;(5)知识问题;(6)民主问题;(7)批评与自我批评问题。报告内容,主要是以自己思想改造的亲身体验,阐释知识分子为什么需要改造和怎样改造,明确要求知识分子通过改造逐渐"从民族的立场进一步到人民立场,更进一步到工人阶级立场"。"站在工人阶级的立场上来看待一切问题、处理一切问题。"

在报告中,周恩来就知识分子如何正确改造思想,取得革命立场、观点、方法等问题,谈了自己的切身体会。他说:"拿我个人来说,参加五四运动以来,已经三十多年了,也是在不断地进步,不断地改造。""三十年来,我尽管参加了革命,也在某些时候和某些部门做了一些负责的工作,但也犯过很多错误,栽过筋头,碰过钉子。可是,我从不灰心,革命的信心和革命的乐观主义鼓舞了自己。我们应该有这样的态度和决心,即犯了错误,就检讨,认识错误的根源,在行动中改正错误。"因此,同志们在学习的过程中应该建立这样一个信心:"只要决心改造自己,不论你是怎么样从旧社会过来的,都可以改造好。"②他号召广大教师认真开展批评与自我批评,认真学习,努力使自己成为文化战线上的革命战士。

---

① 马寅初:《北京大学教员的政治学习运动》,《人民日报》1951年10月23日。
② 《周恩来选集》下卷,人民出版社1984年版,第60、61页。

　　周恩来的报告持续了五个小时。这对亲眼看到新中国欣欣向荣、迫切要求投身到新中国建设事业中去的众多知识分子而言是一个很大的鼓舞。著名哲学家、北京大学教授金岳霖说："我从来没有听见过有周总理这样地位高的人在大庭广众中承认自己犯过错误。对我们这些人来说这是了不起的大事。"① 陈垣说：听了周总理的报告，"有好些话正中我的毛病，真是搔着痒处，我更觉得彻底清理自己的思想，老老实实，从头学起。"② 当年担任南开大学校务委员会主任委员的杨石先教授，在20多年后所写的一篇文章中还说道：周总理的重要报告"至今仍牢记在我的心里"，总觉得他"是针对我的思想讲的，他说的是那么真挚，那么中肯啊！"③ 周恩来的报告相当于思想改造学习动员，京津高校迅即发动。

　　此前，即1951年9月24日，为了使运动顺利展开，周恩来召集彭真、胡乔木和文化部负责人齐燕铭、政务院文化教育委员会负责人阳翰笙、清华大学校长兼北京市高等学校党委第一书记蒋南翔开会，研究京津地区高校如何开展有系统的思想改造的学习运动问题。周恩来在会上强调：学习运动要有领导有计划地进行。应从政治学习入手，逐步发展到组织清理，勿求速成。会议议定：（一）学校清理中层工作，中学不搞；大学今年只能选择典型，有重点有步骤地进行，以取得经验。北京以北京大学为重点，各大行政区也可选择典型进行。（二）这次学习的内容，北京大学应强调学习毛泽东思想，分清敌我界限，明确爱国主义立场，缩小资产阶级和小资产阶级思想的市场，并应着重掌握批评与自我批评的武器，保证学校的革命化。④ 会议商定，学习的方式是通过听报告和阅读文件，联系本人思想和学校状况，展开批评与自我批评，学习时间定为四个月。总学委颁布十二篇列宁、斯大林、毛泽东、刘少奇的有关文章作为学习文件。关于批评和自我批评的方法，决议指出：这次学习要防止不联系自己的思想、不联系实际的教条主义学习方法，另一方面也要防止零星琐碎的技术批评，应实行有原则性的政治批评，才

---

　　① 刘培育：《金岳霖的回忆与回忆金岳霖》，四川教育出版社1995年版，第7页。
　　② 陈垣：《祝教师学习成功》，《人民日报》1951年10月27日。
　　③ 杨石先：《回忆敬爱的周总理对我的教益》，《天津日报》1977年1月24日。
　　④ 中共中央文献研究室：《周恩来年谱》（1949—1976）上卷，中央文献出版社1997年版，第181页。

能提高自己、帮助别人。

为了统一领导北京、天津两市高等学校教师的这一学习运动,教育部专门设立"京津高等学校教师学习委员会",并在天津设立了"京津高等学校教师学习委员会天津总分学委会"。教育部部长马叙伦,副部长钱俊瑞、曾昭抡任总学委会正副主任,委员则为京津地区各大学负责人如马寅初、林砺儒、陈垣、叶企孙、陆志韦、孙晓邨、茅以升、杨石先、刘锡瑛、张国藩、曾毅、胡传魁、李宗恩、蒋南翔、刘仁、黄松龄、刘子久、胡耐秋、张宗麟、张勃川、郝人初等20人。天津总分会由黄松龄担任主任委员。各大学也成立了相应的分学委会。总学委会还出版了《教师学习》周报,及时报道学习情况,总结经验,交流学习心得。这样,京津地区高校教师思想改造运动的组织工作安排就绪。

就在周恩来作完报告不久,10月23日,毛泽东在全国政协一届三次会议的开幕词中,高度评价了知识分子思想改造运动。他说:"在我国的文化教育战线和各种知识分子中,根据中央人民政府的方针,广泛地开展了一个自我教育和自我改造的运动,这同样是我国值得庆贺的新气象。""思想改造,首先是各种知识分子的思想改造,是我国在各方面彻底实现民主改革和逐步实行工业化的重要条件之一。"① 他还预祝这个自我教育和自我改造运动能够在稳步前进中获得更大的成就。

毛泽东的讲话,无疑对知识分子思想和学习改造运动起了强大的推动作用。此后,这场运动已不再仅仅局限于京津高等学校,而是发展成为一场全国性的运动,迅速扩展到教育界、文艺界乃至整个知识界。

首先,教育界的知识分子思想改造运动广泛开展起来。就在毛泽东发表讲话的当天,《人民日报》发表了题为《认真展开高等学校教师中的思想改造学习运动》的简评,指出,教师的思想改造是当前改革教育工作上一件值得十分重视的事情。北京、天津各高等学校教师的思想改造的学习运动,对于全国高等学校教师的思想改造的学习运动,对于全国高等学校,具有示范的作用。希望中央教育部能够把这次学习运动的

---

① 《毛泽东文集》第6卷,人民出版社1999年版,第183、184页。

经验，及时推广到全国各高等学校中去。①

　　11月2日，京津各高等院校教师学习委员会在京召开各校分学委会扩大联席会议。总学委会办公室主任张勃川报告了一个月来教师学习的情况，指出参加这次教师学习的单位由原定20个院校增至24个院校。参加学习人数已由3000余人增至6523人。② 11月17日，中共中央向各中央局、各分局并各省、市、区党委发出《京津各大学思想学习经验的通报》，指示全国各地"在各专科以上学校领导同样的学习"。25日，教育部发出通报，向全国教育系统介绍了京津高等学校教师的学习情况和初步经验。30日，中共中央印发《关于在学校中进行思想改造和组织清理工作的指示》，要求"必须立即开始准备有计划、有领导、有步骤地于一年至二年内，在所有大中小学校的教职员和高中学校以上的学生中，普遍地进行初步的思想改造的工作"③。

　　12月17日，《人民日报》第一版以通栏标题发表了文章《用批评和自我批评的方法开展思想改造运动》。12月23日和24日，毛泽东两次指示中共各中央局，要求在各地学校开展大规模的"思想改造工作"。至此，由北京大学发起、针对京津高校教师的思想改造学习运动，发展为全国教育系统的一场运动。随即，各大区学校纷纷展开全区的思想改造学习运动。据统计，到1952年秋，全国高等学校91%的教职员和80%的大学生，中等学校75%的教职员都参加了这次运动。

　　知识分子的思想改造，以文艺界最为引人注目。1951年11月26日，中共中央发出《关于在文学艺术界开展整风学习运动的指示》。毛泽东对于文艺界整风极为关注。就在同一天，他在为中共中央转发中宣部关于文艺干部整风学习的报告所写的批语中指出："请各中央局、分局、省委、市委、区党委自己和当地从事文学艺术工作的负责同志都注意研究这个报告，仿照北京的办法在当地文学艺术界开展一个有准备的有目的的整风学习运动，发动严肃的批评和自我批评，克服文艺干部中的错误思想，发扬正确思想，整顿文艺工作，使文艺工作向着健全的方

---

　　① 《认真展开高等学校教师中的思想改造学习运动》，《人民日报》1951年10月23日。

　　② 《京津高等学校总学委会第二次委员会议决定分五个阶段完成学习计划》，《光明日报》1951年11月24日。

　　③ 《建国以来毛泽东文稿》第2册，中央文献出版社1988年版，第526—527页。

向发展。"①

此前,即 11 月 24 日,北京文艺界召开了学习动员大会。会议决定,将毛泽东的《实践论》、《反对自由主义》、《在延安文艺座谈会上的讲话》等著作,中共中央《关于文艺问题的四个决定》等定为学习文件。为加强对整风学习运动的领导,全国文联成立了以丁玲为主任委员,沈雁冰、周扬等 20 人为委员的"北京文艺界学习委员会"。

鉴于许多方面的学习取得良好的效果,政协全国委员会常务委员会第 34 次会议作出了《关于开展各界人士思想改造的学习运动的指示》,号召各民主党派、各级政府机关、各人民团体以及工商界和宗教界人士参加思想改造学习运动,要求他们学习马克思列宁主义、毛泽东思想的基本理论,学习《共同纲领》等重要政策,以求了解中国革命的前途,取得正确的革命的观点;开展整风即进行批评和自我批评,以纠正违反国家利益、人民利益和革命利益的错误思想和错误行为。同时,成立了学习委员会,负责组织和领导各党派民主人士,各级政府、人民团体和协商机关中的无党派人士,政府和企业中的专家、工商界人士、宗教界人士的学习。

为了引导各界民主人士和高级知识分子学习运动深入发展,1952年 9 月,经中共中央批准,中央统战部、中央宣传部联合发出《关于继续加强各界民主人士思想改造的学习运动的意见》。《意见》明确规定,统战部门主要是吸收各民主党派人士、无党派人士、政府机关和企业中的专家、工商界人士及宗教界人士中比较具有代表性和重要性的上、中层人士参加学习。指出,这五类人士的思想改造是一个长期的过程。应根据他们各自不同的具体情况和特点,采取不同的具体要求和教育改造的内容。比如:对于民主党派人士和无党派人士,应着重组织他们根据中央人民政府成立以来的施政经验,认真地学习《共同纲领》,以提高其政策水平和理论水平。对于专家,应该要求他们以马克思列宁主义思想来武装自己,使他们经过自己在科学上所达到的实际成果,循着自己的途径来认识共产主义和承认共产主义。当前,首先应使他们树立为人民群众服务的观点。对于工商界人士,应使其认识必须服从工人阶级和国营经济的领导,遵守《共同纲领》,不犯"五毒",发挥其生产和经

---

① 《毛泽东文集》第 6 卷,人民出版社 1999 年版,第 188 页。

262

营的积极性。对于宗教界人士，主要是进行爱国主义教育，要求他们发扬爱国主义精神，参加反对帝国主义和保卫和平民主的斗争。为了加强对学习运动的领导，《意见》要求，凡是未成立学习委员会的省、市政协，要立即成立学习委员会。各级政协的学习委员会，都要切实加强思想领导和组织领导。① 这样，全国的知识分子汇入到了思想改造和学习运动的洪流中。

二　思想改造中知识分子心态的变化

事实上，在知识分子思想改造运动之初，大多数知识分子对于思想改造的态度是比较积极的，一方面他们认识到自己对马列主义、毛泽东思想这一新思想知之甚少，希望接受新思想的洗礼；另一方面他们中的不少人确实是怀着深深的"原罪感"而参加思想改造的。如北京师范大学的教授们组织了学习委员会，他们在大字报上写着："听了周总理的报告，每个人都亲切地感到自己思想上存在着很多问题，它将妨碍个人进步，影响教学和师范大学的进步。因此，我们决定本着为人民服务，对革命负责的精神，坚决在上级的领导下进行自我改造。"地理系教授王钊衡说："解放两年来我们的进步是赶不上国家文教建设需求的，在人民政府领导下，我保证要把学习搞好，把思想彻底澄清。"② 燕京大学新闻系主任蒋荫恩也说："自从听了周总理亲切、感人的报告以后，我获得了极大的启发。我认识到今天要做一个真正的人民教师，不彻底改造自己的思想是不行的。所谓思想改造，首先要对自己过去的旧思想进行坚决而不妥协的斗争；把那些不正确的、非无产阶级的思想批判了、清算了以后，才能逐渐建立起新的思想体系，才能逐渐站稳了无产阶级的立场，才能逐渐实现全心全意为人民服务的目的。"③ 可见，对于大多数知识分子而言，新政权清新的形象，再加上自身思想的新认识，使得他们愿意接受思想改造。然而，随着运动的深入，运动的发展方向却令许多人始料未及，知识分子的心态发生了新的变化。

---

① 江平：《当代中国的统一战线》上册，当代中国出版社 1996 年版，第 129—130 页。
② 王汉霆、林昭：《开展高等学校教师政治学习运动》，《人民日报》1951 年 10 月 31 日。
③ 蒋荫恩：《努力改造思想　做一个新中国的人民教师》，《人民日报》1951 年 11 月 13 日。

（一）日渐增强的政治意识

从旧社会走过来的知识分子，虽然大多心怀"家事，国事，天下事，事事关心"的历史使命感，但由于在他们的思想意识中，西方式的民主和自由主义的色彩浓重，加之对马克思主义和为人民服务还很不熟悉，在政治立场和世界观上还没有实现向马克思主义转变。这种状况，不仅阻碍着他们自身的进步，同时也影响着他们在新中国经济文化建设中作用的发挥。因此，如何使"过去为旧社会服务的几百万知识分子，现在转到为新社会服务，这里就存在着他们如何适应新社会需要和我们如何帮助他们适应新社会需要的问题"①。这就是中国共产党为什么要对知识分子进行思想改造的初衷。虽然说在运动中采用群众批判、"洗澡"过关的运动方式，伤害了知识分子的自尊心，损害了知识分子对执政党的感情。但不可否认的是，这场运动的确使一部分知识分子增进了对马克思主义的了解，认知和掌握了新政权的话语模式，为他们逐步接受新政权主流意识形态奠定了一定的基础。老舍学习了毛泽东《在延安文艺座谈会上的讲话》后，大受启发，认为自己找到了"新的文艺生命"，他说："在我以前所看过的文艺理论里，没有一篇这么明确地告诉过我：文艺是为谁服务的，和怎么去服务的"，而毛主席告诉了我和类似我的人，文艺应当服从政治，文艺须为工农兵服务。他说，通过不断地习作，不断地请教，自己逐渐明白了怎样把政治思想放在第一位，已经知道了向工农兵学习的重要。②此后，老舍积极进行创作，在他的作品中，既有通俗的相声、鼓词，也有高质量的小说、剧本。这些作品既有高度的政治性，也有高度的艺术性。政治和艺术两方面都超越了老舍1938年的水平。金岳霖用了将近两年的时间认真地阅读了一些马克思列宁主义的著作，特别是学习了《实践论》之后，使他认识到旧哲学是形而上学的，根本是反科学的，而辩证唯物论是科学的哲学，是真理。自此，他便自觉地以马克思主义哲学指导自己的工作。1952—1956年，他在担任北京大学哲学系主任期间，带头批判实用主义。在北大期间，他还兼任《光明日报》"哲学专刊"主编，亲自审稿。当时的哲学

---

① 《建国以来毛泽东文稿》第6册，中央文献出版社1992年版，第338页。
② 老舍：《毛主席给了我新的文艺生命》，《人民日报》1952年5月21日。

专刊是我国唯一的哲学专业刊物，对传播马克思主义哲学起了重要作用。①

经过思想改造，大多数知识分子已经认识到了立场问题的重要，把站定人民立场，为人民大众服务作为自己的愿望。如北京大学教授金克木明确表示："我们都是从旧社会中来，如果不在思想上翻个身，加入到革命队伍中来，不把自己完全交给国家，怎能亲切感觉到国家是自己的？如果不坚决倒向工农兵一边，不坚决粉碎旧社会给我们的思想镣铐，而采取旁观革命的态度，怎能真正感觉到自己是人民的一分子？在思想上翻身就是彻底改变立场，坚决站进工人的队伍，做工人阶级的知识分子，做人民的革命干部。"②

经历了土地改革、镇压反革命、抗美援朝以及一系列的思想改造和政治学习运动之后，许多知识分子的思想政治状况发生了很大的变化。他们在政治上要求进步，有的积极申请加入中国共产党。如天津六所高等学校讲师以上教师 291 人，申请入党的有 106 人，占 36.4%。③ 从 1949 年解放到 1955 年，北京市高级知识分子入党的有 400 多人。④ 有不少受民主个人主义思想影响的高级知识分子，如陈垣、金岳霖、侯仁之等也纷纷要求入党。

（二）渐趋沉重的"原罪"意识

前文提到，一部分知识分子因为自己的家庭出身、封建或资产阶级教育的影响、在旧社会中的所作所为，自感是"摘桃派"，由此产生了自责和愧疚。这种自责和愧疚最终演变为中国知识分子的原罪意识。据萧乾回忆，1949 年后，来自老区的干部喜欢说"进城之后"。一听，就知道是从解放区来的。所有这些，不能不使萧乾这样的知识分子，以及其他由国统区来的知识分子如巴金、沈从文、胡风等人，在当时感到自己卑微、渺小、矮人三分，心中生出隐的痛苦、愧惭与自卑。这种无法驱除的自卑情结，在不断的社会与心理压力之下，便最终演变为中国知识分子的原罪意识。这样的历史情境与心态，使得原本抱着五颜六色幻想的知识分子终于清醒地认识到，除了自我反省、自我批判、接受改

① 刘培育：《金岳霖的回忆和回忆金岳霖》，四川教育出版社 1995 年版，第 149 页。
② 金克木：《政治学习必须解决实际问题》，《人民日报》1951 年 11 月 2 日。
③ 《周恩来选集》下卷，人民出版社 1984 年版，第 179—180 页。
④ 《北京市重要文献选编（1956 年）》，中国档案出版社 2003 年版，第 15 页。

造、放弃并改变自己的固有观点与思想行为惯性而外，没有别的出路。① 因此，当思想改造运动到来之时，大多数知识分子相当配合，主动自愿地参与到思想改造运动当中。从 1951 年 9 月 30 日至 1952 年 10月 26 日，《人民日报》和《光明日报》等主要报刊连续推出知识界知名人士的检讨文章，如金岳霖的《分析我解放以前的思想》、朱光潜的《最近学习中几点检讨》、梁思成的《我为谁服务了二十余年》等，令人目不暇接。

表5-1 发表在《人民日报》、《光明日报》中有关思想改造的文章②

一般性阐释与号召		批评与自我批评		
		批评	自我批评	反批评
《人民日报》	28	9	41	0
《光明日报》	44	21	82	2
小计	72	30	123	
%	31.72		68.28	

由表 5-1 可见，当时的知识分子自我检讨已蔚然成风。其中虽然不乏投当权者所好者；也有见他人纷纷表态，便胡乱模仿一通，以求早过早省心者；但不可否认的是，很大一部分知识分子最初是怀着真诚的态度悔过的。然而随着改造进入"洗澡"过关阶段，知识分子就显得不那么轻松了。

所谓"洗澡"，就是要求知识分子根据其职位高低、名声大小、"错误"轻重，在规模不同的群众集会上公开地、反复地作自我检讨，接受群众批判，"洗"去身上的污垢，最后由群众决定其是否"过关"。如果群众不满意，被改造者就得重新准备，直到过关为止。如此情况之下，只有把自己批判得一塌糊涂，才能打动群众。

费孝通连做了两次检讨都没过关，于是，"软弱、狼狈、悲伤、哀鸣、求饶"充斥着他的心灵。为了尽快"过关"，费孝通只能向更深处

---

① 丁亚平:《水底的火焰:知识分子萧乾 1949—1999》，中国人民大学出版社 2010 年版，第 78 页。

② 黄平:《有目的之行动与未预期之后果——中国知识分子在 50 年代的经历探源》，转引自许纪霖《20 世纪中国知识分子史论》，新星出版社 2005 年版，第 411 页。

挖掘自己的"罪恶"："我深刻反省，发现我的进步面貌只是一件外衣，外衣里面是丑恶的、肮脏的、腐朽的资产阶级思想，改良主义……我感谢这次三反运动，把我震醒，使我反省……我必须下决心，否定过去……我必须做到全心全意为人民服务。"①

为了过关，一些人尽力挖掘自己的"反动思想"及其产生这些"反动思想"的根源，有的还不顾事实地丑化自己。茅以升在检讨时说："我于1920年初返国，自此为反动统治阶级服务，……对于反动统治下的所谓建设，但求能参加促成，而不借阿附其权势。"这位以主持建造杭州钱塘江大桥而闻名于世的著名桥梁专家甚至不惜给自己戴上"剥削者"的帽子，说"这种剥削手段，最集中地表现在钱塘江桥工程上，那都是劳动人民的血汗，我因此而得名"②。

陈垣在《自我检讨》中将自己剖析得更为"彻底"。他说：我为了个人的利益，为了个人研究的便利；又因为我认不清帝国主义的本质，看不见中国人民，所以在辅仁做校长，基本上是与帝国主义站在一个立场，对校务不管，让他们随心所欲，为所欲为。而我当时实际上是俯首帖耳，唯命是从，因此得到帝国主义者的信任，得到帝国主义的重视。我为了自己好名，为了自己"清高"，为了不愿沾染当时的政治气氛，就毅然地离开政治舞台，自以为是找到一个理想的栖身之所，而实际毫没有人民立场丧失了民族气节，驯顺安适地投到帝国主义的怀抱。23年来，做了帝国主义者的俘虏，忠实地替帝国主义者奴役和麻醉青年，帝国主义者就通过我，稳扎稳打在学校里做着"太上皇"。23年来，通过我给青年们灌输奴化教育，培养出为他们服务的人才，贻误了多少青年子弟，还自以为"超阶级"、"超政治"，还自以为"清高"，其实就是做了几十年污浊、卑鄙的买办和帮凶，而不自觉。帝国主义的文化侵略行为，是比杀人更厉害，更毒狠的。后面操持着的人，固然是帝国主义分子，而拿着武器，在最前线冲锋陷阵的人，却是自以为"清高"的我。③ 这位在辅仁大学任职23年之久，在沦陷时期也没向日本人屈服，在教育界和学术界享有崇高威望的著名教育家、史学家，尚且能够

---

① 张冠生：《费孝通传》，群言出版社2000年版，第324—325页。
② 转引自丁抒《阳谋》，《九十年代》杂志社1993年版，第46—47页。
③ 陈垣：《自我检讨》，《光明日报》1952年3月6日。

自贬如此,其他知识分子的情形可想而知。

不断地检讨,不断地接受改造,知识分子对"原罪"的认识越发"深刻",感到自己真的是罪孽深重。"大家发言异常激烈;有的出于真心实意,有的也不见得。我生平破天荒第一次经过这个阵势。句句语都像利箭一样,射向我的灵魂。但是,因为我仿佛变成一个基督徒,怀着满脑虔诚的'原罪'感,好像话越激烈,我越感到舒服。"① 经过反复思想改造的梁思成,直到 1956 年仍感自己有罪:"我对自己的错误是长期没有认识的。这是由于我的思想情感中存留着浓厚的、封建统治阶级的'雅趣'和'思故幽情',想把人民的首都建设成一件崭新的'假古董'。想强迫广大工人农民群众接受这种'趣味'。""早在 1951 年,党就洞悉了我的偏向,五年来不断地启发我,教育我,开导我,……我顽固地坚持错误,争辩不休,与党对抗。"②

正是这种挥之不去的"原罪"感,使大多数知识分子背上沉重的精神负担,并产生了强烈的自卑心理。这恰如费孝通所言,知识分子"一旦打击了自大的心理,立刻就惶恐起来,感觉到自己百无是处了"③。

(三)日趋加重的消极心理

思想改造运动通过群众批判、"洗澡"过关的运动方式,使知识分子承受了巨大的压力,一部分原来积极主动要求改造的知识分子变得日趋消极。

一是消极应对的心理。如果仔细研究思想改造运动开始后发表于报端的检讨性文章,我们不难发现,这些文章大多是按照所学文件的精神检讨和反省自己,如"否定过去","从头学起","检讨自己","肃清崇美思想","批判我的崇美奴化思想","批判我为反动统治阶级服务的教育思想","清除我的清高思想","批判我的剥削思想","斩断与旧社会的一切联系","名誉地位给我的毒害","批判我的反动买办思想",等等。这些文章虽然经过作者的精心"修炼",但因其中的语句大多是从文件上抄来的,绝大多数检讨文章的立意、结构、行文如出一辙,反映出作者并非真正从内心进行自我检讨和反省,而是政治压力下

---

① 季羡林等:《我与中国二十世纪》,河南人民出版社 1994 年版,第 240 页。
② 《梁思成的发言》,《光明日报》1956 年 2 月 4 日。
③ 费孝通:《我这一年》,《人民日报》1950 年 1 月 3 日。

的一种敷衍手法或违心之举。季羡林晚年在《我的心是一面镜子》里对那些想蒙混过关的教师有过这样的描述："有一位洗大盆的教授，小盆、中盆，不知洗过多少遍了，群众就是不让通过，终于升至大盆。他破釜沉舟，想一举过关。检讨得痛快淋漓，把自己骂得狗血喷头，连同自己的资产阶级父母，都被波及，他说了父母不少十分难听的话。群众大受感动。然而无巧不成书，主席瞥见他的检讨稿上用红笔写上了几个大字'哭'。每到这地步，他就号啕大哭。"① 可见，思想改造运动中的这种群众斗争的运动方式并没有让知识分子内心诚服，相反，他们照抄照搬文件，甚至瞎编乱造，以应付检讨，期望早日过关。

二是无奈与避世的心态。强大的政治压力和群众运动，使许多知识分子感到茫然和无奈。他们深知，在我们这个道德极致文化的国度里，面对如此指责，实乃无话可说，只能俯首帖耳，把自己批判得一塌糊涂以求过关。你若稍有辩解，便有"不老实"、"反苏反共反人民"等凡是能想到的罪名扣到你头上，令你不知所措，除了低头认罪，别无选择。② 于是，有人发出了这样的感叹："三反之时，不贪污不如贪污，不反动不如反动。以贪污反动者得有言可讲，有事可举，而不贪污，不反动者人且以为不真诚也。好人难做，不意新民主主义时代亦然，可叹矣！"③ 巴金也曾这样描述他在这一时期心理上的无奈："我很想认真学习，改造自己，丢掉旧的，装进新的，让自己的机器尽快地开动起来，写出一点东西。我怕开会，却不敢不开会，但又动脑筋躲开一些会，结果常常是心不在焉地参加许多会，不断地检讨或者准备检讨，白白地消耗了二三十年的好时光。"④ 正是基于这种无奈，一些知识分子变得日渐消沉。1952 年 2 月至 4 月间，冯友兰参加三反运动，多次检查也未获通过。期间，金岳霖、周礼全曾来看望他，金与冯友兰为检查事抱头痛哭。冯友兰后来说，在三反运动期间，他有一种思想，觉得不如辞职自谋生活，闭户著书。⑤ 然而，想要闭户著书的何止冯友兰一人。当胡风

---

① 季羡林：《我的心是一面镜子》，《东方》1994 年第 5 期。

② 刘明明：《中国知识分子在建国初期思想改造运动前后之主动转变及原因》，《社会科学论坛》2010 年第 6 期。

③ 顾潮：《历劫终教志不灰——我的父亲顾颉刚》，华东师范大学出版社 1997 年版，第 249 页。

④ 巴金：《随想录》第 5 集，人民文学出版社 1986 年版，第 171 页。

⑤ 蔡仲德：《冯友兰先生年谱初编》，河南人民出版社 1994 年版，第 372 页。

被投入监狱之后，他在狱中写了这样一首诗：避贵相如宁卖酒，让才李白不题诗；明朝还我归真路，一项芒冠一布衣①，消极避世心态昭然。

三是消极抵触的心理。思想改造运动中的简单、粗暴的做法，以及把学术问题当作政治斗争并加以扩大化的倾向，使很多知识分子在感情上受到了极大的伤害。对此，北京大学教授傅鹰后来曾这样回忆：前几年，大学里的萁豆相煎的局面，今天回想起来也还是让人难过。有些人是无中生有地骂自己，有些人是深文周纳地骂别人。老教授上台检查思想，稍有辩说，底下拍桌子辱骂之声纷纷而来，谁能受得了这样的"帮助"？许多人在一些运动中自尊心被糟蹋，精神上到现在还喘不过气来。正是因为以生硬的群众斗争方式来进行思想改造，难免造成一部分知识分子有逆反或抵触心理。1953 年，中国科学院请陈寅恪北上就职，陈寅恪提出了两个条件：第一条，允许中古史研究所不宗奉马列主义，并不学习政治；第二条，请毛公或刘公给一允许证明书，以做挡箭牌。②在科学院西区学习会上，胡先骕认为学习是突击性的，不肯做笔记，抗拒抽查笔记。③贾植芳拒绝参加上海高等教育界到苏州的华东人民革命大学政治研究院为期三个月的学习，表示："我本来就不愿教书，宁可离开教育界。"④

综上可见，从新中国成立后的欢欣鼓舞、犹豫彷徨、普遍认同，到思想改造运动时政治意识、"原罪"意识、消极心理的增强，反映了知识分子在社会巨大变迁背景下复杂而微妙的心路历程。虽然中国共产党在新中国成立初期对知识分子采取"团结、教育、改造"政策，以使他们成为为人民服务和为社会主义服务的知识分子，但由于未能充分掌握知识分子的心理变化，而一味从阶级出身和思想认识上来判定知识分子的政治属性，并以阶级斗争和群众运动的方式来对待思想认识和学术分歧，进而挫伤了知识分子的积极性，伤害了一些人的感情，这在一定程度上反映出党的领导方式和执政方式还没有彻底完成历史转变。尽管如此，知识分子思想改造运动还是取得了一定成效。这正如周恩来在

① 胡风：《一九五七年春》，见《胡风诗全编》，浙江文艺出版社 1992 年版，第 329 页。
② 陆健东：《陈寅恪的最后贰拾年》，三联书店 1995 年版，第 112 页。
③ 竺可桢：《竺可桢日记：III》，科学出版社 1989 年版，第 241 页。
④ 贾植芳：《我的人生档案——贾植芳回忆录》，江苏文艺出版社 2009 年版，第 188—189 页。

1954 年 9 月 23 日《政府工作报告》中指出：我国学校教育事业有了巨大的发展。与新中国成立前最高水平相比，在 1953 年底，全国高等学校学生数增长了 40%，即达到 216000 余人；中等专业学校学生数增加了 75%，即达到 67 万人；……在为培养工农出身的新知识分子而创办的工农速成中学中，1954 年的学生数比 1951 年增长了 3 倍。几年来我国在学校的教育制度、内容和方法方面，已经作了不少的改革，这些改革的顺利进行与我国广大知识分子思想改造运动有联系的。知识分子的思想改造工作是有效的。[1]

---

[1] 中央档案馆：《建国以来重要文献选编》第 5 册，中央文献出版社 1993 年版，第 605 页。

结　语

　　1949—1956 年是中国社会发展的一个重要历史时期。短短七年时间，中国社会就从半殖民地半封建社会进入了新民主主义社会，又从新民主主义社会进入到社会主义社会。快速而深刻的社会变革，引发了中国社会阶层结构、社会生活方式和社会意识等方面的巨大变化。特别是社会主义改造基本完成后，剥削阶级作为一个整体被消灭，中国社会的阶层结构由多元、复杂、分裂状态转变成高度整合、同质性强的"两个阶级一个阶层"结构。深刻的社会变革和阶层变动，使社会各阶级阶层，特别是工人、农民、民族资产阶级和知识分子阶层的社会心态发生了巨大的变化。工人阶级在经济上由不占有生产资料的雇佣劳动者，变成了生产资料的主人；在政治上由被剥削被压迫阶级变成了社会主义国家的领导阶级。社会地位的变化引发了他们强烈的政治上的翻身感和主人翁意识，进而在经济建设中表现出了前所未有的创业热情。这一时期，工人阶级的组织程度和觉悟程度都有了极大提高，并在党的领导下，以积极的心态走上了社会主义道路。在剧烈的大变革中，作为中国社会人数最多的农民阶级，始终徘徊在保守和激进之间，不同的阶层表现出了不同的心理状态：贫雇农是土地改革运动的最大受益者，"土地还家"满足了他们长久以来对土地的渴望，进而加深了他们对中国共产党领导的心理认同；中农的心态是比较复杂的，既有拥护和支持政策的一面，又有怀疑不安的消极心理；富农则在心理上较为谨慎，他们怕"冒尖"、怕"露富"，生活在惴惴不安之中。然而无论农村社会各阶层的心态如何复杂，最终都听从了党的召唤，怀着对社会主义美好生活的憧憬接受改造，走上了社会主义集体化道路。民族资产阶级历来属于党的统战对象。然而，当历史进入到 20 世纪下半叶社会主义高潮到来时，它又不可避免地遭遇到了被革命的命运。与此相适应，中国民族资产阶级的社会心理在新中国成立后经历了从疑惧到适应、从恐慌到兴奋、从抗拒到服从的过程。在这一过程中，民族资本家经历了由剥削者到自食其力劳动者的脱胎换骨的转变过程。民族资本家在阶级存亡与个人命运之间，在物质利益和政治命运之间，怀着矛盾和痛苦的心理走上了公私合营的道路。知识分子是新中国成立后国家建设的重要力量，又是思想改造的主体对象，他们特别的人生经历形成了独特的社会心理。从新中国成立后的欢欣鼓舞、犹豫彷徨、普遍认同，到思想改造运动时政治意识、"原罪"意识、消极心理的增强，反映了知识分子在社会巨大变迁背景下复杂而微妙的心路历程。可见，新中国成立初期的社会变革对社会成员的心理触动是极其巨大的。

社会心态具有巨大的能动作用，特别是在历史大变革时期，由于社会生活处于急剧变动之中，社会的组织结构、运行机制、利益格局、人际关系、思想观念都发生了巨大变化，如果处理不好，某些社会矛盾极易导致某些社会群体心理失衡，而心态失衡又可能激化矛盾，甚至引起冲突和对抗。然而，中国共产党却在没有发生社会震荡的情况下，逐步引领社会成员走向了社会主义道路，完成了历史上最伟大的社会变革，其中的经验值得总结。

首先，维护社会成员的利益，从心理上争取他们对党的向心力。利益问题是关乎社会稳定和发展的关键性问题，如果处理不好，很容易引发矛盾而导致社会不安甚至动荡。而维护社会成员各方的利益，正是中国共产党维护社会稳定，从心理上赢得民众的一条重要经验。比如对于工人，党不仅给予他们各种民主政治权利，而且还通过一系列民主改革，废除不合理的规章制度，建立了一些有利于发展生产和改善职工生活的制度。针对工人关心的福利、工资等问题也都给予了解决。对于农民，党不仅使其获得了梦寐以求的土地，而且中央多次指示，要求减轻农民的负担，恰当地减免农业税。农业税只征收农业生产税，其他"凡有碍发展农业、农村副业和牲畜的杂税，概不征收"。农村中的交易税，也"只是对于比较大量的货物交易才去征税"①，对于农民很小的交易则不征税。面对土地改革后两极分化倾向的出现，从1951年开始逐步展开全国范围的农业合作化运动，由于国家力量的推动以及党在政策和

---

① 《中共党史参考资料》（七），人民出版社1980年版，第236页。

措施上的导向，广大农民稳步地走上了社会主义道路。对于知识分子，党对失业者分配适当工作，在经济上给予优越的待遇，对一些代表人物给予政治上的地位。对于民族资产阶级，党采取了利用、限制、改造的政策，特别是通过社会主义改造，逐步将其引向社会主义道路。在这一过程中，党对民族资产阶级在人事安排工作中，采取了"量才使用、适当照顾"的原则和"包下来"的方针，给资本家安排适当的工作。对在改造事业中有所贡献的资方代表人物，则在政府有关部门给予一定的领导职务，并保留资本家原有的高薪。正是这样一些切实维护社会成员利益的政策和措施，才从心理上拉近了社会成员与党的距离，增强了他们对党的认同。

其次，加强宣传教育，以促进社会成员思想观念上的转变。政权更迭和社会变革给人们带来的冲击是巨大的，必然会引起社会成员的不安、疑虑、抵触，甚至是反抗。在此情况下，有必要对社会成员进行广泛的宣传和思想教育，以消除他们思想上的疑惧甚至是抵触。对此，党在新中国成立之初对社会成员进行了广泛的宣传鼓动和政治思想教育工作。如在《土地改革法》公布后，党即在全国各地，由城市到农村，运用各种形式，进行普遍深入的宣传鼓动工作，使土地改革的重要性、政策法令、实施办法等家喻户晓。同时，党通过"诉苦"、"算剥削账"等方式对农民进行教育，提高了农民的阶级觉悟和政治觉悟。再如过渡时期总路线宣布后，各级党委便积极部署本地区、本部门的学习和宣传工作，在全国掀起了学习、宣传过渡时期总路线的高潮。宣传教育采用大小会议、个别访问和广播、黑板报、街头宣传、现身说法等形式。内容因不同群体而有所不同，如对工人，主要说明社会主义工业化的全部重大意义，说明社会主义工业化和资本主义工业化两条道路的根本不同，说明社会主义工业化与国家前途的关系，与工人自己的关系、与农业社会主义改造的关系、与巩固工农联盟的关系及与巩固工人阶级领导的关系。对于工商业资本家，主要是宣传党对于私营工商业的社会主义改造的方针政策，让资本家认清社会主义的发展方向，懂得必须掌握自己的命运，走历史的必由之路。通过宣传教育，民众对党在过渡时期的总路线有了清楚的认识，有力地推动了各项工作的顺利进行。

再次，采取"群众运动"的方式，以形成强有力的社会舆论和群众威力。"群众运动"是中国共产党为完成自己的历史使命而领导人民群众开展阶级斗争的一种重要方式和途径。自中国共产党诞生伊始，就把开展群众运动作为自己的中心任务。新中国成立后，由于社会环境的复杂性和走向社会主义道路的艰巨性，使得党延续了战争年代的工作方法和思维模式，在土地改革、镇压反革命、抗美援朝、"三反、五反"、知识分子思想改造以及社会主义改造中都采取了群众运动的方式。虽然在群众运动中存在一定的缺点和偏差，但成绩是主要的，形成了强有力的社会舆论和群众威力。如在土地改革运动中，组织村民召开诉苦大会，让苦主来反复讲述自己的苦难，并控诉苦与地主压迫的关系，借此发动群众起来"斗争地主"。以诉苦来灌输阶级意识，不仅能有效改变苦主本身的政治情感，而且让这种情感极具群体的相互感染性，从而产生从个体到整体的动员作用，促使农民的社会政治心态发生根本性转变。① 再如在抗美援朝运动中，党发动了增产节约运动、拥护军队优待军属运动、订立爱国公约运动、爱国卫生运动和各种捐献运动等，极大激发了民众的爱国热情，民众从中受到了教育，普遍提高了政治觉悟。

　　新中国成立头七年是中国历史上的一个大变革时期，无论后人如何评说，有两个事实是不可否认的：一是在一个几亿人口的大国中比较顺利地实现了如此复杂而深刻的社会变革，不仅没有造成生产力的破坏，反而促进了工农业和整个国民经济的发展；二是这样的变革没有引起巨大的社会动荡，反而加强了人民的团结，是在人民普遍拥护的情况下走上了社会主义道路。究其原因，一方面是民众顺应时代潮流，在巨大的社会变革面前不断进行心理调适的结果。另一方面，"中国共产党和国家的政策起了决定的作用"②。尽管在这一过程中党在指导思想上和实际工作中存在一定偏差，以致在长时间里留下一些问题。但这些问题与新中国成立头七年的成绩相比，是第二位的。在短短七年时间，党就完成了恢复国民经济的任务并基本建立了社会主义经济制度的基础，这的确是伟大的历史性的胜利。

　　改革开放以来，随着社会主义市场经济以及与此相联系的以公有制为主体的多种所有制经济的发展，经济结构的战略性调整和城镇化的推

---

　　① 吴毅、吴帆：《传统的翻转与再翻转——新区土改中农民土地心态的建构与历史逻辑》，《开放时代》2010 年第 3 期。

　　② 《周恩来经济文选》，中央文献出版社 1990 年版，第 248 页。

进,以及劳动力在不同所有制、不同行业、不同地域的流动和劳动形式的多样化,我国的社会阶层结构出现了新的变化:工人阶级、农民阶级、知识分子阶层发生了新的变化;新的社会阶层正在崛起;许多人在不同所有制、不同行业、不同地域之间流动频繁,人们的职业、身份经常变动,而且这种变化还会继续下去。与此相适应,不同阶层、不同群体中透现出来的社会心态显得异常活跃,既有起主导作用的积极健康、蓬勃向上的社会心态,又有非主导性的消极、落后的不良社会心态。而且各种社会心态彼此糅合,互相交织在一起,呈现出涨落起伏、复杂多变的发展态势。从总体上讲,社会成员的心态是健康的、积极的、向上的,但也有部分社会成员表现出一些消极情绪。这从一定程度上对中国共产党执政产生了不良影响。如在中国社会转型的过程中,经济成分、组织形式、就业方式和分配方式的日益多样化,带来了社会利益结构的分化和重构。在利益调整和重组过程中,必然有人从中受益,有人利益受损。受益群体表现出对党的方针政策的高度认同,而利益受损群体则表现出相反的政治心理。如果这种情况长期存在,必然会降低党在利益受损群体中的威信,从而使他们对党的方针政策产生抵触情绪。再如社会主义市场经济的迅速发展,一方面促进了国民经济持续快速发展和人民生活水平的提高。但同时,旧体制的深层次矛盾和由于新体制运行初始的不完善带来的新矛盾,使新旧体制在转换过程中的矛盾加剧,出现了诸如贫富差距扩大、就业压力增大、区域发展不平衡等一系列制约中国发展的经济和社会问题。这些问题引起了部分民众的不满情绪,如果这些问题不能解决或解决不好,就容易引发部分民众对以执政党为核心的政治体系产生离心倾向。

"当前正处于经济体制转轨时期,人们思想观念的转变需要一个过程,各方面利益关系变动较大,各种矛盾可能会比较突出,保持稳定更具有重大的现实意义。"[①] 这就需要我们从维护改革、发展和稳定大局出发,及时把握社会发展过程中人们的心态,最大限度地引导和调节社会成员的消极心态向积极心态转变。这是我们当前和今后亟待研究和解决的一个重要问题。

---

① 《中国共产党第十四届中央委员会第五次全体会议文件》,人民出版社1995年版,第11页。

参考文献

经典著作

1. 《毛泽东选集》第 1—4 卷，人民出版社 1991 年版。
2. 《毛泽东文集》第 6 卷，人民出版社 1999 年版。
3. 《建国以来毛泽东文稿》第 1—3 册，中央文献出版社 1987 年版。
4. 《周恩来选集》，人民出版社 1984 年版。
5. 《刘少奇选集》，人民出版社 1985 年版。
6. 《建国以来毛泽东文稿》，中央文献出版社 1987—1998 年版。
7. 《陈云文选》，人民出版社 1984 年版。

档案资料汇编

1. 《建国以来重要文献选编》第 1—8 册，中央文献出版社 1992—1994 年版。
2. 《北京市重要文献选编（1956 年）》，中国档案出版社 2003 年版。
3. 《中共中央文件选集》第 1—17 册，中共中央党校出版社 1989—1991 年版。
4. 《中华人民共和国经济档案资料选编·工商体制卷（1949—1952）》，中国社会科学出版社 1993 年版。
5. 《中华人民共和国经济档案资料选编·农村经济体制卷（1949—1952）》，社会科学文献出版社 1992 年版。
6. 《中国统计年鉴 1984》，中国统计出版社 1984 年版。
7. 《中国劳动工资统计资料 1949—1985》，中国统计出版社 1987 年版。
8. 中共苏南区委农村工作委员会：《苏南土地改革文献》，1952 年印。

9. 《中国土地改革史料选编》，国防大学出版社 1988 年版。

10. 中共江苏省委农村工作委员会：《江苏省农村经济情况调查资料》，1953 年印。

11. 《建国以来农业合作化史料汇编》，中共党史出版社 1992 年版。

12. 史敬棠等：《中国农业合作化运动史料》，生活·读书·新知三联书店 1957 年版。

13. 《国民经济恢复时期农业生产合作资料汇编（1949—1952）》，科学出版社 1957 年版。

14. 《农业集体化重要文件汇编（1949—1957）》，中共中央党校出版社 1981 年版。

15. 《国民经济统计报告资料选编》，统计出版社 1958 年版。

16. 江苏省档案馆资料。

著作类

1. 何沁：《中华人民共和国史》，高等教育出版社 1999 年版。

2. 王瑞芳：《土地制度变动与中国乡村社会变革——以新中国成立初期土改运动为中心的考察》，社会科学文献出版社 2010 年版。

3. 李立志：《变迁与重建——1949—1956 年的中国社会》，江西人民出版社 2002 年版。

4. 莫宏伟：《苏南土地改革研究》，合肥工业大学出版社 2007 年版。

5. 张一平：《地权变动与社会重构：苏南土地改革研究（1949—1952）》，上海人民出版社 2009 年版。

6. 张学强：《乡村变迁与农民记忆（1941—1951）》，社会科学文献出版社 2006 年版。

7. 费正清：《伟大的中国革命（1800—1985）》，国际文化出版公司 1989 年版。

8. 张鸣：《乡村社会权力和文化结构的变迁（1903—1953）》，广西人民出版社 2001 年版。

9. 陈吉元：《中国农村社会经济变迁（1949—1989）》，山西经济出版社 1993 年版。

10. 陈益元：《革命与乡村——建国初期农村基层政权建设研究：

1949—1957（以湖南省醴陵县为个案）》，上海社会科学院出版社2011年版。

11. 侯永禄：《农民日记》，中国青年出版社2007年版。

12. 杜润生：《中国的土地改革》，当代中国出版社1996年版。

13. 罗平汉：《土地改革运动史》，福建人民出版社2005年版。

14. 薄一波：《若干重大决策与事件的回顾》上、下卷，中共中央党校出版社1991年版。

15. 董辅礽：《中华人民共和国经济史》，经济科学出版社1999年版。

16. 隗瀛涛：《中国知识分子的历史道路》，四川教育出版社1989年版。

17. 叶扬兵：《中国农业合作化运动研究》，知识产权出版社2006年版。

18. 农业部农村经济研究中心当代农业史研究室：《中国土地改革研究》，中国农业出版社2000年版。

19. 朱汉国、耿向东等：《20世纪的中国——走向现代化的历程》（社会生活卷1949—2000），人民出版社2010年版。

20. 于昆：《和谐社会视野下的党群关系研究》，人民出版社2009年版。

21. 《中国共产党编年史》编委会：《中国共产党编年史1950—1957》，山西人民出版社、中共党史出版社2002年版。

22. 胡穗：《中国共产党农村土地政策的演进》，中国社会科学出版社2007年版。

23. 陆和健：《上海资本家的最后十年》，甘肃人民出版社2009年版。

24. 胡绳：《中国共产党七十年》，中共党史出版社1991年版。

25. 傅国涌：《1949年中国知识分子的私人记录》，长江文艺出版社2005年版。

26. 崔晓麟：《重塑与思考：1951年前后高校知识分子思想改造运动研究》，中共党史出版社2005年版。

27. 于风政：《改造：1949—1957年的知识分子》，河南人民出版社2001年版。

28. 许纪霖：《20世纪中国知识分子史论》，新星出版社2005年版。

29. 《建国初留学生归国记事》，中国文史出版社1999年版。

30. 冯建辉：《命运与使命：中国知识分子问题世纪回眸》，华文出版社2006年版。

31. 《中国资本主义工商业的社会主义改造》（中央卷、山东卷、上海卷、北京卷、安徽卷、广东卷、四川卷、湖北卷、河南卷、浙江卷、山西卷），中共党史出版社 1992 年版。

32. 《刘鸿生企业史料》下册，上海人民出版社 1981 年版。

33. 社会科学院经济研究所：《上海资本主义工商业的社会主义改造》，上海人民出版社 1980 年版。

34. 吴序光：《中国民族资产阶级历史命运》，天津人民出版社 1993 年版。

35. 何永红：《"五反"运动研究》，中共党史出版社 2006 年版。

36. 沙健孙：《中国共产党和资本主义、资产阶级》，山东人民出版社 2005 年版。

37. 李青：《中国共产党对资本主义和非公有制经济的认识与政策》，中共党史出版社 2004 年版。

38. 中共上海市委党史研究室：《上海社会主义建设五十年》，上海人民出版社 1999 年版。

39. 吴序光：《风雨历程——中国共产党认识与处理资本主义和资产阶级问题的历史经验》，北京师范大学出版社 2002 年版。

40. 许维雍、黄汉民：《荣家企业发展史》，人民出版社 1985 年版。

41. 李维汉：《回忆与研究》，中央党史资料出版社 1986 年版。

42. 胡绳：《中国共产党的七十年》，中共党史出版社 1991 年版。

43. 孙瑞鸢：《"三反"、"五反"运动》，新华出版社 1991 年版。

44. 王朝彬：《"三反"实录》，警官教育出版社 1992 年版。

45. 王炳林：《中国共产党与私人资本主义》，北京师范大学出版社 1995 年版。

46. 陆学艺等：《转型中的中国社会》，黑龙江人民出版社 1994 年版。

47. 邓力群等：《当代中国工人阶级和工会运动》上册，当代中国出版社 1997 年版。

48. 《上海工动志》编委会：《上海工动志》，上海科学出版社 1997 年版。

49. 廖盖隆：《中国共产党的光辉七十年》，新华出版社 1991 年版。

50. 胡红生：《社会心态论》，中国社会科学出版社 2011 年版。

51. 林蕴辉：《凯歌行进的时期》，河南人民出版社 1989 年版。

传记、回忆录类

1. 计泓赓：《荣毅仁》，中央文献出版社 1995 年版。

2. 童少生：《回忆解放前的民生轮船公司》，文史资料出版社 1983 年版。

3. 逄先知、金冲及：《毛泽东传》（1949—1976），中央文献出版社 2003 年版。

4. 《陈毅传》编写组：《陈毅传》，当代中国出版社 1991 年版。

5. 胡世华等：《胡厥文回忆录》，中央文史出版社 1994 年版。

6. 季羡林：《牛棚杂忆》，中共中央党校出版社 2005 年版。

7. 朱光潜：《朱光潜自传》，江苏文艺出版社 1998 年版。

8. 梁漱溟：《梁漱溟自述》，河南人民出版社 2004 年版。

9. 张冠生：《费孝通传》，群言出版社 2000 年版。

10. 巴金：《随想录》，人民文学出版社 1986 年版。

11. 蔡仲德：《冯友兰先生年谱初编》，河南人民出版社 1994 年版。

12. 陆健东：《陈寅恪的最后贰拾年》，生活·读书·新知三联书店 1995 年版。

13. 竺可桢：《竺可桢日记》，科学出版社 1989 年版。

14. 贾植芳：《我的人生档案——贾植芳回忆录》，江苏文艺出版社 2009 年版。

报刊类

《人民日报》、《工人日报》、《光明日报》。

杂志类

1. 师吉金：《1949—1956 年中国农民的心理变迁》，《江西社会科学》 2003 年第 9 期。

2. 吴毅、吴帆：《新区土改中农民土地心态的建构与历史逻辑》，《开放时代》2010 年第 3 期。

3. 李平贵：《建国初期党对农民阶级思想政治教育的历史考察》，《学习与实践》2009 年第 6 期。

4. 李巧宁：《建国初期山区土改中的群众动员——以陕南土改为例》，《当代中国史研究》2007 年第 4 期。

5. 李飞龙：《建国初期乡村社会的变迁——以农民教育的效果为中心》，《电子科技大学学报》2009 年第 6 期。

6. 陈益元：《建国初期中共政权建设与农村社会变迁——以 1949—1952 年湖南省醴陵县为个案》，《史学集刊》2005 年第 1 期。

7. 席富群：《建国初期中国共产党对农村社会分化问题的认识》，《史学月刊》2003 年第 12 期。

8. 何军新：《阶级划分与建国初期湖南农村社会心态分析》，《求索》2009 年第 6 期。

9. 钟冷：《解放初期北京市海淀区的土地改革运动》，《北京党史》2007 年第 1 期。

10. 杨娜：《浅析建国初期中国农民阶级的社会分化》，《探索》2004 年第 2 期。

11. 莫宏伟：《苏南土地改革后农村各阶层思想动态述析（1950—1952)》，《党史研究与教学》2006 年第 2 期。

12. 王瑞芳：《土地改革与农民政治意识的觉醒》，《北京科技大学学报》2006 年第 3 期。

13. 李里峰：《土改结束后的乡村社会变动》，《江海学刊》2009 年第 2 期。

14. 李晓广：《消极参与和体制外参与之思辨——以建国初期中国农民的政治参与为例》，《吉首大学学报》2008 年第 5 期。

15. 莫宏伟：《新区土地改革时期农村各阶层思想动态述析——以湖南、苏南为例》，《广西社会科学》2005 年第 1 期。

16. 张一平：《新区土改中的村庄动员与社会分层——以建国初期的苏南为中心》，《清华大学学报》2010 年第 2 期。

17. 张晓玲：《新中农在农业合作化运动中的心态探析（1952—1956)》，《历史教学》2010 年第 8 期。

18. 王永魁：《政治学视角下的土地改革运动》，《上海党史与党建》2010 年第 9 期。

19. 赵先强：《建国初期主要阶级阶层的社会心理变化》，南京师范大学 2008 年硕士学位论文。

20. 师吉金：《中国共产党与当代中国社会之变迁》，《理论与改革》 2001 年第 4 期。

21. 王申：《工人阶级的第二次翻身——解放初期上海民主改革运动纪实》，《党史文汇》1998 年第 4 期。

22. 经江：《解放前江南制造船厂工人的痛苦生活》，《历史教学》1965 年第 12 期。

23. 李小秦：《解放初期国营（公营）厂矿企业的民主改革运动》，《北京党史研究》1995 年第 3 期。

24. 杨丽萍：《试论建国初期上海市民的翻身感》，《华东师范大学学报》2006 年第 2 期。

25. 师吉金：《1949—1956 年中国民族资产阶级心理之变迁》，《安徽师范大学学报》2004 年第 1 期。

26. 朱翔：《从民族资本家的心态转变看党的社会主义改造政策——以南京市为考察中心》，《党的文献》2010 年第 6 期。

27. 王炳林、马荣久：《从社会心理看私人资本主义在新中国头七年的历史命运》，《中共党史研究》2006 年第 2 期。

28. 沙健孙：《对资本主义工商业进行社会主义改造的基本经验》，《思想理论教育导刊》2004 年第 9 期。

29. 王光银：《建国初期若干群众特殊社会心理透视》，《理论月刊》 2007 年第 2 期。

30. 蒋永：《建国初期上海民族资产阶级社会心理变化》，华东师范大学 2009 年硕士学位论文。

31. 刘洪英：《略论建国后党对资本主义工商业改造的策略思想》，《党史研究与教学》2000 年第 3 期。

32. 高化民：《全行业公私合营高潮评析》，《当代中国史研究》1999 年第 5—6 期。

33. 师吉金：《社会主义改造与中国社会之变迁》，《党史研究与教学》 2001 年第 S1 期。

34. 陆和健：《社会主义改造中上海资本家阶级的思想动态》，《华中师范大学学报》2007 年第 2 期。

35. 唐明勇:《试论建国初党对民族资产阶级的改造》,《党史研究与教学》1996 年第 4 期。

36. 胡其柱:《抑制与抗争：建国初期的政府与私营工商界（1949—1952）》,《晋阳学刊》2005 年第 2 期。

37. 沙健孙:《关于社会主义改造问题的再评价》,《当代中国史研究》2005 年第 1 期。

38. 张一平、尚红娟:《权威、秩序与治理转型——建国初期苏南农村基层政权述论》,《江南大学学报》2010 年第 1 期。

39. 《上海小商小贩社会主义改造史料》,《档案与史学》2004 年第 6 期。

40. 崔晓麟、谭文邦:《20 世纪 50 年代知识分子的社会心理变迁》,《广西民族大学学报》2009 年第 6 期。

41. 姚礼明:《建国初期"左"的苗头及其对知识分子心态的影响》,《江苏行政学院学报》2001 年第 3 期。

42. 屠文淑:《建国初期归国知识分子政治心理管窥》,《宁波大学学报》2006 年第 2 期。

43. 崔晓麟:《建国初期知识分子的社会心态及原因分析》,《广西社会科学》2003 年第 11 期。

44. 李刚:《建国初期知识分子的心态》,《徐州师范大学学报》2007 年第 4 期。

46. 赵子林:《建国初期知识分子思想状况与党的知识分子政策的回顾与思考》,《兰州学刊》2007 年第 1 期。

47. 刘明明:《中国知识分子在建国初期思想改造运动前后之主动转变及原因》,《社会科学论坛》2010 年第 6 期。

48. 汪秀枝:《新中国成立初党外上层知识分子检讨行为的心理基础》,《河南社会科学》2002 年第 4 期。

后　记

　　本书是在我的博士后出站报告的基础上修改完善而成的。

　　2008 年 9 月，我有幸到北京师范大学历史学院博士后流动站从事科研工作。我的合作导师朱汉国教授多年来致力于中国近现代政治思想史、中国近现代社会史研究，在这一领域造诣深厚。进站后，出于对社会史的强烈兴趣，我选择新中国成立初期的心态史作为自己的主攻方向，并于同年以"建国初期主要阶级阶层变迁及其心理分析"为题申报了中国博士后科学基金面上资助项目。幸运的是，我的课题获得了资助，这增强了我继续研究的决心和动力。

　　实事求是地讲，研究这个问题对我而言是一个严峻的考验，一方面，我从事的是马克思主义中国化和党的建设研究，在社会学、政治学、心理学等方面的知识水平有限，在研究方法以及史料的运用上尚需进一步历练。另一方面，研究社会心态，尤其是新中国成立头七年的社会心态，不可谓不难。因为新中国成立头七年是中国历史上一个剧烈变革的时期，短短七年时间，中国社会就从半殖民地半封建社会进入了新民主主义社会，又从新民主主义社会进入到社会主义社会。深刻的社会变革使社会各阶级阶层的社会心态发生了巨大变化。从社会心理学角度来看，社会心态来自社会个体心态的同质性，却又不等同于个体心态的简单累加。因受到社会文化环境影响，社会心态具有动态性和复杂性。面对新中国成立初期纷繁复杂的个体心态与群体心理，如何用科学的方法去分析和把握它，无疑是一件繁重且又十分困难的事情。

　　经过努力，我完成了博士后出站报告并顺利结项。这期间，我首先要感谢我的合作导师朱汉国教授。在报告的写作及修改过程中，我得到了朱汉国教授的悉心指导。朱老师严谨的学风、渊博的知识和宽厚的品格使我受益匪浅。感谢张皓教授一直以来对我学习和生活上的关心。感谢北京师范大学历史学院的杨共乐院长、耿向东书记、刘淑玲老师、臧文旭老师、张惠娥老师等诸老师,他们平易近人,在我工作和学习过程中给予了很大的支持。

以后的日子里,在繁重的教学和访学之余,我对报告断断续续地进行了大幅度的修改和完善,历时三年。如今,当书稿呈现在自己面前时,我的内心有喜悦但更多的是感激。

感谢我的博士导师王炳林教授!王老师是我的学术启蒙人和引路人。求学期间,他对我要求十分严格,经常教导我"学问之道,贵在精读、深思、勤写、多改","做学问切忌浮躁和急功近利,要能静得下心来阅读和写作","做学问是一个日积月累的过程,只有在干中学,才能不断进步"……可以这样说,他对做学问的严谨态度对我的成长起了至关重要的作用,我经常以此自省,希望自己尽快成长。我也经常以他为榜样,激励自己不断前行。本书的完成得益于王老师的精心指导。回想初入站时,对于选择研究方向很困惑,王老师帮我确立了选题,并在此后的研究中,从出站报告的整体架构,到资料的搜集,甚至行文布篇,都给出了自己的建议。有师如此,幸哉!

感谢我的清华大学的导师们!能到清华大学学习是我人生的重要经历,我的导师艾四林教授、肖贵清教授对我的工作和生活经常嘘寒问暖,让我感到由衷的温暖。他们在各自的研究领域有着独到的见解和建树,在和导师们的交流过程中,他们对前沿问题的关注,对理论与现实问题的理解,为我做进一步的理论研究和学术思考提供了指导,开辟了新的路径。

感谢我的同门师兄弟和我的同学!在我成长的过程中,王春玺、丁云、汤志华、胡献忠、张太原、郎丰君、阚和庆给予了我许多无私的帮助。我的两位师兄王春玺和张太原对我的博士后出站报告提出了很多中肯的意见和建议。他们的支持和帮助让我感到莫大的温暖。

到中国青年政治学院从事教学和科研工作,是我人生的一个新起点,感谢一直关心我、鼓励我、帮助我的领导和老师们!

"小小中青院,暖暖我的家。"特别感谢学校为本书提供了出版资助!

感谢江苏省档案馆陈志远老师的帮助!中国社会科学出版社李炳青老师对本书的出版倾注了大量心血,在此,谨表诚挚的谢意!

　　实践无止境，探索无止境，研究也无止境。尽管本书已付梓，但由于本人学识和水平有限，肯定还存在许多不尽如人意之处，许多问题有待今后进一步深入挖掘和研究。